互换性与测量技术

主　编　张秀珩　巴　鹏
参　编　刘凤丽　刘玉梅　任金玉
主　审　慕　丽

机 械 工 业 出 版 社

本书阐述了"互换性与测量技术"课程的主要内容，介绍并分析了我国公差与配合方面的现行标准，阐述了技术测量的基本概念和方法。本书主要内容包括测量技术基础，孔、轴配合尺寸精度的控制与评定，几何精度的控制与评定，公差原则，表面粗糙度，滚动轴承的公差与配合，普通螺纹公差与配合，渐开线圆柱齿轮传动精度的控制与评定。同时，本书引入了相关国际标准的内容加以对比，且在每章都给出了相关专业术语的英文专业词汇。本书配有习题参考解答及相关章节的课件。

本书可作为高等院校机械类以及机电、车辆工程等近机械类专业的教材，也可供行业内从事产品设计、计量测试、生产检验等工作的工程技术人员参考使用。

图书在版编目（CIP）数据

互换性与测量技术/张秀珩，巴鹏主编. —北京：机械工业出版社，2019.4（2025.1重印）
ISBN 978-7-111-62441-7

Ⅰ.①互… Ⅱ.①张…②巴… Ⅲ.①零部件－互换性－高等学校－教材②零部件－测量技术－高等学校－教材 Ⅳ.①TG801

中国版本图书馆 CIP 数据核字（2019）第 062718 号

机械工业出版社（北京市百万庄大街22号　邮政编码100037）
策划编辑：王晓洁　责任编辑：王晓洁
责任校对：肖　琳　封面设计：严娅萍
责任印制：单爱军
北京虎彩文化传播有限公司印刷
2025年1月第1版第3次印刷
184mm×260mm · 14.75印张 · 360千字
标准书号：ISBN 978-7-111-62441-7
定价：39.80元

电话服务　　　　　　　　　网络服务
客服电话：010－88361066　　机　工　官　网：www.cmpbook.com
　　　　　010－88379833　　机　工　官　博：weibo.com/cmp1952
　　　　　010－68326294　　金　书　网：www.golden-book.com
封底无防伪标均为盗版　　机工教育服务网：www.cmpedu.com

前　言

互换性与测量技术是机械专业教学中的一门专业技术基础课程，也是高等院校机械类、仪器仪表类及其他近机械类等工科专业学生必修的一门重要课程。该课程基于互换性原理，将标准化生产管理、几何量公差与测量技术等知识有机结合，应用于零件的设计、制造、维修、质量控制与生产管理等整个生命周期中。

互换性与测量技术这门课程概念多、涉及面广，牵涉的国家标准多且标准更新快。本书在参考一些已出版的同类教材的同时，融入了编者多年来教学与科研实践的经验，强调基础，力求概念清楚，突出应用，着重阐述对现行国家标准的理解与使用。本书具有以下主要特点：

（1）理论体系全面　强调基础理论的应用及知识体系的完整性，侧重对学生基本技能的训练和综合能力的培养。

（2）标准最新　采用最新的产品几何技术规范标准，有助于理解精度设计的最新技术。

（3）中英文结合　关键术语、定义在正文中给出英文对照，每章后有相应的英文资料供读者参考，能满足双语教学及培养读者英语文献阅读和技术交流能力。

（4）突出应用　结合工程应用实例对尺寸公差、几何公差、表面粗糙度等内容进行阐述，脉络清晰，叙述简练。

本书由沈阳理工大学张秀珩、巴鹏任主编，刘凤丽、刘玉梅、任金玉参编。编写分工为：张秀珩编写第3章全部；巴鹏编写第4章全部；刘凤丽编写第6章的中文部分和第7章、第8章全部；刘玉梅编写第2章和第9章的中文部分；任金玉编写第1章和第5章全部，第2章、第6章、第9章的英文部分。本书由沈阳理工大学慕丽教授担任主审，参加审稿的还有沈阳理工大学丛培田教授。

由于编写水平有限且时间较为仓促，书中难免有不足之处，敬请读者批评指正。

编者

目 录

前言
第1章 绪论 ………………………………… 1
  1.1 互换性概述 …………………………… 1
  1.2 标准与标准化 ………………………… 3
  1.3 本课程的研究对象及任务 …………… 7
  思考与习题 ………………………………… 8
  英文阅读扩展 ……………………………… 8
第2章 测量技术基础 ……………………… 11
  2.1 测量技术概述 ………………………… 11
  2.2 测量误差与测量不确定度评定 ……… 18
  思考与习题 ………………………………… 27
  英文阅读扩展 ……………………………… 27
第3章 孔、轴配合尺寸精度的控制
       与评定 ……………………………… 32
  3.1 产品几何技术规范标准体系及
      基本术语 ……………………………… 32
  3.2 极限与配合基本术语和定义 ………… 34
  3.3 极限与配合的国家标准 ……………… 41
  3.4 尺寸精度设计的原则及方法 ………… 57
  3.5 光滑工件检测及光滑极限量规 ……… 67
  思考与习题 ………………………………… 79
  英文阅读扩展 ……………………………… 80
第4章 几何精度的控制与评定 …………… 85
  4.1 概述 …………………………………… 85
  4.2 几何公差的标注方法 ………………… 92
  4.3 形状公差及其误差评定 ……………… 97
  4.4 方向公差及其误差评定 ……………… 104
  4.5 位置公差及其误差评定 ……………… 110
  4.6 几何公差国家标准及其选用 ………… 117
  思考与习题 ………………………………… 125
  英文阅读扩展 ……………………………… 127
第5章 公差原则 …………………………… 133
  5.1 相关术语与定义 ……………………… 133
  5.2 公差原则详解 ………………………… 137
  思考与习题 ………………………………… 147
  英文阅读扩展 ……………………………… 148
第6章 表面粗糙度 ………………………… 151
  6.1 概述 …………………………………… 151
  6.2 表面粗糙度的评定 …………………… 152
  6.3 表面粗糙度的选用 …………………… 155
  6.4 表面粗糙度的标注方法 ……………… 158
  6.5 表面粗糙度的测量方法 ……………… 163
  思考与习题 ………………………………… 163
  英文阅读扩展 ……………………………… 164
第7章 滚动轴承的公差与配合 …………… 170
  7.1 概述 …………………………………… 170
  7.2 滚动轴承公差与配合 ………………… 171
  7.3 滚动轴承配合的选择 ………………… 174
  7.4 轴和轴承座孔的其他技术要求 ……… 178
  思考与习题 ………………………………… 180
  英文阅读扩展 ……………………………… 180
第8章 普通螺纹公差与配合 ……………… 186
  8.1 概述 …………………………………… 186
  8.2 螺纹的基本牙型和几何参数 ………… 186
  8.3 螺纹几何参数误差对螺纹互换性
      的影响 ………………………………… 188
  8.4 普通螺纹的公差与配合 ……………… 190
  思考与习题 ………………………………… 195
  英文阅读扩展 ……………………………… 195
第9章 渐开线圆柱齿轮传动精度的
       控制与评定 ………………………… 200
  9.1 齿轮传动的使用要求及加工
      误差 …………………………………… 200
  9.2 渐开线圆柱齿轮的评定指标及
      其检测 ………………………………… 203
  9.3 齿轮副的评定指标及其检测 ………… 213
  9.4 渐开线圆柱齿轮精度的国家
      标准 …………………………………… 216
  思考与习题 ………………………………… 224
  英文阅读扩展 ……………………………… 224
参考文献 …………………………………… 229

第1章 绪 论

知识引入

为什么现代的工业产品具有复杂的机械结构,但却安装方便?为什么汽车的配件可以由多个车间甚至厂家进行生产?为什么我们从商店里买来一定规格的零件就可以直接替换原来被损坏的零件?现代工业产品为什么具有标准?标准的零件对我们的生活有什么影响?

1.1 互换性概述

1.1.1 互换性的定义

互换性(Interchangeability),广义上是指事物可以相互替换的特性。现代的生产生活都离不开互换性。例如,小到灯泡、计算机的集成芯片,大到汽车、机床等大型设备,其中的零件损坏了,换装上同一规格的新零件,便能保证其正常工作,它们都具有互换性。简而言之,互换性是指一种产品、过程或服务能够代替另一种产品、过程或服务,并且能满足使用要求的能力。

机械制造中的互换性是指按照规定的几何、物理和力学性能等参数的公差,分别制造的零部件,在装配时,不需要任何挑选或修配,就能装配到机器上去,并能达到规定的使用要求,这样的零部件被称为具有互换性的零部件。

互换性生产的发展进入了一个新的阶段,从几何参数的互换性发展到其他质量参数的互换性,由机械工业范畴扩展到了其他行业,如汽车行业、电子制造工业以及近年来新兴的信息产业等。互换性概念的应用是现代生产和生活发展的推动力,并为未来社会的发展继续发挥着关键作用。

1.1.2 互换性的发展

基于互换性的生产,可以追溯到美国的独立战争时期。18世纪中期,第一次工业革命前,大部分的产品生产还采用手工作坊的方式,枪支也不例外。由手工匠人制作枪支需要的周期很长,且不同匠人甚至同一匠人造出的同类枪支,其零件都不能相互替换。由于战争需要,一位名叫惠特尼·伊莱(Whitney Eli)的英国人接到来自美国的一份一万支来复枪的订单,要求这些枪的零件能够相互替换。为了完成订单,他把工匠分为不同的制作小组,每个小组按照一定的尺寸要求制作相同的零件,再将合格的零件进行组装,这样在很短的时间内就按要求完成了订单。同时惠特尼提出了一个新的制造思想——互换性。这一思想由枪械制造领域发展到其他的生产领域,乃至成了第一次工业革命的导火索。基于互换性、并行生产的理念,后来的福特(Ford)汽车公司发明了流水线的生产方式。

我国古代也有关于互换性技术的应用,如考古人员在对秦始皇兵马俑进行发掘时发现了四万多个金属制造的三棱箭头，箭头底边宽度的平均误差不超过±0.83mm，且这些青铜箭头的三个面的轮廓度误差不大于0.15mm，这说明数以万计的箭头都是按照相同的技术标准制造的。同时发掘的弩机，其结构中的孔、轴配合都具有互换性。这说明在2000多年前，我国已能运用互换性技术进行生产了。

时至今日，互换性已经深入人们生产生活的方方面面，尽管现代技术可以保障人们对个性化产品的追求，但提高设计质量和设计效率，降低设计成本，缩短设计时间、生产准备周期，仍然需要互换性加以保证。

1.1.3 互换性的分类

根据使用要求以及互换的参数、程度、部位和范围的不同，互换性可以分为不同的种类。

1. 按照参数或参数的功能分类

（1）**几何参数互换性** 几何参数互换性是指通过规定几何参数的极限范围以保证产品的几何参数值充分近似以达到互换性。此为狭义互换性，即通常所讲的互换性，有时也局限于指保证零件尺寸配合或装配要求的互换性。

几何参数主要包括尺寸大小、几何形状（宏观、微观）以及相互的位置关系等。为了满足互换性的要求，最理想的情况是同规格的零部件的几何参数完全一致。但在生产实践中，由于各种因素的影响，这是不可能实现的，也是不必要的。实际上，只要零部件的几何参数在规定的范围内变动，就能满足互换的目的。

（2）**功能互换性** 功能互换性是指通过规定功能参数的极限范围所达到的互换性。功能参数既包括几何参数，也包括其他一些参数，如材料物理力学性能、化学、光学、电学、流体力学等参数。此为广义互换性，往往着重于保证除几何参数互换性或装配互换性以外的其他功能参数的互换性要求。

2. 按照互换的程度分类

（1）**完全互换性** 以零部件装配或更换时不需要挑选或修配为条件。概率互换（以一定置信水平为依据）属于完全互换。

（2）**不完全互换性** 不完全互换性也称为有限互换性，在零部件装配时允许有附加条件地进行选择或调整。对于不完全互换性，可以采用分组装配法、调整法或其他方法来实现。例如，当装配精度要求很高时，采用完全互换性，将使零件的制造公差变小，加工难度加大，成本增高，甚至无法加工。这时，将零件的制造公差放大，以便于加工，在装配前，增加一道检测选择工序，即按相配零件实际尺寸的大小分成若干对应组，使各组内零件间提取要素的局部尺寸的差别变小，在装配时，按组进行装配。这样既保证了预定的装配精度，又解决了加工困难，也不会过多地增加成本。这种组内零件具有互换性，但组与组之间的零件不具备互换性的情况就属于不完全互换性。

一般来说，零部件需厂际协作时应采用完全互换性，部件或构件在同一厂制造和装配时，可采用不完全互换性。

3. 按照部位或范围分类

对独立的标准部件或机构来讲，其互换性可以分为内互换和外互换。

（1）**内互换** 内互换是指部件或机构内部组成零件间的互换性。例如，滚动轴承内、外套圈的滚道分别与滚动体（滚珠、滚柱等）之间的互换性。因为这些零件的精度要求高，加工难度大，生产批量大，故它们的内互换采用分组互换。

（2）**外互换** 外互换是指部件或机构与其相配合件间的互换性。例如，滚动轴承内圈内径与传动轴的配合、滚动轴承外圈外径与壳体孔的配合为外互换性。从使用方便考虑，滚动轴承作为标准部件，其外互换采用完全互换。

1.1.4 互换性的作用

互换性对现代机械制造业具有非常重要的意义。只有机械零部件具有互换性，才有可能将一台复杂的机器中成千上万的零部件分散到不同的工厂、车间进行高效率的专业化生产，然后再集中到总装厂或总装车间进行装配。因此，互换性是现代化机械制造业进行专业化生产的前提条件，不仅能促进自动化生产的发展，也有利于降低成本、提高产品质量。机械制造业中，互换性的作用体现在产品的设计、制造、装配、使用和维护等方面。

（1）在设计方面 若零部件具有互换性，就能最大限度地使用标准件，便可以简化绘图和计算等工作，使设计周期变短，有利于产品更新换代和计算机辅助设计（CAD）技术的应用。

（2）在制造方面 互换性有利于组织专业化生产，使用专用设备和计算机辅助制造（CAM）技术；有利于实现加工和装配过程的机械化、自动化，从而减轻工人劳动强度，提高生产效率，保证产品质量，降低生产成本。

（3）在装配方面 由于装配时不需附加加工和修配，减轻了工人的劳动强度，缩短了劳动周期，并且可以采用流水作业的装配方式，大幅度地提高了生产效率。

（4）在使用和维修方面 零部件具有互换性，可以及时更换那些已经磨损或损坏的零部件。因此，给某些易损件提供备用件，可以提高机器的使用价值。

1.2 标准与标准化

1.2.1 标准与标准化概述

现代制造业生产的特点是规模大、分工细、协作单位多、互换性要求高。为了适应生产中各部门的协调和各生产环节的衔接，必须有一种手段，使分散的、局部的生产部门和生产环节保持必要的统一，成为一个有机的整体，以实现互换性生产。标准与标准化正是联系这种关系的主要途径和手段。实行标准化是互换性生产的基础。

1. 标准

标准（Standard） 是指为了在一定的范围内获得最佳秩序，对活动或其结果规定共同的和重复使用的规则、导则或特性的文件。标准对于改进产品质量，缩短产品制造周期，开发新产品和协作配套，提高社会经济效益，发展社会主义市场经济和对外贸易等有很重要的意义。

2. 标准化

标准化（Standardization） 是指为了在一定的范围内获得最佳秩序，对实际或潜在的问题制定共同的和重复使用的规则的活动。标准化是社会化生产的重要手段，是联系设计、生产和使用方面的纽带,是科学管理的重要组成部分。标准化对于改进产品、过程和服务的适用性,防止贸易壁垒,促进技术合作方面具有特别重要的意义。

标准化工作包括制定标准、发布标准、组织实施标准和对标准的实施进行监督的全部活动过程。这个过程从探索标准化对象开始,经调查、实验和分析,进而起草、制定和贯彻标准,而后修订标准。因此,标准化是一个不断循环又不断提高其水平的过程。

在国际上,为了加强世界各国之间的交流,促进各国之间在技术上的统一,先后成立了国际电工委员会(IEC)和国际标准化组织(ISO),并由这两个组织负责起草、制定和颁布国际标准。经过多年的发展和完善,目前,标准化正处于新的历史时期。为了增进国际合作,使产品走向国际市场,我国于1978年恢复参加ISO组织后,陆续修订了原有的国家标准。修订原则为:在立足我国生产实际的基础上向ISO靠拢,以利于加强我国在国际上的技术交流与合作。近年来,随着我国科技发展,新修订的标准越来越多地等同采用了ISO标准。

按照标准化对象的特性,标准可分为基础标准、方法标准、产品标准、安全标准等,具体如图1-1所示。按标准产生的层次可分为国际标准、区域标准、国家标准、行业标准、地方标准和企业标准六类,如图1-2所示。

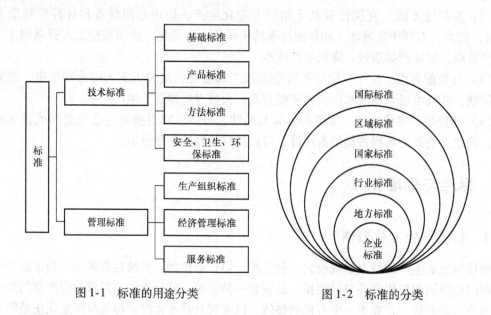

图1-1 标准的用途分类　　　　图1-2 标准的分类

国家标准就是需要在全国范围内有统一的技术要求时,由国家市场监督管理总局颁布的标准。

行业标准就是在没有国家标准,而又需要在全国某行业范围内有统一的技术要求时,由该行业的国家授权机构颁布的标准。但在有了国家标准后,该项行业标准即行废止。

地方标准就是在没有国家标准和行业标准,而又需要在省、自治区、直辖市范围内有统一的技术安全、卫生等要求时,由地方政府授权机构颁布的标准。但在公布相应的国家标准或行业标准后,该地方标准即行废止。

企业标准就是对企业生产的产品,在没有国家标准、行业标准及地方标准的情况下,由企业自行制定的标准,并以此标准作为组织生产的依据。如果已有国家标准或行业标准及地方标准，企业也可以制定严于国家标准或行业标准的企业标准，在企业内部使用。

1.2.2 优先数系及优先数

任一产品的技术参数不仅与自身的技术特性参数有关，而且还直接或间接地影响到与其配套的一系列产品的参数。例如，螺母直径影响并决定螺钉直径数值及丝锥、螺纹塞规、钻头等一系列产品的数值。为了避免产品数值的杂乱无章、品种规格过于繁多，减少给组织生产、管理与使用等带来的困难，必须把数值限制在较小范围内，并进行优选、协调、简化和统一。为了满足用户各种各样的需求，同一种产品的同一参数就要从小到大取不同的值，从而形成不同规格的产品系列，这个系列确定得是否合理，与所取的数值如何分级直接相关。优先数和优先数系是一种科学的数值制度，也是国际上统一的数值分级制度，它不仅适用于标准的制定，也适用于标准制定前的规划、设计，从而把产品品种的发展从一开始就引向科学的标准化轨道。因此，优先数系是国际上统一的一个重要的基础标准。

1. 优先数系

优先数系（Series of Preferred Numbers）是国家统一的数值制度，是技术经济工作中统一、简化和协调产品参数的基础。

优先数系的公比 $q_r = \sqrt[r]{10}$。国家标准 GB/T 321—2005《优先数和优先数系》规定 r 值有 5、10、20、40 和 80 五种，分别采用国际代号 R5、R10、R20、R40 和 R80 表示，称为 Rr 系列。其中前 4 个系列是常用的基本系列，见表 1-1，而 R80 则作为补充系列，仅用于分级很细的特殊场合。

（1）基本系列（Basic Series）

R5 系列：$q_5 = \sqrt[5]{10} \approx 1.5849 \approx 1.60$；

R10 系列：$q_{10} = \sqrt[10]{10} \approx 1.2589 \approx 1.25$；

R20 系列：$q_{20} = \sqrt[20]{10} \approx 1.1220 \approx 1.12$；

R40 系列：$q_{40} = \sqrt[40]{10} \approx 1.0593 \approx 1.06$。

（2）补充系列（Complimentary Series）

R80 系列：$q_{80} = \sqrt[80]{10} \approx 1.0292 \approx 1.03$。

表 1-1 优先数系基本系列常用值（摘自 GB/T 321—2005）

基本系列（常用值）				计算值
R5	R10	R20	R40	
	1.00	1.00	1.00	1.0000
			1.06	1.0593
		1.12	1.12	1.1220
1.00			1.18	1.1885
	1.25	1.25	1.25	1.2589
			1.32	1.3335
		1.40	1.40	1.4125
			1.50	1.4962

（续）

基本系列（常用值）				计算值
R5	R10	R20	R40	
1.60	1.60	1.60	1.60	1.5849
			1.70	1.6788
		1.80	1.80	1.7783
			1.90	1.8836
	2.00	2.00	2.00	1.9953
			2.12	2.1135
		2.24	2.24	2.2387
			2.36	2.3714
2.50	2.50	2.50	2.50	2.5119
			2.65	2.6607
		2.80	2.80	2.8184
			3.00	2.9854
	3.15	3.15	3.15	3.1623
			3.35	3.3497
		3.55	3.55	3.5481
			3.75	3.7584
4.00	4.00	4.00	4.00	3.9811
			4.25	4.2170
		4.50	4.50	4.4668
			4.75	4.7315
	5.00	5.00	5.00	5.0119
			5.30	5.3088
		5.60	5.60	5.6234
			6.00	5.9566
6.30	6.30	6.30	6.30	6.3096
			6.70	6.6834
		7.10	7.10	7.0795
			7.50	7.4989
	8.00	8.00	8.00	7.9433
			8.50	8.4140
		9.00	9.00	8.9125
			9.50	9.4406
10.00	10.00	10.00	10.00	10.0000

2. 优先数

优先数系中的任何一个项值均称为**优先数（Preferred Number）**。优先数的理论值为

$(\sqrt[r]{10})^{N_r}$。其中 N_r 是任意整数。按照此式计算得到的优先数的理论值，除 10 的整数幂外，大多为无理数，工程技术中不宜直接使用，实际应用的数值都是经过圆整处理后的近似值。

3. 优先数系的选用规则

优先数系的应用很广泛，它适用于各种尺寸、参数的系列化和质量指标的分级，对保证各种工业产品的品种、规格、系列的合理化分档和协调配套具有十分重要的意义。

选用基本系列时，应遵守先疏后密的规则。即按 R5、R10、R20、R40 的顺序选用；若基本系列不能满足要求，可选用派生系列，需注意应优先选用公比较大和延伸项含有项值 1 的派生系列。根据经济性和需要量等不同条件，还可分段选用合适的系列，组成复合系列。

优先数系具有一系列的优点：任意相邻两项间的相对差近似不变，前后衔接不间断，简单易记，运算方便，同一系列中任意几项的积、商或任意项的整数幂仍为该系列中的一个优先数。在标准的制定、零部件的设计、新产品的设计等方面，应尽可能地采用优先数系。

1.3 本课程的研究对象及任务

本课程是机械类各专业及相关专业的一门重要专业基础课，在教学计划中起着联系基础课及其他专业基础课与专业课的桥梁作用，同时也是联系机械设计类课程与机械制造工艺类课程的纽带。

本课程是从"精度"与"误差"两方面分析研究机械零件及机构的几何参数的。设计任何一台机器，除了进行运动分析、力学分析以及强度和刚度校核以外，还要进行精度设计。机器精度直接影响到机器的工作性能、振动、噪声、生产成本、寿命的各个方面。随着科技迅速发展，对机械精度的要求越来越高，对互换性的要求也越来越高，如何处理机器的功能要求与制造工艺之间的关系，协调精度与生产成本之间的关系，使质量与成本的关系达到平衡，成为机械类相关学科中重要的组成部分。因此，学习和研究互换性与测量技术中的最新成果，不仅是高等工科院校相关师生的任务，也是科研院所、工矿企业的工程技术人员的责任。

学生在学习本课程后应达到下列要求：
1）掌握互换性和标准化的相关概念。
2）了解本课程所介绍的各个公差标准和基本内容，掌握其特点和应用原则。
3）初步学会根据机器和零件的功能要求，选用合适的公差与配合，并能正确地标注到图样上。
4）掌握一般几何参数测量的基础知识，能够测量典型零件的几何误差。
5）了解各种典型零件的测量方法，学会使用常用的计量器具。

本课程由公差与互换性和测量技术基础两部分组成。公差与互换性部分主要介绍互换性及相关的公差标准，属于标准化范畴；测量技术基础则属于计量学范畴。两部分既相互独立又相辅相成，是研究和保证机械产品质量所必需的两个重要的技术环节。

本课程涉及的公差标准、基本概念、专业术语很多，因此符号代号多、叙述性内容多、经验总结和应用实例多，对学生来说，应及时纠正自己的学习方法，不要死背概念和记忆公式，在学习时应多通过标注练习、测量实验及实训课程来加深对概念和规则的理解。

思考与习题

1-1 试列举各专业领域互换性的应用实例,并分析互换性的作用。
1-2 完全互换与不完全互换的区别是什么?各用于何种场合?
1-3 试述标准化与互换性及测量技术的关系。
1-4 什么是优先数系?如何应用?第一个数为10,按R5系列确定后五项优先数。
1-5 调查各种产品、机器的主要参数应用优先数系的情况,说明优先数系起的作用。
1-6 调查本专业与精度、质量相关的标准。

英文阅读扩展

Fundamentals of International Standard
ISO overview

ISO (International Organization for Standardization) is a worldwide federation of national standards bodies (ISO member bodies). The work of preparing International Standards is normally carried out through ISO technical committees. Each member body interested in a subject for which a technical committee has been established has the right to be represented on that committee. International organizations, governmental and non-governmental, in liaison with ISO, also take part in the work.

Draft International Standards adopted by the technical committees are circulated to the member bodies for approval before their acceptance as International Standards by the ISO Council. They are approved in accordance with ISO procedures requiring at least 75% approval by the member bodies voting.

Users should note that all International Standards undergo revision from time to time and that any reference made herein to any other International Standard implies its latest edition, unless otherwise stated.

About Interchangeability

When the service life of an electric bulb is over, all you do is to buy a new one and replace the bulb. This easy operation, which does not need a fitter or a technician, would not be possible without two main concepts, interchangeability and standardization. Interchangeability means that identical parts must be interchangeable, i.e., able to replace each other, whether during assembly or subsequent maintenance work, without the need for any fitting operation. As you can easily see, interchangeability is achieved by establishing a permissible tolerance, beyond which any further deviation from the nominal dimension of the part is not allowed. On the other hand, standard involves limiting the diversity and total number of varieties to a definite range of standard dimensions. This is exemplified by the standard gauge system for wires and sheets. Instead of having a very large number of sheet thicknesses in step of 0.001 inch, the number of thickness produced was limited to only 45 (in U. S. standard). As you can see, standardization has far-reaching economical implications and also promotes interchangeability. It is obvious as well that the engineering standard differ for different countries and reflect the quality of technology and the industrial production in each case. In Germany, the standards are referred to as DIN (Deutsche Ingenieure Normen), which are finding some popularity worldwide. The former Soviet Union adopted the GOST, which was suitable for the period of industrialization of that country.

Modern industry is based on flow-type "mass" components into machines, units, or equipment without the need for any fitting operations performed on those components. That was the case in the early days of the Industrial Revolution, where machines or goods were individually made and assembled, and there was always the need for the "fitter", with his or her file to make final adjustments before assembling the components.

Geometrical product specifications (GPS) — Matrix model

ISO GPS is concerned with geometrical properties such as size, location, orientation, form, surface texture, etc. Nine geometrical properties are identified in the ISO GPS system. Additional geometrical properties may be added in the future. The properties are:

— size;
— distance;
— form;
— orientation;
— location;
— run-out;
— profile surface texture;
— areal surface texture;
— surface imperfections.

The ISO GPS standards relating to each of these nine geometrical properties are grouped together in a series of nine categories of standards. Each category may be further sub-divided into a number of more specific elements, and each of these specific elements identifies a chain of standards. For example, size is a geometrical property category. Size can then be subdivided into size of cylinders, size of cones, size of spheres, etc., each of which corresponds to a chain of standards. Angles are covered within the properties of size and distance, and radii are covered within the properties of distance and form.

For each geometrical property, it is necessary to be able to define a specification for that property, it is necessary to be able to measure the property, and it is necessary to be able to compare the measurement with the specification. The GPS standards relating to these requirements are defined as a series of seven links in each chain of standards.

A geometrical property category consists of all the general ISO GPS standards which relate to a particular geometrical property, such as size, distance or location. There are currently nine geometrical property categories.

Different ways can be used to identify specific standards or groups of standards relating to a specific geometrical characteristic, or a specific chain link in which the GPS matrix. Matrix used to identify standards relating to size characteristic, see Table 1-2.

Table 1-2 ISO GPS standards matrix model

	Chain links						
	A Symbols and indication	B Feature requirements	C Feature properties	D Conformance and non-conformance	E Measurement	F Measurement equipment	G Calibration
Size	ISO 14405-1	ISO 14405-1	ISO 286-1	ISO/TR 16015	ISO 1938-1	ISO 463	ISO/TS 15530-3
	ISO 286-1	ISO 286-1	ISO/TS 16610 series	ISO 14253 series		ISO 13385-1	ISO/TS 15530-4
		ISO 286-1				ISO 13385-2	ISO/TR 16015
						ISO 3650	ISO/TS 16610 series
						ISO/TR 16015	ISO 14253 series
						ISO/TS 23165	
						ISO 14253 series	
						ISO 10360 series	

第 2 章 测量技术基础

知识引入

互换性是指通过几何量公差来实现零件彼此可以替代。设计者将设计精度以几何公差形式标注在设计图样上；加工者按照图样上标注的几何公差加工出零件。加工出的零件是否满足公差要求，就必须通过检测来实现。测量技术就是通过检验和测量的手段来确定零件合格性的。

2.1 测量技术概述

测量（Measurement）：以确定量值为目的的一组操作，也就是为确定被测对象的量值而进行的实验过程。

测量过程：将被测量与一个作为测量单位的标准量进行比较，以求其比值的过程。

设被测量为长度 L，计量单位为 u，测量过程可以用一个基本公式来表示，在被测量一定的情况下，比值 K 与所采用的计量单位成反比关系，即

$$L = Ku \tag{2-1}$$

这里所指的长度是广义的，这个长度包括长度值（线值）、角度以及被测几何形体表面的形状、位置和粗糙度等各种形式的几何量。

任何一个完整的测量过程，都包括被测对象与被测量、计量单位与标准量、测量方法、测量不确定度四个方面，通常将它们统称为测量过程四要素。被测对象和被测量的特性是确定测量方法的主要依据。

互换性技术测量（Technical Measurements） 是指几何参数的测量，包括长度、角度、形状误差、位置误差、表面微观形貌等。对测量技术的基本要求是：采用正确的测量方法与测量器具，将测量误差控制在允许限度内，正确判断测量结果是否符合**技术规范（Specification）** 的要求。此外，还要求保证所需的测量效率和经济性。

2.1.1 计量单位、标准量及量值传递体

计量单位是有明确定义和名称且其数值为 1 的一个固定物理量，要求其要统一稳定，能够复现，便于应用。现在普遍采用的计量单位制为国际单位制（SI），即公制（米制），其基本长度单位为米（m）。机械制造中常用的公制长度单位为毫米（mm），技术测量和精密测量时，多以微米（μm）及纳米（nm）为单位。

1983 年第 17 届国际计量大会上正式通过了米的新定义：米是光在真空中（1/299792458）s 时间间隔内所经路径的长度。采用这样的自然基准，不仅可以保证长度测量单位的长期稳定、可靠和统一，而且便于各国直接比对。

在实际应用中，不是直接使用光波作为长度基准进行测量，而是采用各种测量器具进行

测量。为了保证量值统一，必须把长度基准的量值准确地传递到生产中应用的计量器具和被测工件上。长度基准的量值传递系统如图 2-1 所示。

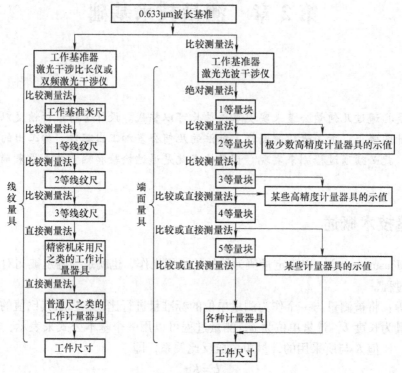

图 2-1 量值传递系统

按照 GB/T 6093—2001《几何量技术规范（GPS）长度标准 量块》，量块是一种平面平行长度端面量具，一般用铬锰钢，或用线膨胀系数小、性质稳定、耐磨、不易变形的其他材料制成。其主要形状是长方体（图 2-2），上下两测量面之间的距离 lc 称为工作尺寸。按量块尺寸检定测量方法，此工作尺寸定义为上测量面中心与下测量面研合平板之间的距离（图 2-2），此尺寸非常精确。

量块除可作为长度量值的传递媒介，用于体现测量单位外，还广泛用于检定和校准量具及量仪，比较测量时用来调整仪器零位，有时允许直接用于检验零件，或者用于机械加工中的精密划线和精密机床调整。

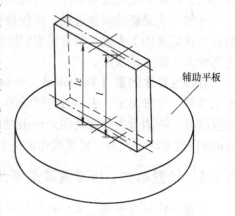

图 2-2 量块及相研合的辅助体

量块的精度虽然很高，但其测量面亦非理想平面，两测量面也非绝对平行。为了满足不同应用场合对量块精度的要求，量块按照制造精度分为 K、0、1、2、3 级，其中 K 为标准级，K、0 级准确度最高，3 级的准确度最低。各级量块的长度极限偏差和长度变动量最大允许值见表 2-1。按量块检测准确度分为 1、2、3、4、5 等。其中 1 等准确度最高，5 等准确度最低。测量不确定度和长度变动量最大允许值，见表 2-2。

表 2-1 量块的长度极限偏差和长度变动量最大允许值（摘自 GB/T 6093—2001 和 JJG 146—2011）

标称长度 ln/mm		K		0		级的要求 1		2		3	
		长度极限偏差 $\pm t_e$	长度变动量允许偏差 $\pm t_v$	长度极限偏差 $\pm t_e$	长度变动量允许偏差 $\pm t_v$	长度极限偏差 $\pm t_e$	长度变动量允许偏差 $\pm t_v$	长度极限偏差 $\pm t_e$	长度变动量允许偏差 $\pm t_v$	长度极限偏差 $\pm t_e$	长度变动量允许偏差 $\pm t_v$
大于	至	偏差/μm									
—	10	0.20	0.05	0.12	0.10	0.20	0.16	0.45	0.30	1.00	0.50
10	25	0.30	0.05	0.14	0.10	0.30	0.16	0.60	0.30	1.20	0.50
25	50	0.40	0.06	0.20	0.10	0.40	0.18	0.80	0.30	1.60	0.55
50	75	0.50	0.06	0.25	0.12	0.50	0.18	1.00	0.35	2.00	0.55
75	100	0.60	0.07	0.30	0.12	0.60	0.20	1.20	0.35	2.50	0.60
100	150	0.80	0.08	0.40	0.14	0.80	0.20	1.60	0.40	3.00	0.65

表 2-2 测量不确定度和长度变动量最大允许值（摘自 JJG 146—2011）

标称长度 ln/mm		1		2		等的要求 3		4		5	
		中心长度测量不确定度($\pm$)	长度变动量允许偏差($\pm$)	中心长度测量不确定度($\pm$)	长度变动量允许偏差($\pm$)	中心长度测量不确定度($\pm$)	长度变动量允许偏差($\pm$)	中心长度测量不确定度($\pm$)	长度变动量允许偏差($\pm$)	中心长度测量不确定度($\pm$)	长度变动量允许偏差($\pm$)
大于	至	偏差/μm									
—	10	0.022	0.05	0.006	0.10	0.11	0.16	0.22	0.30	0.6	0.50
10	25	0.025	0.05	0.07	0.10	0.12	0.16	0.25	0.30	0.6	0.50
25	50	0.030	0.06	0.08	0.10	0.15	0.18	0.30	0.30	0.8	0.55
50	75	0.035	0.06	0.09	0.12	0.18	0.18	0.35	0.35	0.9	0.55
75	100	0.040	0.07	0.10	0.12	0.20	0.20	0.40	0.35	1.0	0.60
100	150	0.050	0.08	0.12	0.14	0.25	0.20	0.50	0.40	1.2	0.65

量块按级使用时，应以量块的标称长度为工作尺寸，该尺寸包含了制造时的尺寸误差。量块按等使用时，应以经检定所得到的量块中心长度的实际尺寸为工作尺寸，该尺寸不受制造误差的影响，只包含检定时较小的测量误差。因此，量块按等使用比按级使用时的准确度高。

量块是成套生产的，我国生产的成套量块包括 91、83、46、38、10 块多种套别。部分成套量块的尺寸组合情况见表 2-3。

表 2-3 成套量块的尺寸组合示例

套别	量块数	级别	尺寸系列/mm	间隔/mm	块数
1	83	0、1、2	0.5	—	1
			1	—	1
			1.005	—	1
			1.01, 1.02, …, 1.49	0.01	49
			1.5, 1.6, …, 1.9	0.1	5
			2, 2.5, …, 9.5	0.5	16
			10, 20, …, 100	10	10

（续）

套别	量块数	级别	尺寸系列/mm	间隔/mm	块数
2	38	0, 1, 2	1	—	1
			1.005	—	1
			1.01, 1.02, …, 1.09	0.01	9
			1.1, 1.2, …, 1.9	0.1	9
			2, 3, …, 9	1	8
			10, 20, …, 100	10	10

使用时需从成套量块中选取若干量块组合成所需尺寸。选择时应从所需的最后一位数字开始依次递增。例如，所需尺寸为8.865mm，可选取1.005mm、1.06mm、1.8mm、5mm四块量块。由于量块有一个重要的特性即研合性，故将选好的量块研合在一起，如图2-3所示。研合时首先将测量面用汽油擦洗干净，然后将一个量块的下测量面与另一个量块的上测量面靠在一起，稍加压力轻轻转正。

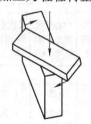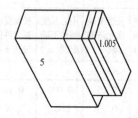

图2-3 量块组合示意图

为了减少量块组合后的总误差，除正确研合外，还应以尽可能少的量块数目组成量块组，通常总块数不应超过四块。

2.1.2 被测对象与被测量

被测对象是指某一个具体的零件，如减速器轴、齿轮、轴承等。被测对象的特性包括大小、形状、重量、材料、批量及精度要求等。

被测量是指某一具体零件需要测量的几何量值，如减速器轴上的尺寸、径向圆跳动、表面粗糙度等。被测量的特性：根据各种几何特性所规定的定义来确定正确的测量方法，这是个很重要的前提，这对于复合几何量尤为重要。

正是因为被测对象与被测量的多样性，才会有测量方法的多样性，也才有了不同功能的测量器具。

2.1.3 测量器具与测量方法

测量方法是指完成测量任务所用的方法、量具或仪器，以及测量条件的总和。当没有现成的量具或仪器时，需要自行拟定测量方法并设计计量器具，这就需要根据被测对象和被测量的特点（形体大小、精度要求等）确定标准量，拟定测量方案、工件的定位、读数和瞄准方式及测量条件（如温度和环境要求等）。本章重点介绍用于几何量测量的常用计量器具。

1. 测量器具的分类

测量器具按其测量原理、结构特点和用途可分为以下几类。

(1) 基准量具类 基准量具类是用来调整和校对一些测量器具或作为标准尺寸进行比较测量的器具，可分为定值基准量具［如量块（图 2-4a）、角度量块和直角尺（图 2-4b、图 2-4c）等］和变值基准量具［如玻璃线纹尺（图 2-4d）］。

a) 量块

b) 角度量块

c) 直角尺

d) 玻璃线纹尺

图 2-4 基准量具

(2) 极限量规类 极限量规是没有刻度且专用的计量器具，可用于检验零件要素实际尺寸和几何误差的综合结果。使用量规检验不能得到工件的具体实际尺寸和几何误差值，而只能确定被检验工件是否合格，如光滑极限量规（图 2-5a、图 2-5b）、螺纹极限量规（图 2-5c）和锥度量规（图 2-5d）。

(3) 通用计量仪器 计量仪器（简称量仪）是能将被测几何量的量值转换成可直接观测的示值或等效信息的一类计量器具。计量仪器按原始信号转换的原理可分为以下几种。

1) 机械量仪。机械量仪是指用机械方法实现原始信号转换的量仪，一般都具有机械测微机构。这种量仪结构简单、性能稳定、使用方便，如指示表、杠杆比较仪等，如图 2-6a 所示的杠杆百分表。

2) 光学量仪。光学量仪是指用光学方法实现原始信号转换的量仪，一般都具有光学放大（测微）机构。这种量仪精度高、性能稳定，如光学比较仪（图 2-6b）、工具显微镜、干涉仪等。

3) 电动量仪。电动量仪是指能将原始信号转换为电量信号的量仪，一般都具有放大、滤波等电路。这种量仪精度高、测量信号经模-数（A-D）转换后，易于与计算机接口，实现测量和数据处理的自动化，如电感比较仪、电动轮廓仪（图 2-6c）、圆度仪等。

4) 气动量仪。气动量仪（图 2-6d）是以压缩空气为介质，通过气动系统流量或压力的变化来实现原始信号转换的量仪。这种量仪结构简单、测量精度和效率都高、操作方便，但

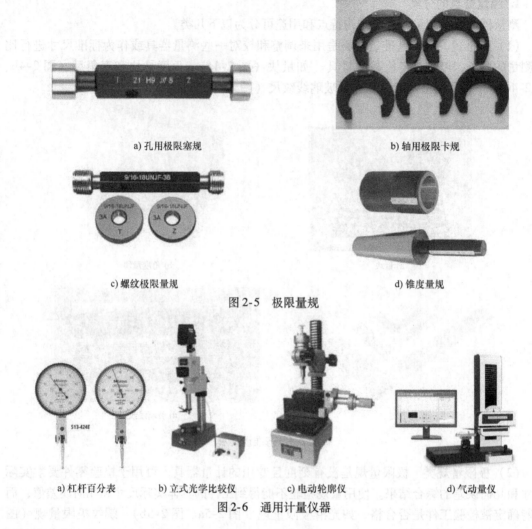

a) 孔用极限塞规　　　　　　　　b) 轴用极限卡规

c) 螺纹极限量规　　　　　　　　d) 锥度量规

图 2-5　极限量规

a) 杠杆百分表　　b) 立式光学比较仪　　c) 电动轮廓仪　　d) 气动量仪

图 2-6　通用计量仪器

测量范围小，如水柱式气动量仪、浮标式气动量仪等。

（4）计量装置　计量装置是指确定被测几何量值所必需的计量器具和辅助设备的总体。它能够测量同一工件上较多的几何量和形状比较复杂的工件，有助于实现检测自动化或半自动化，如三坐标测量机（图2-7）、齿轮综合精度检查仪、发动机缸体孔的几何精度综合测量仪等。

2. 计量器具的基本技术性能指标

计量器具的基本技术性能指标是合理选择和使用计量器具的重要依据。下面以机械式测微仪（图2-8）为例介绍一些常用的计量技术性能指标。

图 2-7　三坐标测量机

（1）标尺间距（Scale Spacing）　标尺间距是指计量器具的标尺或分度盘上相邻两刻线中心之间的距离或圆弧长度。考虑人眼观察的方便，一般取刻线间距为 1~2.5mm。

(2）分度值（Scale Division） 分度值是指计量器具的标尺或分度盘上每一标尺间距所代表的量值。一般长度计量器具的分度值有 0.1mm、0.05mm、0.02mm、0.01mm、0.005mm、0.002mm、0.001mm 等几种。一般来说，分度值越小，则计量器具的精度就越高。

(3）灵敏度（Sensitivity） 灵敏度是指计量器具对被测几何量微小变化的响应变化能力。若被测几何量的变化为 Δx，该几何量引起计量器具的响应变化能力为 ΔL，则灵敏度 S 为

$$S = \Delta L / \Delta x \qquad (2\text{-}2)$$

当式（2-2）中分子和分母为同种量值时，灵敏度也称为放大比或放大倍数。对于具有等分刻度的标尺或分度盘的量仪，放大倍数 K 等于标尺间距 a 与分度值 i 之比，即

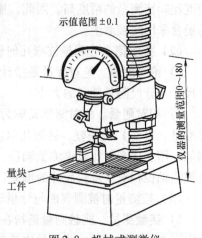

图 2-8 机械式测微仪

$$K = a/i \qquad (2\text{-}3)$$

(4）示值范围（Indication Range） 示值范围是指计量器具所能显示或指示的被测几何量起始值到终止值的范围。例如，机械式测微仪的示值范围为 ±0.1mm，如图 2-8 所示。

(5）测量范围（Measuring Range） 测量范围是指计量器具在允许的误差限度内所能测出的被测几何量值的下限值到上限值的范围。一般测量范围的上限值与下限值之差称为量程。例如，立式光学比较仪的测量范围为 0~180mm，也可以说立式光学比较仪的量程为 180mm。

(6）示值误差（Error of Indication） 示值误差是指计量器具上的示值与被测几何量真值的代数差。一般来说，示值误差越小，则计量器具的精度就越高。

(7）修正值 修正值是指为了消除或减少系统误差，用代数法加到测量结果上的数值。其大小与示值误差的绝对值相等，而符号相反。例如，示值误差为 -0.004mm，则修正值为 +0.004mm。

(8）回程误差（Retrace Error） 当被测量不变时，在相同条件下，测量器具沿正、反行程在同一点上测量所得结果之差的绝对值。

3. 测量方法分类

在实际工作中，测量方法通常是指获得测量结果的具体方案，它可以按下面几种情况进行分类。

(1）按实测几何量是否就是被测几何量分类

1）直接测量。直接测量是指被测几何量的量值直接由计量器具读出。例如，用游标卡尺、千分尺测量轴径的大小。

2）间接测量。间接测量是指欲测量的几何量的量值由实测几何量的量值按一定的函数关系式运算后获得。例如，采用"弓高弦长法"间接测量圆弧样板的半径 R，首先测得弓高 h 和弦长 b 的量值，然后按公式进行计算即可得到 R 的量值。可以看出，由于被测对象圆弧样板的结构特点，我们无法测量它的半径，只能通过间接测量法获得。

直接测量过程简单，其测量精度只与这一测量过程有关，而间接测量的精度不仅取决于实测几何量的测量精度，还与所依据的计算公式和计算的精度有关。一般来说，直接测量的

精度比间接测量的精度高。因此,应尽量采用直接测量,对于受条件所限无法进行直接测量的场合采用间接测量。

(2) 按示值是否就是被测几何量的量值分类

1) 绝对测量。绝对测量是指计量器具的示值,就是被测几何量的量值。例如,用游标卡尺、千分尺测量轴径的大小。

2) 相对测量。相对测量又称为比较测量,是指计量器具的示值只是被测几何量相对于标准量(已知)的偏差,被测几何量的量值等于已知标准量与该偏差值(示值)的代数和。例如,用立式光学比较仪测量轴径,测量时先用量块调整示值零位,该比较仪指示出的示值为被测轴径相对于量块尺寸的偏差。一般来说,相对测量的精度比绝对测量的精度高。

(3) 按测量时被测表面与计量器具的测头是否接触分类

1) 接触测量。接触测量是指在测量过程中,计量器具的测头与被测表面接触,即有测量力存在。例如,用立式光学比较仪测量轴径。

2) 非接触测量。非接触测量是指在测量过程中,计量器具的测头不与被测表面接触,即无测量力存在。例如,用光切显微镜测量表面粗糙度,用气动量仪测量孔径。

对于接触测量,测头和被测表面的接触会引起弹性变形,即产生测量误差,而非接触测量则无此影响,故被测对象易变形的软质表面或薄壁工件多用非接触测量。

(4) 按工件上是否有多个被测几何量同时测量分类

1) 单项测量。单项测量是指对工件上的各个被测几何量分别进行测量。例如,用工具显微镜分别测量螺纹的螺距、牙型半角、中径、大径、小径等。单项测量一般适用于小批量高精度的测量,或工艺分析过程中的测量。

2) 综合测量。综合测量是指对工件上几个相关几何量的综合效应同时测量得到综合指标,以判断综合结果是否合格。例如,用螺纹量规检验螺纹旋合性。综合测量的效率比单项测量的效率高,用于大批量中低精度的零件测量中。综合测量方便用于只要求判断合格与否,而不需要得到具体测得值的场合。

(5) 按测量技术在工艺过程中所起的作用分类

1) 被动测量。被动测量是指对加工后的零件进行测量,其作用是发现并剔除废品。

2) 主动测量。主动测量是指在加工过程中对零件进行测量,作用是控制加工质量,根据测量结果决定继续加工还是调整工艺系统。

主动测量既能够及时防止废品扩大又可缩短生产周期,是降低生产成本的有效措施,因此是现代化生产广泛采用的检测方式。

依据测头和被测表面之间是否处于相对运动状态,还可以分为动态测量和静态测量。动态测量是指在测量过程中,测头与被测表面处于相对运动状态。动态测量效率高,并能测出工件上几何参数连续变化时的情况。例如,用电动轮廓仪测量表面粗糙度即为动态测量。

2.2 测量误差与测量不确定度评定

2.2.1 测量误差定义

对于任何测量过程,由于计量器具和测量条件方面的限制,不可避免地会出现或大或小的测量误差（Measurement Error）。测量误差即测得值减去被测量的真值所得的代数差。测量误差可以用绝对误差或相对误差来表示。

1. 绝对误差（Absolute Error）

绝对误差是指被测几何量的测得值与其真值之差，即

$$\Delta = x - \mu \tag{2-4}$$

式中 Δ——绝对误差；

x——被测几何量的测得值；

μ——被测几何量的真值。

2. 相对误差（Relative Error）

相对误差是指绝对误差（取绝对值）与真值之比。由于真值无法得到，因此在实际应用中常以被测几何量的测得值代替真值进行估算，则有

$$\Delta_r = \frac{\Delta}{\mu} \times 100\% \approx \frac{\Delta}{x} \times 100\% \tag{2-5}$$

式中 Δ_r——相对误差。

相对误差是一个无量纲的数值，通常用百分比来表示。例如，测得两个孔的直径大小分别为25.43mm 和41.94mm，其绝对误差分别为 +0.02mm 和 +0.01mm，则由式（2-5）计算得到其相对误差分别为

$$\Delta_{r1} = 0.02/25.43 = 0.0787\%$$

$$\Delta_{r2} = 0.01/41.94 = 0.0238\%$$

显然后者的测量精度比前者高。被测量大小相同时可用绝对误差的大小来比较测量精度等级的高低，而当被测量的大小不同时则需要用相对误差的大小来比较测量精度等级的高低。

由于测量误差的存在，测得值只能近似地反映被测几何量的真值。为减小测量误差，就需分析产生测量误差的原因，以便提高测量精度。在实际测量中，产生测量误差的因素很多，归纳起来主要有以下几个方面。

（1）计量器具的误差　计量器具的误差是计量器具本身的误差，包括计量器具的设计、制造和使用过程中的误差，这些误差的总和反映在示值误差和测量的重复性上。

计量器具零件的制造和装配误差也会产生测量误差。例如，标尺间距不准确、指示表的分度盘与指针回转轴的安装有偏心等皆会产生测量误差。在计量器具使用过程中，零件的变形等会产生测量误差。此外，相对测量时使用的标准量（如长度量块）的制造误差也会产生测量误差。

（2）方法误差　方法误差是指测量方法的不完善（包括计算公式不准确，测量方法选择不当，工件安装、定位不准确等）引起的误差，它会产生测量误差。例如，在接触测量中，测头测量力的影响，使被测零件和测量装置产生变形而产生测量误差。

（3）环境误差　环境误差是指测量时环境条件（温度、湿度、气压、照明、振动、电磁场等）不符合标准的测量条件所引起的误差，它会产生测量误差。例如，环境温度的影响：在测量长度时，规定的环境条件标准温度为20℃，但是在实际测量时被测零件和计量器具的温度对标准温度均会产生或大或小的偏差，而被测零件和计量器具的材料不同时它们的线膨胀系数也不相同，这将产生一定的测量误差 δ，其大小可按下式计算，即

$$\delta = x[\alpha_2(t_2 - 20) - \alpha_1(t_1 - 20)] \quad (2\text{-}6)$$

式中 δ——温度引起的测量误差；

x——被测尺寸（通常用公称尺寸代替）（mm）；

α_1、α_2——被测零件、计量器具的线膨胀系数；

t_1、t_2——测量时被测零件、计量器具的温度（℃）。

2.2.2 测量误差的分类及处理

测量误差按其特点和性质，可分为系统误差、随机误差和粗大误差三类。

1. 系统误差

系统误差（Systematic Error）是指在一定测量条件下，多次测取同一量值时，绝对值和符号均保持不变的测量误差，或者绝对值和符号按某一规律变化的测量误差。前者称为定值系统误差，后者称为变值系统误差。例如，在比较仪上用相对法测量零件尺寸时，调整量仪所用量块的误差就会引起定值系统误差；量仪的分度盘与指针回转轴偏心所产生的示值误差会引起变值系统误差。

根据系统误差的性质和变化规律，系统误差可以用计算或实验对比的方法确定，用修正值（校正值）从测量结果中予以消除。但在某些情况下，系统误差由于变化规律比较复杂，不易确定，因而难以消除。

在实际测量中，系统误差对测量结果的影响是不能忽视的。揭示系统误差出现的规律性，消除系统误差对测量结果的影响，是提高测量精度的有效措施。

要发现系统误差，就必须根据具体测量过程和计量器具进行全面而仔细的分析，但目前还没有能够找到可以发现各种系统误差的方法，下面只介绍适用于发现某些系统误差常用的两种方法。

（1）实验对比法　实验对比法就是，通过改变产生系统误差的测量条件，进行不同测量条件下的测量，来发现系统误差。这种方法适用于发现定值系统误差。例如，量块按标称尺寸使用时，在测量结果中，就存在着由于量块尺寸偏差而产生的定值系统误差，重复测量也不能发现这一误差，只有用另一块更高等级的量块进行对比测量，才能发现它。

（2）残差观察法　残差观察法是指根据测量列的各个残差大小和符号的变化规律，直接由残差数据或残差曲线图形来判断有无系统误差，这种方法主要适用于发现大小和符号按一定规律变化的变值系统误差。根据测量先后顺序，将测量列的残差作图（图2-9），观察残差的规律。若残差大体正、负相间，又没有显著变化，就认为不存在变值系统误差，如图2-9a所示。若残差按近似的线性规律递增或递减，就可判断存在着线性系统误差，如图2-9b所示。若残差的大小和符号有规律地周期变化，就可判断存在着周期性系统误差，如图2-9c所示。但是当测量次数不是足够多时，残差观察法也有一定的难度。

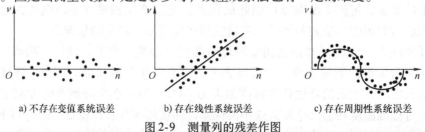

a) 不存在变值系统误差　　b) 存在线性系统误差　　c) 存在周期性系统误差

图 2-9　测量列的残差作图

消除系统误差的方法：

（1）从产生误差根源上消除系统误差　这要求测量人员对测量过程中可能产生系统误差的各个环节进行分析，并在测量前就将系统误差从产生根源上加以消除。例如，为了防止测量过程中仪器示值零位的变动，测量开始和结束时都需检查示值零位。

（2）用修正法消除系统误差　这种方法是预先将计量器具的系统误差检定或计算出来，做出误差表或误差曲线，然后取与误差数值相同而符号相反的值作为修正值，将测得值加上相应的修正值，即可使测量结果不包含系统误差。

（3）用抵消法消除定值系统误差　这种方法要求在对称位置上分别测量一次，以使这两次测量中测得的数据出现的系统误差大小相等，符号相反，取这两次测量中数据的平均值作为测得值，即可消除定值系统误差。例如，在工具显微镜上测量螺纹螺距时，为了消除螺纹轴线与量仪工作台移动方向倾斜而引起的系统误差，可分别测量螺纹左、右牙面的螺距，然后取它们的平均值作为螺距测得值。

（4）用半周期法消除周期性系统误差　对周期性系统误差，可以每相隔半个周期进行一次测量，以相邻两次测量的数据的平均值作为一个测得值，即可有效消除周期性系统误差。

消除和减小系统误差的关键是找出误差产生的根源和规律。实际上，系统误差不可能完全消除。一般来说，系统误差若能减小到使其影响相当于随机误差的程度，则可认为已被消除。

2. 随机误差

随机误差（Random Error）是指在一定测量条件下，多次测取同一量值时，绝对值和符号以不可预定的方式变化着的测量误差。随机误差主要是由测量过程中一些偶然性因素或不确定因素引起的。例如，量仪传动机构的间隙、摩擦、测量力的不稳定以及温度波动等引起的测量误差，都属于随机误差。

就某一次具体测量而言，随机误差的绝对值和符号无法预先知道。但对于连续多次重复测量来说，随机误差符合一定的概率统计规律，因此，可以应用概率论和数理统计的方法来对它进行处理。

（1）随机误差的特性　通过对大量的测试实验数据进行统计后发现，随机误差通常服从正态分布规律（随机误差还存在其他规律的分布，如等概率分布、三角分布、反正弦分布等），其正态分布曲线如图2-10所示（横坐标δ表示随机误差，纵坐标y表示随机误差的概率密度）。

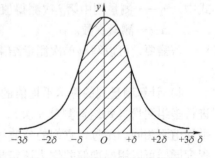

图 2-10　随机误差正态分布图

正态分布的随机误差具有下面四个基本特性。

1）单峰性。绝对值越小的随机误差出现的概率越大，反之则越小。

2）对称性。绝对值相等的正、负随机误差出现的概率相等。

3）有界性。在一定测量条件下，随机误差的绝对值不超过一定界限。

4）抵偿性。随着测量次数的增加，随机误差的算术平均值趋于零，即各次随机误差的代数和趋于零。这一特性是对称性的必然反映。

(2) 随机误差的分布规律　正态分布曲线的数学表达式为

$$y = \frac{1}{\sigma\sqrt{2\pi}} e^{-\left(\frac{\delta^2}{2\sigma^2}\right)} \quad (2\text{-}7)$$

式中　y——概率密度；
　　　σ——标准偏差；
　　　δ——随机误差；
　　　e——自然对数的底。

(3) 随机误差的处理步骤　由于被测几何量的真值未知，所以不能直接计算求得标准偏差 σ 的数值。在实际测量时，当测量次数 n 充分大时，随机误差的算术平均值趋于零，便可以用测量列中各个测得值的算术平均值代替真值，并估算出标准偏差，进而确定测量结果。

在假定测量列中不存在系统误差和粗大误差的前提下，可按下列步骤对随机误差进行处理。

1) 计算测量列中各个测得值的算术平均值。设测量列的测得值为 x_1、x_2、x_3、$\cdots$、x_n，则算术平均值为

$$\bar{x} = \frac{\sum_{i=1}^{n} x_i}{n} \quad (2\text{-}8)$$

2) 计算残余误差。残余误差 ν_i 即测得值与算术平均值之差，一个测量列就对应着一个残余误差列，即

$$\nu_i = x_i - \bar{x} \quad (2\text{-}9)$$

3) 计算标准偏差（单次测量精度 σ）。在实用中，常用贝塞尔公式计算标准偏差，贝塞尔公式如下

$$\sigma = \sqrt{\frac{\sum_{i=1}^{n} \nu_i^2}{n-1}} \quad (2\text{-}10)$$

式中　ν_i——测量列中第 i 次测得值的残余误差；
　　　n——测量次数。

若需要，可以写出单次测量结果表达式，即

$$x_{ei} = x_i \pm 3\sigma \quad (2\text{-}11)$$

4) 计算测量列的算术平均值的标准偏差 $\sigma_{\bar{x}}$。若在一定测量条件下，对同一被测几何量进行多组测量（每组皆测量 n 次），则对应每组 n 次测量都有一个算术平均值，各组的算术平均值不相同。不过，它们的分散程度要比单次测量值的分散程度小得多。描述它们的分散程度同样可以用标准偏差作为评定指标。根据误差理论，测量列算术平均值的标准偏差 $\sigma_{\bar{x}}$ 与测量列单次测量值的标准偏差 σ 存在如下关系

$$\sigma_{\bar{x}} = \frac{\sigma}{\sqrt{n}} \quad (2\text{-}12)$$

显然，多次测量结果的精度比单次测量的精度高，即测量次数越多，测量精度就越高。但测量次数不是越多越好，一般取 $n > 10$（15 次左右）为宜。

5) 计算测量列算术平均值的测量极限误差 $\delta_{\lim(\bar{x})}$。

$$\delta_{\lim(\bar{x})} = \pm 3\sigma_{\bar{x}} \qquad (2\text{-}13)$$

6) 写出多次测量所得结果的表达式 x_e。

$$x_e = \bar{x} \pm 3\sigma_{\bar{x}} \qquad (2\text{-}14)$$

并说明置信概率为 99.73%。

3. 粗大误差

粗大误差（Parasitic Error，简称粗误差，也称过失误差） 超过在规定条件下预计的误差。这种误差是由于测量者主观上的疏忽或客观条件的剧变（如突然的振动）等原因所造成的。粗大误差的产生有主观和客观两方面的原因，主观原因如测量人员疏忽造成的读数误差，客观原因如外界突然振动引起的测量误差。由于粗大误差明显歪曲测量结果，因此在处理测量数据时，应根据判别粗大误差的准则设法将其剔除。

粗大误差的数值相当大，在测量中应尽可能避免。如果粗大误差已经产生，则应根据判断粗大误差的准则予以剔除，通常用拉依达准则来判断。

拉依达准则又称 3σ 准则。当测量列服从正态分布时，残余误差落在 $\pm 3\sigma$ 外的概率很小，仅有 0.27%，即在连续 370 次测量中只有一次测量的残余误差会超出 $\pm 3\sigma$，而实际上连续测量的次数绝不会超过 370 次，测量列中就不应该有超出 $\pm 3\sigma$ 的残余误差。因此，当出现绝对值大于 3σ 的残余误差时，即 $|v_i| > 3\sigma$，则认为该残余误差对应的测得值含有粗大误差，应予以剔除。

注意拉依达准则不适用于测量次数小于或等于 10 的情况。

2.2.3 测量不确定度

1. 测量不确定度的相关术语

测量不确定度：表征合理赋予被测量之值的分散性，并与测量结果相联系的参数。

标准不确定度：用标准差表示的测量不确定度。标准不确定度用符号 u 表示。

合成标准不确定度：当测量结果由若干其他量的值求得时，测量结果的合成标准不确定度由这些量的方差和协方差按一定方法合成得出。合成标准不确定度用符号 u_c 表示。

扩展不确定度：确定了测量结果取值区间的半宽度，该区间包含了合理赋予被测量值的分布的大部分。扩展不确定度用符号 U 表示。$U = ku_c$，k 一般取 2。

2. 测量不确定度的评定方法

(1) 标准不确定度的 A 类评定　等精度测量是指在测量条件（包括测量仪、测量人员、测量方法及环境条件等）不变的情况下，对被测量 x 进行连续多次等精度测量得系列值 x_i。取其算术平均值 $\bar{x}$ 为对测量总体期望值的一个最佳估计，记为

$$\bar{x} = \frac{1}{n} \sum_{i=1}^{n} x_i \qquad (2\text{-}15)$$

直接测量列的数据处理：为了从直接测量列中得到正确的测量结果，应按以下步骤进行数据处理。

1) 计算测量列的算术平均值 $\bar{x}$ 和残差 v_i，以判断测量列中是否存在系统误差。如果存在系统误差，则应采取措施加以消除。

2) 计算测量列单次测量值的标准偏差 σ。判断是否存在粗大误差。若有粗大误差，则

应剔除含粗大误差的测得值,并重新组成测量列,再重复上述计算,直到将所有含粗大误差的测得值都剔除干净为止。

3）计算测量列算术平均值的标准偏差 $\sigma_{(\bar{x})}$ 和测量不确定度 $u_{(\bar{x})}$。

当满足等精度、n 次观察独立、n 足够大时,$\bar{x}$ 才是 u_x 的最佳估计,$s^2_{(x)}$ 才是 $\sigma^2_{(\bar{x})}$ 的无偏估计,即 $s^2_{(x)} \approx \sigma^2_{(\bar{x})}$。

$$u_{(\bar{x})} = \frac{s_{(x)}}{\sqrt{n}} = \frac{\sigma_{(\bar{x})}}{\sqrt{n}} = \sqrt{\frac{1}{n(n-1)} \sum (x_i - \bar{x})^2} \tag{2-16}$$

4）给出测量结果表达式 $x_e = \bar{x} \pm k u_{(\bar{x})}$,并说明置信概率。

【例 2-1】 对某一轴径 x 等精度测量 15 次,按测量顺序将各测得值依次列于表 2-4 中,试求测量结果。

表 2-4 数据处理计算表

测量序号	测量值 x_i/mm	残差 $v_i = (x_i - \bar{x})$/μm	残差的平方 v_i^2/μm²
1	34.959	+2	4
2	34.955	−2	4
3	34.958	+1	1
4	34.957	0	0
5	34.958	+1	1
6	34.956	−1	1
7	34.957	0	0
8	34.958	+1	1
9	34.955	−2	4
10	34.957	0	0
11	34.959	+2	4
12	34.955	−2	4
13	34.956	−1	1
14	34.957	0	0
15	34.958	+1	1
	算数平均值 $\bar{x} = 34.957$	$\sum v_i = 0$	$\sum v_i^2 = 26 \mu m^2$

【解】 1）判断定值系统误差。假设计量器具已经检定,测量环境得到有效控制,可认为测量列中不存在定值系统误差。

2）求测量列算术平均值。

$$\bar{x} = \frac{\sum_{i=1}^{n} x_i}{n} = \frac{\sum_{i=1}^{15} x_i}{15} = 34.957 \text{mm}$$

3）计算残差。各残差的数值经计算后列于表 2-4 中。按残差观察法,这些残差的符号大体正、负相间,没有周期性变化,因此可以认为测量列中不存在变值系统误差。

4）计算测量列单次测量值的标准偏差。

$$\sigma = \sqrt{\frac{\sum_{i=1}^{n} v_i^2}{n-1}} = \sqrt{\frac{26}{15-1}} \mu m \approx 1.4 \mu m$$

5) 按拉依达准则判断粗大误差。测量列中没有出现绝对值大于 3σ（$3 \times 1.4\mu m = 4.2\mu m$）的残差，即测量列中不存在粗大误差。

6) 计算标准不确定度。

$$u_{(\bar{x})} = \sigma_{\bar{x}} = \frac{\sigma}{\sqrt{n}} = \frac{1.4}{\sqrt{15}}\mu m \approx 0.36\mu m$$

7) 计算扩展不确定度。

$$U = ku_{(\bar{x})}, k = 3, U = 3u_{(\bar{x})} = 3 \times 0.36 = 1.08\mu m$$

8) 确定测量结果。

$$x_e = \bar{x} \pm U = 34.957\text{mm} \pm 0.0011\text{mm}$$

这时的置信概率为 99.73%，见表 2-5。

表 2-5 四个 k 值对应的概率

k	$U = ku$	不超出 $|u|$ 的概率 $P = 2\Phi(t)$	超出 $|u|$ 的概率 $\alpha = 1 - 2\Phi(t)$
1	u	0.6826	0.3174
2	$2u$	0.9544	0.0456
3	$3u$	0.9973	0.0027
4	$4u$	0.9936	0.00064

（2）标准不确定度的 B 类评定 如果因为时间和资源等因素的限制，无法或不宜用 A 类方法评定测量结果的不确定度，则可以收集对测量有影响的信息，诸如知识、经验和资料，合理地给出被测量 X 估计值 x 的标准不确定度。

B 类不确定度的评定方法：

1) 根据可利用的信息，分析判断被测量的可能值不会超出的区间 $(-e, e)$ 及其概率分布，由要求的置信水平估计置信因子 k，得测量不确定度为 $u_{(x)} = e/k$。

2) 如根据有用的信息，得知估计 x 的不确定度以标准差的几倍表示，则标准不确定度 $u_{(x)}$ 可简单取为该值与倍数之商。

B 类不确定度的可靠性取决于可用信息的质量，在可能的情况下尽量用长期观测值来估计概率分布。A 类不确定度评定不一定比 B 类不确定度评定可靠，特别是当 A 类不确定度评定所用的观测数据很有限的情况。

（3）标准不确定度的合成

1) 直接测量。如果测量结果的标准不确定度包括 M 个不确定度分量，当各个分量间相互独立时，可用方和根法合成，得

$$u_c = \sqrt{\sum_{i=1}^{M} u_i^2} \tag{2-17}$$

其中各分量应计入所有的影响量，包括估计修正值的不确定度等，用 u_i 表示，其中 u_i 既可以使 A 类评定方法评定出来，也可以使 B 类评定方法评定出来。

2) 间接测量。如果被测量 Y 是 n 个输入量 $X_1, X_2, \cdots, X_n$ 的函数，即 $Y = f(X_1, X_2, \cdots, X_n)$，各 X_i 间可能彼此相关，但通常情况下不相关或近似不相关。y 是 Y 的估计值，$x_1, x_2, \cdots, x_n$ 分别是 $X_1, X_2, \cdots, X_n$ 的估计值，则测量结果 $y = f(x_1, x_2, \cdots, x_n)$ 的合成标准不确定度为

$$u_{c(y)} = \sqrt{\sum_{i=1}^{n}\left(\frac{\partial f}{\partial x_i}\right)^2 u_{(x_i)}^2} \quad (2\text{-}18)$$

【例 2-2】 测量一厚度为 1mm 的圆弧样板的半径，如图 2-11 所示，采用工具显微镜测量弓高 h 和弦长 s，如图 2-12 所示，由函数关系间接算出 R 值。已知，基本尺寸为 h = 10mm，s = 23.664mm。

工具显微镜纵横向测量不确定度分别为

$$u_{(s)} = \pm\left(3 + \frac{L}{30} + \frac{HL}{4000}\right)\mu m \quad (2\text{-}19)$$

$$u_{(h)} = \pm\left(3 + \frac{L}{50} + \frac{HL}{2500}\right)\mu m \quad (2\text{-}20)$$

实测得：h_a = 10.002mm，s_a = 23.660mm，试求该样板的 R 值及测量标准不确定度。

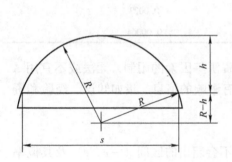

图 2-11 圆弧样板图

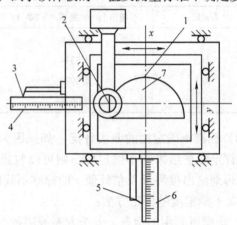

图 2-12 工具显微镜测量圆弧样板
1—工作台 2—瞄准装置 3、5—指示装置
4—x 向标准量 6—y 向标准量 7—被测工件

【解】 由图 2-11 中的几何关系可知

$$R^2 = \left(\frac{s}{2}\right)^2 + (R-h)^2 \quad (2\text{-}21)$$

化简后得

$$R = \frac{s^2}{8h} + \frac{h}{2} \quad (2\text{-}22)$$

将 h_a = 10.002mm，s_a = 23.660mm，代入式（2-22）得

$$R = \left(\frac{23.660^2}{8 \times 10.002} + \frac{10.002}{2}\right)mm = 11.997mm$$

对式（2-22）进行全微分，并以误差量符号代替微分符号得

$$\Delta R = \frac{2s}{8h}\Delta s - \frac{s^2}{8h^2}\Delta h + \frac{\Delta h}{2} = \frac{s}{4h}\Delta s - \left(\frac{s^2}{8h^2} - \frac{1}{2}\right)\Delta h$$

$\frac{s}{4h}$ 和 $\left(\frac{s^2}{8h^2} - \frac{1}{2}\right)$ 分别为 Δs 和 Δh 对 ΔR 的误差传递函数，因此 R 的测量不确定度为

$$u_{c(R)} = \pm\sqrt{\left(\frac{s}{4h}\right)^2 u_{(s)}^2 + \left(\frac{s^2}{8h^2} - \frac{1}{2}\right)^2 u_h^2}$$

将基本尺寸 $h = 10.000 \text{mm}$，$s = 23.664 \text{mm}$，厚度 1mm 代入式（2-19）和式（2-20）得

$$u_{(s)} = \pm\left(3 + \frac{23.664}{30} + \frac{1 \times 23.664}{4000}\right)\mu\text{m} = \pm 3.8 \mu\text{m}$$

$$u_{(h)} = \pm\left(3 + \frac{10}{50} + \frac{1 \times 10}{2500}\right)\mu\text{m} = 3.2 \mu\text{m}$$

$$u_{c(R)} = \pm\sqrt{\left(\frac{23.664}{40}\right)^2 \times 0.0038^2 + \left(\frac{23.664^2}{800} - \frac{1}{2}\right)^2 \times 0.0032^2} \text{mm} = \pm 0.0023 \text{mm}$$

测量结果的表达式为 $R = (11.997 \pm 0.002)$ mm。

思考与习题

2-1 测量的实质是什么？一个测量过程包括哪些要素？我国长度测量的基本单位及其定义如何？

2-2 量块的作用是什么？其结构上有何特点？量块的"等"和"级"有何区别？按"等"和"级"使用时，各自的测量精度如何？

2-3 以光学比较仪为例说明计量器具有哪些基本计量参数（指标）。

2-4 试说明分度值、刻间距和灵敏度三者有何区别。

2-5 试举例说明测量范围与示值范围的区别。

2-6 试说明绝对测量方法与相对测量方法、绝对误差与相对误差的区别。

2-7 测量误差分哪几类？产生各类测量误差的主要因素有哪些？

2-8 试说明系统误差、随机误差和粗大误差的特性和不同点。

2-9 为什么要用多次重复测量的算术平均值表示测量结果？这样表示测量结果可减少哪一类测量误差对测量结果的影响？

2-10 在立式光学计上对一轴类零件进行比较测量，共重复测量 12 次，测得值如下（单位为 mm）：20.015，20.013，20.016，20.012，20.015，20.014，20.017，20.018，20.014，20.016，20.014，20.015。试求出该零件的测量结果。

2-11 若用一块 4 等量块在立式光学计上对一轴类零件进行比较测量，共重复测量 12 次，测得值如下（单位为 mm）：20.015，20.013，20.016，20.012，20.015，20.014，20.017，20.018，20.014，20.016，20.014，20.015。在已知量块的中心长度实际偏差为 +0.2 μm，其长度的测量不确定度的允许值为 ±0.25 μm 的情况下，不考虑温度的影响，试确定该零件的测量结果。

英文阅读扩展

Inspection by measurement of workpieces and measuring equipment
Terms and definations

Maximum permissible measurement error（MPE）—extreme value of measurement error, with respect to a known reference quantity value, permitted by specifications or regulations for a given measurement, measuring instrument, or measuring system

Specification zone—variate values of the workpiece characteristic or population characteristic or the measuring equipment characteristic between and including the specification limits.

Measurand (Y) — quantity intended to be measured.

Measurement result (y) — set of quantity values being attributed to a measurand together with any other available relevant information.

Standard measurement uncertainty—non-negative parameter characterizing the dispersion of the quantity values being attributed to a measurand, based on the information used, expressed as a standard deviation.

Combined standard measurement uncertainty—standard measurement uncertainty that is obtained using the individual standard measurement uncertainties associated with the input quantities in a measurement model.

Expanded measurement uncertainty (U) —product of a combined standard measurement uncertainty and a factor larger than the number one.

Coverage factor (k) —number larger than one by which a combined standard measurement uncertainty is multiplied to obtain an expanded measurement uncertainty.

Complete measurement result (y') — measurement result including the expanded measurement uncertainty.

Conformity zone—specification zone reduced by the expanded measurement uncertainty.

Nonconformity zone—zones outside the specification zone extended by the expanded measurement uncertainty, see Figure 2-13.

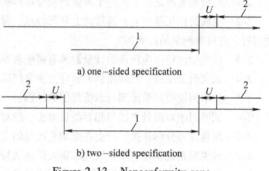

Figure 2-13 Nonconformity zone
1—specification zone 2—nonconformity zone

Guidance for the estimation of uncertainty in GPS measurement, in calibration of measuring equipment and in product verification

This part of ISO 14253 establishes a simplified, iterative procedure of the concept and the way to evaluate and determine uncertainty (standard uncertainty and expanded uncertainty) of measurement, and the recommendations of the format to document and report the uncertainty of measurement information as given in the Guide to the expression of Uncertainty in Measurement (GUM). In most cases, only very limited resources are necessary to estimate uncertainty of measurement by this simplified, iterative procedure, but the procedure may lead to a slight overestimation of the uncertainty of measurement. If a more accurate estimation of the uncertainty of measurement is needed, the more elaborated procedures of the GUM need to be applied.

This part of ISO 14253 is of special importance in relation to ISO 9000 quality assurance systems, e. g. it is a requirement that methods for monitoring and measurement of the quality management system processes are suitable. The measurement uncertainty is a measure of the process suitability.

The Procedure for Uncertainty Management (PUMA) iterative procedure based on the GUM for estimating uncertainty of measurement without changing the basic concepts of the GUM. It is intended to be used generally for estimating uncertainty of measurement and giving statements of uncertainty for:

— single measurement results;

— the comparison of two or more measurement results;

— the comparison of measurement results – from one or more workpieces or pieces of measurement equipment with given specifications, for proving conformance or non – conformance with the specification.

Concept of the iterative GUM method for estimation of uncertainty of measurement

By applying the GUM method completely, a conventional true uncertainty of measurement, U_C, can be found. The simplified, iterative method described in this part of ISO 14253 sets out to achieve estimated uncertainties of measurements, U_E, by overestimating the influencing uncertainty components ($U_E \geqslant U_C$). The process of overestimating provides "worst – case contributions" at the upper bound from each known or predictable uncertainty component, thus ensuring results of estimations "on the safe side", i. e. not underestimating the uncertainty of measurement. The method is based on the following:

— all uncertainty components are identified;

— it is decided which of the possible corrections shall be made;

— the influence on the uncertainty of the measurement result from each component is evaluated as a standard uncertainty u_{xx}, called the uncertainty component;

— an iteration process, PUMA is undertaken;

— the evaluation of each of the uncertainty components (standard uncertainties) u_{xx} can take place either by a Type A evaluation or by a Type B evaluation;

— Type B evaluation is preferred— if possible—in the first iteration in order to get a rough uncertainty estimate to establish an overview and to save cost;

— the total effect of all components (called the combined standard uncertainty) is calculated by Equation (2-23):

$$u_c = \sqrt{u_{x1}^2 + u_{x2}^2 + u_{x3}^2 + \cdots + u_{xn}^2} \qquad (2\text{-}23)$$

— Equation (2-23) is only valid for a black box model of the uncertainty estimation and when the components u_{xx} are all uncorrelated (for more details and other equations);

— for simplification, the only correlation coefficients between components considered are

$$\rho = 1, \ -1, \ 0 \qquad (2\text{-}24)$$

If the uncertainty components are not known to be uncorrelated, full correlation is assumed, either $\rho = 1$ or $\rho = -1$. Correlated components are added arithmetically before put into the formula above;

— The expanded uncertainty U is calculated by Equation (2-25):

$$U = k u_c \qquad (2\text{-}25)$$

Where $k = 2$, k is the coverage factor.

The complete measurement result is expressed as:

$$y' = y \pm U \qquad (2\text{-}26)$$

In Equation (2-26), the compete measurement result, y', is illustrated as a symmetrical interval of expanded measurement uncertainty, U, around a measurement result, y.

The simplified, iterative method normally will consist of at least two iterations of estimating the components of uncertainty:

The first very rough, quick and cheap iteration has the purpose of identifying the largest components of uncertainty;

The following iterations – if any – only deal with making more accurate "upper bound" estimates of the largest components to lower the estimate of the uncertainty (u_c and U) to a possible acceptable magnitude.

The simplified and iterative method may be used for two purposes:

Management of the uncertainty of measurement for a result of a given measurement process (can be used for the results from a known measuring process or for comparison of two or more of such results);

Uncertainty management for a measuring process. For the development of an adequate measuring process, i. e.

$$U_E \leqslant U_T$$

Sources of errors and uncertainty of measurement

Different types of errors regularly show up in measurement results:

— systematic errors;
— random errors;
— drift;
— outliers.

All errors are by nature systematic. When error are perceived as non – systematic, it is either because the reason for the error is not looked for or because the level of resolution is not sufficient.

Systematic errors may be characterized by size and sign (+ or −).

Random errors are systematic errors caused by non – controlled random influence quantities. Random errors may be characterized by the standard deviation and the type of distribution. The mean value of the random errors is often considered as a basis for the evaluation of the systematic error, see Figure 2-14.

Drift is caused by a systematic influence of non – controlled influence quantities. Drift is often a time effect or a wear effect. Drift may be characterized by change per unit time or per amount of use.

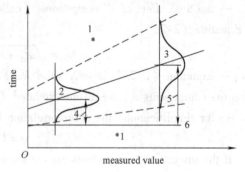

Figure 2-14　Types of errors in measurement results
1—outlier　2, 3—dispersion 1 and dispersion 2
4, 5—systematic error 1 and systematic error 2
6—true value

Outliers are caused by non – repeatable incidents in the measurement. Noise – electrical or mechanical – may result in outliers. A frequent reason for outliers is human error, i. e. mistakes as reading and writing or wrong handling of measuring equipment. Outliers are impossible to characterize in advance.

Errors or uncertainties in a measuring process will be a mix of known and unknown errors from a number of sources or error components.

The sources or components are not the same in each case, and the sum of the components is not the same.

It is still possible to take a systematic approach. There are always several sources or a combined effect of the ten different ones indicated in Figure 2-15.

In the following subclauses, examples and further details about each of the ten components are given.

What is often difficult is that each of the components may act individually on the measurement result. But in many cases, they even interfere with each other and cause additional errors and uncertainty.

In Figure 2-15 and the non-exhaustive listslsee ISO 14253-2: 2011) shall be used for getting ideas in a systematic way when making uncertainty budgets. In each case, in order to evaluate the actual error/uncertainty component, it is necessary to have knowledge about physics or experience in metrology, or both.

In uncertainty budgets, the uncertainty components may be grouped for convenience.

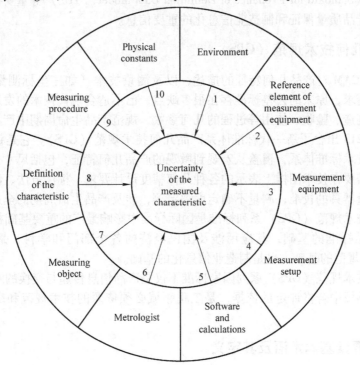

Figure 2-15 Uncertainty components in measurement

第3章 孔、轴配合尺寸精度的控制与评定

知识引入

机构精确运动的一个重要因素就是零件之间的精确配合，零件之间配合的松紧程度实现了机构处于不同的运动状态，进一步实现了机构所需的功能。不给精度要求的零件没法加工，加工了也谈不上配合。对于大批量生产的零件，要想实现互换性，必须对其几何参数的误差做出控制，控制的实现手段就是公差。对尺寸误差的控制就是在设计时给定尺寸公差。

3.1 产品几何技术规范标准体系及基本术语

产品几何技术规范（Geometrical Product Specification, GPS）是规范所有符合机械工程规律的几何形体产品的整套几何量技术标准，包括从宏观到微观的产品几何特征，在产品从开发、设计、制造、检测、装配到后期的维修、报废等整个生命周期中起着关键作用。作为国际标准中影响最广、最重要的基础标准体系之一，与质量管理体系（ISO 9000）、产品模型数据交换标准（Standard for Exchange of Definition Data Model, STEP）等重要标准体系有着密切的联系，是产品质量保证和制造业信息化的重要信息。

3.1.1 产品几何技术规范（GPS）

随着CAD/CAM对产品几何特征的描述，以及测量技术（如三坐标测量等）对产品几何特征辨识的需求，原来的公差标准存在很多缺点，已不适合现代技术的发展需求。为了统一产品设计、制造、验收、使用等过程的几何参数，规范产品生命周期中产品精度参数传递方式，ISO/TC 213出台了新一代标准体系产品几何技术规范（GPS）。它是针对所有几何产品建立的一个技术标准体系，覆盖从宏观到微观的产品几何特征，包括尺寸公差、几何公差和表面特征等需要在技术图样上表示的各种几何精度设计要求、标注方法、测量原理、验收规则，以及计量器具的校准，测量不确定度评定等，涉及产品生命周期的全过程。

产品几何技术规范（GPS）系列标准是国际标准中影响最广的重要基础标准之一，是所有高新技术产品标准的基础，其应用涉及国民经济的各个部门和学科，是所有机电产品"标准与计量"规范的基础，也是制造业信息化的基础。

产品几何技术规范（GPS）系列国家标准不仅是产品信息传递与交换的基础标准，也是产品市场流通领域中合格评定的依据，是工程领域必须依照的技术规范和交流沟通的重要工具。

3.1.2 几何要素基本术语及其定义

GB/T 18780.1—2002《产品几何量技术规范（GPS） 几何要素 第1部分：基本术语和定义》中对要素的术语和定义规定如下。

1. 尺寸要素（Feature of Size）

由一定大小的线性尺寸或角度尺寸确定的几何形状。尺寸要素可以是圆柱形、球形、两

平行对应面、圆锥形或楔形。

2. 几何要素（Geometrical Feature）

点、线或面。按产品整个生命周期进程出现的形式可分为公称要素、实际要素、提取要素和拟合要素，如图3-1所示。

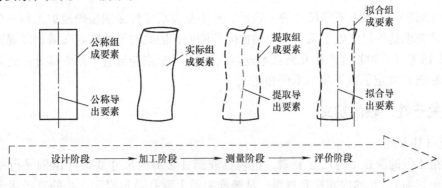

图3-1 几何要素定义

3. 组成要素（Integral Feature）

面或面上的线。

4. 导出要素（Derived Feature）

由一个或几个组成要素得到的中心点、中心线或中心面。

5. 公称要素（Nominal Feature）

（1）公称组成要素（Nominal Integral Feature）由技术制图或其他方法确定的理论正确组成要素。

（2）公称导出要素（Nominal Derived Feature）由一个或几个公称组成要素导出的中心点、轴线或中心平面。

6. 实际（组成）要素［Real（Integral）Feature］

由接近实际（组成）要素所限定的工件实际表面的组成要素部分，即组成实际零件的线、表面等，需要注意，实际要素没有实际导出要素的概念。

7. 提取要素（Extracted Feature）

（1）提取组成要素（Extracted Integral Feature）按规定的方法，由实际（组成）要素提取有限数目的点所形成的实际（组成）要素的近似替代。它是通过测量得到的，由于存在测量误差，它并非实际组成要素的真实状况，仅能近似地反映实际要素的功能特征。

（2）提取导出要素（Extracted Derived Feature）由一个或几个提取组成要素得到的中心点、中心线或中心面。

8. 拟合要素（Associated Feature）

（1）拟合组成要素（Associated Integral Feature）按规定的方法由提取组成要素形成的并具有理想形状的组成要素。在极限与配合中，获得拟合要素的默认方法（除非另做规定）为最小二乘法。在几何公差中，拟合组成要素的获得取决于几何误差的评定方法。

（2）拟合导出要素（Associated Derived Feature）由一个或几个拟合组成要素导出的中心点、轴线或中心平面。

图3-1所示的圆柱形工件，在从设计到成为合格产品的不同生命周期阶段，其要素表现

为不同的形态。

3.2 极限与配合基本术语和定义

就尺寸而言，互换性要求尺寸的一致性，并不是要求零件必须精确地加工到一个指定的尺寸，而是要求这些尺寸处于某一合理的极限范围内，因此对尺寸的定义需加以规范。

GB/T 1800.1—2009《产品几何技术规范（GPS） 极限与配合 第1部分：公差、偏差和配合的基础》规定了以下基本术语和定义。

3.2.1 关于孔、轴的定义

1. 孔（Hole）

孔是指工件的圆柱形内尺寸要素，也包括非圆柱形的内尺寸要素（由两平行平面或切面形成的包容面）。孔的内部没有材料，从装配关系上看孔是包容面。孔的直径用大写字母"D"表示。

2. 轴（Shaft）

轴是指工件的圆柱形外尺寸要素，也包括非圆柱形的外尺寸要素（由两平行平面或切面形成的被包容面）。轴的内部有材料，从装配关系上看轴是被包容面。轴的直径用小写字母"d"表示。

从加工过程看，随着余量的切除，孔的尺寸由小变大，轴的尺寸由大变小。从装配的角度来看，相互配合的孔与轴是包容与被包容的关系。这里的孔和轴是广义的，它包括圆柱形的和非圆柱形的孔和轴。除了常见的圆柱形的孔和轴（图3-2），还包括轴上键槽和键等非圆柱形的孔和轴。图3-3给出了孔与轴的尺寸标注，其中D_1、D_2、D_3、D_4为孔的尺寸，d_1、d_2、d_3、d_4为轴的尺寸。

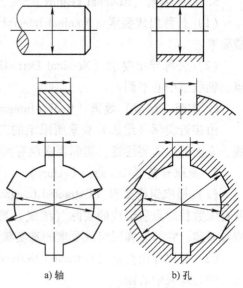

a) 轴　　b) 孔

图3-2 孔与轴的示意图

3.2.2 尺寸、偏差和公差

1. 尺寸（Size）

以特定单位表示线性尺寸值的数值。在技术图样中和在一定范围内，已注明共同单位（如在尺寸标注中，以mm为通用单位）时，常将单位省略，仅标注数值。

（1）公称尺寸（Nominal Size） 公称尺寸是指由图样规范确定的理想形状要素的尺寸。通过它应用上、下极限偏差，可计算出极限尺寸。孔的公称尺寸用大写字母"D"来表示，轴的公称尺寸用小写字母"d"来表示。

公称尺寸可以是一个整数或小数值，它是根据零件的强度、刚度等物理性能计算或通过试验和类比方法确定的，一般从相关标准表格选取标准值，以减少定值刀具、夹具和量具的规格和数量。例如，$\phi30^{+0.021}_{0}$，$\phi30^{+0.015}_{-0.015}$，$\phi30^{-0.007}_{-0.020}$中的$\phi30$都是公称尺寸。

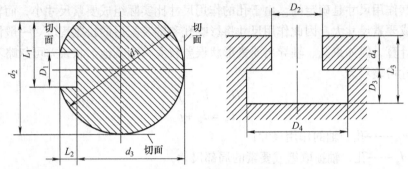

图 3-3 孔与轴的尺寸标注

(2) 实际尺寸 (Actual Size) 实际尺寸是经过测量得到的尺寸。在测量过程中总是存在测量误差，而且测量位置不同所得的测量值也不相同，所以真值虽然客观存在，但是测量不出来，只能用一个近似真值的测量值代替真值，换句话说就是实际尺寸具有不确定性。孔的实际尺寸用"D_a"来表示，轴的实际尺寸用"d_a"来表示。在 GPS 标准中，这个尺寸被分为**提取组成要素的局部尺寸**（Local Size of an Extracted Integral Feature）、**提取圆柱面的局部尺寸**（Local Size of an Extracted Cylinder）、**两平行提取表面的局部尺寸**（Local Size of Two Parallel Extracted Surfaces）。

(3) 极限尺寸 (Limits of Size) 极限尺寸就是尺寸要素允许的尺寸的两个极端。提取组成要素的局部尺寸应位于其中，也可达到极限尺寸。尺寸要素允许的最大尺寸称为上极限尺寸 (Upper Limit of Size)，孔和轴的上极限尺寸分别用"D_{max}"和"d_{max}"来表示；尺寸要素允许的最小尺寸称为下极限尺寸 (Lower Limit of Size)，孔和轴的下极限尺寸分别用"D_{min}"和"d_{min}"来表示。极限尺寸是用来限制实际尺寸的，若实际尺寸在极限尺寸范围内，表明工件合格；否则，不合格。

(4) 实体极限 (Material Limit) 最大实体极限 (Maximum Material Limit, MML) 是指确定要素最大实体状态的极限尺寸，即轴的上极限尺寸 d_{max} 和孔的下极限尺寸 D_{min}。

最小实体极限 (Least Material Limit, LML) 是指确定要素最小实体状态的极限尺寸，即轴的下极限尺寸 d_{min} 和孔的上极限尺寸 D_{max}。

(5) 作用尺寸 (Mating Size) 工件都不可避免地存在形状误差，致使与孔或轴相配合的轴或孔的尺寸发生了变化。为了保证配合精度，应对作用尺寸加以限制。

1) 孔的作用尺寸。孔的作用尺寸是在整个配合面上与实际孔内接的最大理想轴的尺寸，如图 3-4a 所示。

2) 轴的作用尺寸。轴的作用尺寸是在整个配合面上与实际轴外接的最小理想孔的尺寸，如图 3-4b 所示。

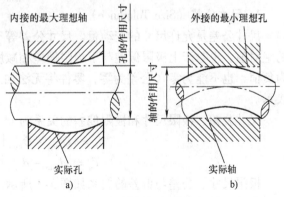

图 3-4 孔和轴的作用尺寸

作用尺寸是零件的实际组成要素尺寸和形状误差综合作用的结果，它是零件在装配时真正起作用的尺寸。同一批零件加工后由于实际组成要素尺寸各不相同，形状误差大小不同，所以作用尺寸也各不相同，但是对于某一零件而言，其作用尺寸是确定的。由于孔的作用尺寸比实际组成要素尺寸小，而轴的作用尺寸比实际组成要素尺寸大，因此作用尺寸将影响孔和轴装配后的松紧程度。一般情况下，作用尺寸无法计算，但如果孔、轴导出要素形状误差较大，而其他形状误差可忽略不计，孔和轴的作用尺寸可表示为

$$D_{fe} = D_a - f \tag{3-1}$$
$$d_{fe} = d_a + f \tag{3-2}$$

式中　D_{fe}、d_{fe}——孔、轴的作用尺寸；

　　　D_a、d_a——孔、轴提取组成要素的局部尺寸；

　　　f——导出要素的形状误差。

由于作用尺寸影响配合性质，因此对于有配合要求的孔和轴，不仅应控制它们的实际组成要素尺寸，还应控制它们的作用尺寸（泰勒原则）。

2. 偏差（Deviation）

尺寸偏差是某一尺寸减去其公称尺寸所得的代数差，它可分为实际偏差和极限偏差。偏差值是代数值，可以为正值、负值或零，计算或标注时除零以外都必须带正、负号。

（1）实际偏差（Actual Deviation）　实际尺寸减去其公称尺寸所得的代数差称为实际偏差。孔和轴的实际偏差用"E_a"和"e_a"表示。其计算公式为

$$E_a = D_a - D \tag{3-3}$$
$$e_a = d_a - d \tag{3-4}$$

（2）极限偏差（Limit Deviations）　用极限尺寸减去其公称尺寸所得的代数差称为极限偏差。极限偏差有上极限偏差（Upper Limit Deviation）和下极限偏差（Lower Limit Deviation）两种。孔和轴的上极限偏差分别用"ES"和"es"表示，孔和轴的下极限偏差分别用"EI"和"ei"表示。极限偏差可用下列公式计算

$$ES = D_{max} - D \tag{3-5}$$
$$EI = D_{min} - D \tag{3-6}$$
$$es = d_{max} - d \tag{3-7}$$
$$ei = d_{min} - d \tag{3-8}$$

3. 尺寸公差（Size Tolerance）

尺寸公差是允许尺寸的变动量。尺寸公差等于上极限尺寸与下极限尺寸相减所得代数差的绝对值，也等于上极限偏差与下极限偏差相减所得代数差的绝对值。公差是绝对值，不能为负值，也不能为零（公差为零，零件将无法加工）。孔和轴的公差分别用"T_h"和"T_s"表示。

尺寸公差、极限尺寸和极限偏差的关系为

$$T_h = |D_{max} - D_{min}| = |ES - EI| \tag{3-9}$$
$$T_s = |d_{max} - d_{min}| = |es - ei| \tag{3-10}$$

极限尺寸、公差与偏差的关系如图 3-5 所示。

公差与偏差是两个不同的概念，其区别可以理解为：

1）偏差为代数差，可为正、负或零，公差一定是正值。

2）极限偏差用于限制实际偏差，公差用于控制误差。

3）对于单个零件，只能测出尺寸的"实际偏差"，而对一批零件，才能确定尺寸误差。

4) 偏差取决于加工机床的进刀位置,不反映加工难易程度,而公差表示制造精度的要求,反映加工的难易程度。

5) 偏差表示与公称尺寸的远离程度,表示公差带的位置,影响配合的松紧程度;而公差反映公差值的大小,影响配合精度。

4. 公差带（Tolerance Zone）

为了能更直观地分析,采用公差带示意图说明公称尺寸、偏差和公差三者之间的关系。公差带图由零线和尺寸公差带组成,如图 3-6 所示。

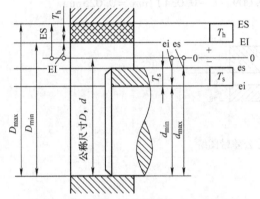
图 3-5 孔、轴尺寸与偏差、公差示意图

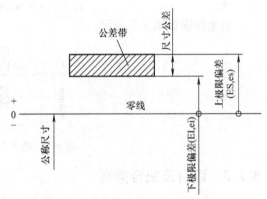
图 3-6 孔、轴的尺寸公差带示意图

(1) 零线（Zero Line） 公差带图中,零线是偏差为零的线,表示公称尺寸位置的一条水平直线,它是用来确定极限偏差的基准线。极限偏差位于零线上方为正值,位于零线下方为负值,位于零线上的偏差为零。在绘制公差带图时,应注意绘制零线,标注零线的公称尺寸线,标注公称尺寸值和符号"$\overset{+}{0}$",如图 3-6 所示。

(2) 尺寸公差带（Size Tolerance Zone） 在公差带图当中,表示上、下极限偏差的两条直线之间的区域称为尺寸公差带。公差带有两个参数:公差带的位置和公差带的大小。公差带的位置由基本偏差决定,公差带的大小（指公差带的纵向距离）由标准公差决定。在绘制公差带图时,应该用不同的方式来区分孔、轴公差带（例如,在图中,孔、轴公差带用不同方向的剖面线区分）;公差带的位置和大小应按比例绘制;公差带的横向宽度没有实际意义,可在图中适当选取。

1) 标准公差（Standard Tolerance）。国家标准中规定的用来确定公差带大小的公差值。

2) 基本偏差（Fundamental Deviation）。国家标准中,把离零线最近的那个上极限偏差或下极限偏差称为基本偏差,它是用来确定公差带与零线相对位置的偏差。

在公差带图中,公称尺寸的单位采用 mm,上、下极限偏差的单位可以采用 μm 或 mm。当公称尺寸与上、下极限偏差采用不同单位时,要标写公称尺寸的单位,当公称尺寸与上、下极限偏差采用相同单位时,不标写公称尺寸的单位。公称尺寸应书写在标注零线的公称尺寸线左方,字体方向与图 3-6 中"公称尺寸"一致。上、下极限偏差（零可以不写）必须带正、负号。

【例 3-1】 已知孔和轴的公称尺寸为 $\phi 50$mm,孔为 $\phi 50^{+0.039}_{0}$ mm,轴为 $\phi 50^{-0.009}_{-0.034}$ mm,求孔与轴的极限尺寸与公差,并画出孔与轴的尺寸公差示意图。

【解】 根据极限偏差与公差的计算公式,可得

孔的上极限尺寸　　　　$D_{\max} = \text{ES} + D = (+0.039 + 50.000)\text{mm} = 50.039\text{mm}$

孔的下极限尺寸　　　　$D_{\min} = \text{EI} + D = (0 + 50.000)\text{mm} = 50.000\text{mm}$

孔的公差　　　　　　　$T_\text{h} = |D_{\max} - D_{\min}| = |50.039 - 50.000|\text{mm} = 0.039\text{mm}$

或　　　　　　　　　　$T_\text{h} = |\text{ES} - \text{EI}| = |0.039 - 0|\text{mm} = 0.039\text{mm}$

轴的上极限尺寸　　　　$d_{\max} = \text{es} + d = (-0.009 + 50.000)\text{mm} = 49.991\text{mm}$

轴的下极限尺寸　　　　$d_{\min} = \text{ei} + d = (-0.034 + 50.000)\text{mm} = 49.966\text{mm}$

轴的公差　　　　　　　$T_\text{s} = |d_{\max} - d_{\min}| = |49.991 - 49.966|\text{mm} = 0.025\text{mm}$

或　　　　　　　　　　$T_\text{s} = |\text{es} - \text{ei}| = |-0.009 - (-0.034)|\text{mm} = 0.025\text{mm}$

公差带图如图 3-7 所示。

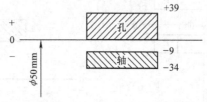

图 3-7　例 3-1 的尺寸公差带图解

3.2.3　配合及配合类别

1. 配合的术语

（1）配合（Fit）　配合是指公称尺寸相同的相互结合的轴与孔公差带之间的关系。配合有两种状态，即间隙和过盈，如图 3-8 所示。

（2）间隙（Clearance）　孔的尺寸与相配合的轴的尺寸之差为正时，称为间隙。间隙用大写字母"X"表示。

（3）过盈（Interference）　孔的尺寸与相配合的轴的尺寸之差为负时，称为过盈。过盈用大写字母"Y"表示。

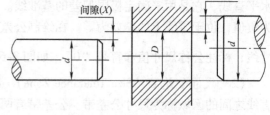

图 3-8　孔、轴间的间隙与过盈

2. 配合的种类

（1）间隙配合（Clearance Fit）　具有间隙的配合（包括间隙为零）称为间隙配合。当配合为间隙配合时，孔的公差带在轴的公差带上方，如图 3-9 所示。

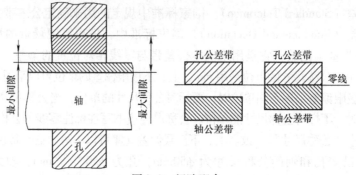

图 3-9　间隙配合

孔的上极限尺寸（或孔的上极限偏差）减去轴的下极限尺寸（或轴的下极限偏差）所

得的代数差称为最大间隙（Maximum Clearance），用"X_{max}"表示，可用公式表示为

$$X_{max} = D_{max} - d_{min} = ES - ei \qquad (3-11)$$

孔的下极限尺寸（或孔的下极限偏差）减去轴的上极限尺寸（或轴的上极限偏差）所得的代数差称为最小间隙（Minimum Clearance），用"X_{min}"表示，可用公式表示为

$$X_{min} = D_{min} - d_{max} = EI - es \qquad (3-12)$$

（2）过盈配合（Interference Fit） 具有过盈的配合（包括过盈为零）称为过盈配合。当配合为过盈配合时，孔的公差带在轴的公差带下方，如图 3-10 所示。

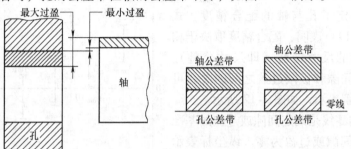

图 3-10　过盈配合

孔的上极限尺寸（或孔的上极限偏差）减去轴的下极限尺寸（或轴的下极限偏差）所得的代数差称为最小过盈（Minimum Interference），用"Y_{min}"表示，可用公式表示为

$$Y_{min} = D_{max} - d_{min} = ES - ei \qquad (3-13)$$

孔的下极限尺寸（或孔的下极限偏差）减去轴的上极限尺寸（或轴的上极限偏差）所得的代数差称为最大过盈（Maximum Interference），用"Y_{max}"表示，可用公式表示为

$$Y_{max} = D_{min} - d_{max} = EI - es \qquad (3-14)$$

（3）过渡配合（Transition Fit） 可能具有间隙或过盈（针对大批零件而言）的配合称为过渡配合。当配合为过渡配合时，孔的公差带和轴的公差带相互交叠，如图 3-11 所示。

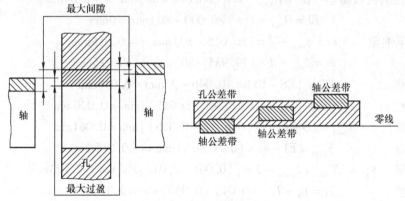

图 3-11　过渡配合

孔的上极限尺寸（或孔的上极限偏差）减去轴的下极限尺寸（或轴的下极限偏差）所得的代数差称为最大间隙（Maximum Clearance），用"X_{max}"表示，可用公式表示为

$$X_{max} = D_{max} - d_{min} = ES - ei \qquad (3-15)$$

孔的下极限尺寸（或孔的下极限偏差）减去轴的上极限尺寸（或轴的上极限偏差）所得的代数差称为最大过盈（Maximum Interference），用"Y_{max}"表示。可用公式表示为

$$Y_{max} = D_{min} - d_{max} = EI - es \qquad (3-16)$$

3. 配合公差（Variation of Fit）

配合公差是允许间隙或过盈的变动量，也等于孔的公差与轴的公差之和。配合公差决定孔与轴的配合精度。配合精度取决于相互配合的孔和轴的尺寸精度（尺寸公差），可用公式表示为

间隙配合的配合公差 $\quad T_x = |X_{max} - X_{min}| = T_h + T_s$ (3-17)

过盈配合的配合公差 $\quad T_y = |Y_{max} - Y_{min}| = T_h + T_s$ (3-18)

过渡配合的配合公差 $\quad T_f = |X_{max} - Y_{max}| = T_h + T_s$ (3-19)

配合公差决定了孔与轴的配合精度，式（3-17）~式（3-19）表明，配合精度取决于相互配合的孔和轴的尺寸精度（即尺寸公差）。配合公差与极限间隙和极限过盈之间的关系可用配合公差带图解表示，如图3-12所示。

图3-12中的零线是确定间隙或过盈的基准线，即零线上的间隙或过盈为零。纵坐标表示间隙或过盈，零线上方表示间隙，下方表示过盈。由代表极限间隙或极限过盈的两条直线段所限定的一个区域称为配合公差带，它在垂直于零线方向的宽度代表配合公差。在配合公差带图解中，极限间隙或过盈常用μm表示。

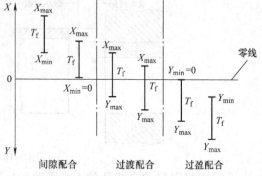

图3-12 孔、轴的配合公差带图解

【例3-2】 已知孔和轴的公称尺寸 $D(d) = \phi80\text{mm}$，孔的上极限尺寸 $D_{max} = \phi80.046\text{mm}$，孔的下极限尺寸 $D_{min} = \phi80.000\text{mm}$，轴的上极限尺寸 $d_{max} = \phi80.015\text{mm}$，轴的下极限尺寸 $d_{min} = \phi79.985\text{mm}$。求孔、轴的极限偏差、公差、最大间隙或最大过盈、平均间隙或平均过盈、配合公差，画出尺寸公差带图解，并说明该配合属于哪种基准制，是什么配合。

【解】 孔的极限偏差 $\text{ES} = D_{max} - D = (80.046 - 80)\text{mm} = +0.046\text{mm}$

$$\text{EI} = D_{min} - D = (80.000 - 80)\text{mm} = 0\text{mm}$$

轴的极限偏差 $\text{es} = d_{max} - d = (80.015 - 80)\text{mm} = +0.015\text{mm}$

$$\text{ei} = d_{min} - d = (79.985 - 80)\text{mm} = -0.015\text{mm}$$

孔的公差 $\quad T_h = |\text{ES} - \text{EI}| = |0.046 - 0|\text{mm} = 0.046\text{mm}$

轴的公差 $\quad T_s = |\text{es} - \text{ei}| = |0.015 - (-0.015)|\text{mm} = 0.030\text{mm}$

最大间隙 $\quad X_{max} = \text{ES} - \text{ei} = [0.046 - (-0.015)]\text{mm} = 0.061\text{mm}$

最大过盈 $\quad Y_{max} = \text{EI} - \text{es} = (0 - 0.015)\text{mm} = -0.015\text{mm}$

平均间隙 $\quad X_{av} = (X_{max} + Y_{max})/2 = [(0.061 - 0.015)/2]\text{mm} = 0.023\text{mm}$

配合公差 $\quad T_f = T_h + T_s = (0.046 + 0.030)\text{mm} = 0.076\text{mm}$

该配合为基孔制过渡配合，尺寸公差带如图3-13所示。

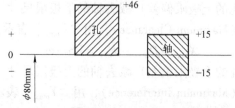

图3-13 例3-2的尺寸公差带图解

3.2.4 配合制

基准制是同一极限制的孔和轴组成配合的一种制度,也称为配合制(Fit System)。GB/T 1800.1—2009 规定了两种基准制:基孔制配合和基轴制配合。

1. 基孔制配合(Hole-basis System of Fits)

基本偏差为一定的孔的公差带,与不同基本偏差的轴的公差带形成各种配合的一种制度,称为基孔制配合。基孔制中的孔为基准孔,特点是:孔的公差带位于零线的上方且下偏差为零。孔的下极限尺寸等于公称尺寸,即孔的下极限偏差 EI 为零,其代号为"H",如图 3-14a 所示。

2. 基轴制配合(Shaft-basis System of Fits)

基本偏差为一定的轴的公差带,与不同基本偏差的孔的公差带形成各种配合的一种制度,称为基轴制配合。基轴制中的轴为基准轴,特点是:轴的公差带位于零线的下方且上偏差为零。轴的上极限尺寸等于公称尺寸,即轴的上极限偏差 es 为零,其代号为"h",如图 3-14b 所示。

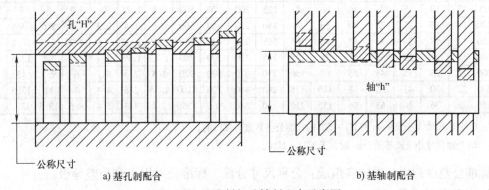

图 3-14 基孔制与基轴制配合示意图

基孔制配合和基轴制配合构成了两种等效的配合系列,即在基孔制配合中规定的配合种类,在基轴制配合中也有相应的同名配合。

3.3 极限与配合的国家标准

机械产品中的孔、轴结合主要有三种形式:孔、轴有相对运动,孔、轴固定连接,孔、轴之间定位可拆连接。为了满足这三种配合需求,极限与配合国家标准规定了标准公差系列和基本偏差系列,标准公差用于确定公差带的大小,基本偏差用于确定公差带的位置。把公差和基本偏差标准化的制度称为极限制。

3.3.1 标准公差系列

标准公差系列是以国家标准制定的一系列由不同的公称尺寸和不同的公差等级组成的标准公差值。

标准公差值见表 3-1,用以规范公差的大小,也就是确定尺寸公差带的宽度。

表 3-1　标准公差数值（摘自 GB/T 1800.1—2009）

公称尺寸/mm		标准公差等级																
		IT1	IT2	IT3	IT4	IT5	IT6	IT7	IT8	IT9	IT10	IT11	IT12	IT13	IT14	IT15	IT16	IT17	IT18
大于	至	μm											mm						
—	3	0.8	1.2	2	3	4	6	10	14	25	40	60	0.1	0.14	0.25	0.4	0.6	1	1.4
3	6	1	1.5	2.5	4	5	8	12	18	30	48	75	0.12	0.18	0.3	0.48	0.75	1.2	1.8
6	10	1	1.5	2.5	4	6	9	15	22	36	58	90	0.15	0.22	0.36	0.58	0.9	1.5	2.2
10	18	1.2	2	3	5	8	11	18	27	43	70	110	0.18	0.27	0.43	0.7	1.1	1.8	2.7
18	30	1.5	2.5	4	6	9	13	21	33	52	84	130	0.21	0.33	0.52	0.84	1.3	2.1	3.3
30	50	1.5	2.5	4	7	11	16	25	39	62	100	160	0.25	0.39	0.62	1	1.6	2.5	3.9
50	80	2	3	5	8	13	19	30	46	74	120	190	0.3	0.46	0.74	1.2	1.9	3	4.6
80	120	2.5	4	6	10	15	22	35	54	87	140	220	0.35	0.54	0.87	1.4	2.2	3.5	5.4
120	180	3.5	5	8	12	18	25	40	63	100	160	250	0.4	0.63	1	1.6	2.5	4	6.3
180	250	4.5	7	10	14	20	29	46	72	115	185	290	0.46	0.72	1.15	1.85	2.9	4.6	7.2
250	315	6	8	12	16	23	32	52	81	130	210	320	0.52	0.81	1.3	2.1	3.2	5.2	8.1
315	400	7	9	13	18	25	36	57	89	140	230	360	0.57	0.89	1.4	2.3	3.6	5.7	8.9
400	500	8	10	15	20	27	40	63	97	155	250	400	0.63	0.97	1.55	2.5	4	6.3	9.7
500	630	9	11	16	22	32	44	70	110	175	280	440	0.7	1.1	1.75	2.8	4.4	7	11
630	800	10	13	18	25	36	50	80	125	200	320	500	0.8	1.25	2	3.2	5	8	12.5
800	1000	11	15	21	28	40	56	90	140	230	360	560	0.9	1.4	2.3	3.6	5.6	9	14
1000	1250	13	18	24	33	47	66	105	165	260	420	660	1.05	1.65	2.6	4.2	6.6	10.5	16.5
1250	1600	15	21	29	39	55	78	125	195	310	500	780	1.25	1.95	3.1	5	7.8	12.5	19.5
1600	2000	18	25	35	46	65	92	150	230	370	600	920	1.5	2.3	3.7	6	9.2	15	23
2000	2500	22	30	41	55	78	110	175	280	440	700	1100	1.75	2.8	4.4	7	11	17.5	28
2500	3150	26	36	50	68	96	135	210	330	540	860	1350	2.1	3.3	5.4	8.6	13.5	21	33

注：1. 公称尺寸大于 500mm 的 IT1~IT5 的标准公差数值为试行的。

2. 公称尺寸小于或等于 1mm 时，无 IT14~IT18。

标准公差序列由三项内容组成：公称尺寸分段、标准公差因子和公差等级。

1. 公称尺寸分段（Nominal Dimension Segment）

根据公称尺寸和标准公差因子的计算公式可知：每个公称尺寸都对应一个标准公差值，公称尺寸数目很多，相应的公差值也很多，这将使标准公差数值表相当庞大，使用起来很不方便，而且相近的公称尺寸，其标准公差值相差很小，为了简化标准公差数值表，国家标准将公称尺寸分成若干段，具体分段见表 3-2。分段后的公称尺寸 D 按其计算尺寸代入公式计算标准公差值，计算尺寸即为每个尺寸段内首尾两个尺寸的几何平均值，如 50~80mm 尺寸段的计算尺寸 $D = \sqrt{30 \times 50}\text{mm} \approx 38.73\text{mm}$。对于 ≤3mm 的尺寸段用 $D = \sqrt{1 \times 3}\text{mm} \approx 1.73\text{mm}$ 来计算。按几何平均值计算出公差数值，再把尾数化整，就得出标准公差数值，标准公差数值表见表 3-1。实践证明：这样计算公差值差别很小，对生产影响也不大，但是对公差值的标准化很有利。

2. 标准公差因子（Standard Tolerance Factor）

标准公差因子是计算标准公差值的基本单位，是制定标准公差数值系列的基础。利用统计法在生产中可发现：在相同的加工条件下，公称尺寸不同的孔或轴加工后产生的加工误差不相同，而且误差的大小无法比较；在尺寸较小时加工误差与公称尺寸成立方抛物线关系，在尺寸较大时接近线性关系。由于误差是由公差来控制的，所以利用这个规律可反映公差与公称尺寸之间的关系。

表 3-2 公称尺寸分段 (摘自 GB/T 1800.1—2009)　　　(单位: mm)

主段落		中间段落		主段落		中间段落	
大于	至	大于	至	大于	至	大于	至
—	3	无细分段		250	315	250	280
3	6					280	315
6	10			315	400	315	355
						355	400
10	18	10	14	400	500	400	450
		14	18			450	500
18	30	18	24	500	630	500	560
		24	30			560	630
30	50	30	40	630	800	630	710
		40	50			710	800
50	80	50	65	800	1000	800	900
		65	80			900	1000
80	120	80	100	1000	1250	1000	1120
		100	120			1120	1250
120	180	120	140	1250	1600	1250	1400
		140	160			1400	1600
		160	180	1600	2000	1600	1800
						1800	2000
180	250	180	200	2000	2500	2000	2240
		200	225			2240	2500
		225	250	2500	3150	2500	2800
						2800	3150

公称尺寸≤500mm 时, IT5~IT18 的标准公差因子按下式计算

$$i = 0.45\sqrt[3]{D} + 0.001D \quad (3\text{-}20)$$

式中　D——公称尺寸段的几何平均值 (mm);

　　　i——标准公差因子 (μm)。

式 (3-20) 中的第一项反映加工误差的影响, 第二项反映测量误差的影响, 主要是温度变化引起的测量误差。

公称尺寸 >500~3150mm 时, IT5~IT18 的标准公差因子按下式计算

$$I = 0.004D + 2.1 \quad (3\text{-}21)$$

式中　D——公称尺寸段的几何平均值 (mm);

　　　I——标准公差因子 (μm)。

尺寸大时测量误差是主要因素, 特别是温度变化引起的测量误差对测量结果的影响比较大, 所以标准公差因子与公称尺寸之间成线性关系, 如图 3-15 所示。

3. 标准公差等级 (Standard Tolerance Grades)

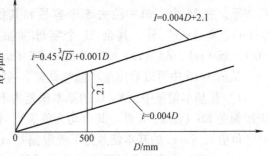

图 3-15　公差因子与公称尺寸的关系

为了简化和统一对公差的要求, 以便既能满足广泛的、不同的使用要求, 又能大致代表各种加工方法的精度, 有利于零件设计和制造, 有必要合理地规定和划分公差等级。

GB/T 1800.1—2009 在公称尺寸至 500mm 内规定了共 20 个标准公差等级, 用 IT (International Tolerance) 加阿拉伯数字表示, 即 IT01、IT0、IT1、IT2、…、IT18, 其中 IT01 为最高级, IT18 为最低级。在公称尺寸大于 500~3150mm 内规定了 18 个标准公差等级, 即 IT1、

IT2、…、IT18。公差等级逐渐降低,而相应的公差值逐渐增大。

标准公差是由公差等级系数和公差单位的乘积决定的。当公称尺寸≤500mm时,各公差等级的标准公差计算公式见表3-3,当公称尺寸>500~3150mm时,各级标准公差计算公式见表3-4。

表3-3　公称尺寸≤500mm时标准公差计算公式（摘自GB/T 1800.1—2009）

（单位：μm）

标准公差等级	计算公式	标准公差等级	计算公式	标准公差等级	计算公式
IT01	$0.3 + 0.008D$	IT6	$10i$	IT13	$250i$
IT0	$0.5 + 0.012D$	IT7	$16i$	IT14	$400i$
IT1	$0.8 + 0.02D$	IT8	$25i$	IT15	$640i$
IT2	$(IT1)(IT5/IT1)^{1/4}$	IT9	$40i$	IT16	$1000i$
IT3	$(IT1)(IT5/IT1)^{1/2}$	IT10	$64i$	IT17	$1600i$
IT4	$(IT1)(IT5/IT1)^{3/4}$	IT11	$100i$	IT18	$2500i$
IT5	$7i$	IT12	$160i$		

表3-4　公称尺寸大于500~3150mm时标准公差计算公式（摘自GB/T 1800.1—2009）

公差等级																	
IT1	IT2	IT3	IT4	IT5	IT6	IT7	IT8	IT9	IT10	IT11	IT12	IT13	IT14	IT15	IT16	IT17	IT18
$2I$	$2.7I$	$3.7I$	$5I$	$7I$	$10I$	$16I$	$25I$	$40I$	$64I$	$100I$	$160I$	$250I$	$400I$	$640I$	$1000I$	$1600I$	$2500I$

3.3.2　基本偏差系列

基本偏差（Fundamental Deviation）是国家标准极限与配合制（GB/T 1800.1—2009）中确定公差带相对零线位置的那个极限偏差,它可以是上极限偏差或下极限偏差,一般为靠近零线的那个极限偏差。

1. 基本偏差及其代号

基本偏差是用来确定公差带位置的参数。为了满足各种不同配合的需要,国家标准对孔和轴分别规定了28种基本偏差（图3-16）,其中孔用大写拉丁字母表示,轴用小写拉丁字母表示。在26个字母中除去5个容易和其他参数混淆的字母"I（i）、L（l）、O（o）、Q（q）、W（w）"外,其余21个字母再加上7个双写字母"CD（cd）、EF（ef）、FG（fg）、JS（js）、ZA（za）、ZB（zb）、ZC（zc）"作为28种基本偏差代号。

从图3-16中可以看出基本偏差具有下列特点：

1) 孔基本偏差中,A~G的基本偏差为下极限偏差EI（正值）,J~ZC的基本偏差为上极限偏差ES（除J、K外,其余均为负值）。轴基本偏差中,a~g的基本偏差为上极限偏差es（负值）,j~zc的基本偏差为下极限偏差ei（除j、k外,其余均为正值）。

2) H和h分别为基准孔和基准轴的基本偏差代号,H的基本偏差EI=0,h的基本偏差es=0。

3) 基本偏差代号JS和js的公差带关于零线对称分布,因此,它们的基本偏差既可以是上极限偏差（+IT/2）也可以是下极限偏差（-IT/2）。

4) 大部分基本偏差j和J的公差带为标准公差（IT）带,不对称地分布于零线两侧。

5) 基本偏差的大小一般与公差等级无关。例如,A~H和a~h的基本偏差值不论公差等级如何,均为一定值。但对于js、j、k以及JS、J~ZC,其基本偏差值则与公差等级有关。

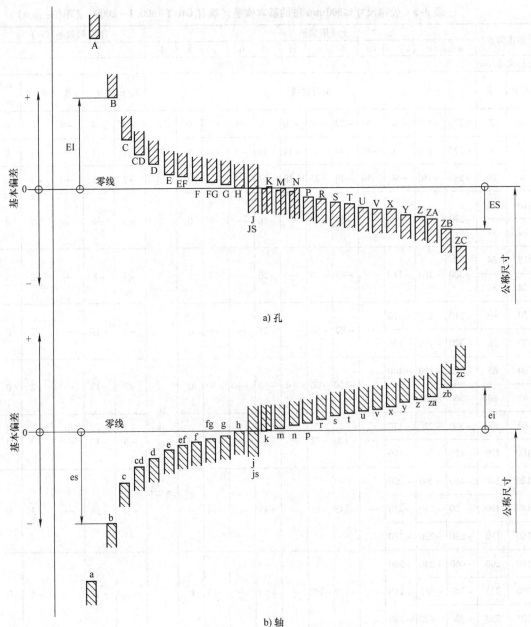

图 3-16 孔、轴基本偏差系列

基孔制配合中,若轴的基本偏差代号为 a~h,则为间隙配合;若轴的基本偏差代号为 p~zc,则为过盈配合;若轴的基本偏差代号为 js、j、k、m、n,则为过渡配合。基轴制配合中,若孔的基本偏差代号为 A~H,则为间隙配合;若孔的基本偏差代号为 P~ZC,则为过盈配合;若孔的基本偏差代号为 JS、J、K、M、N,则为过渡配合。

2. 轴的基本偏差

轴的基本偏差数值以基孔制配合为基础,按照各种配合要求,再根据生产实践经验和统计分析结果得出一系列公式计算后,经圆整得到。轴的基本偏差数值,见表 3-5。

表 3-5 公称尺寸≤500mm 轴的基本偏差（摘自 GB/T 1800.1—2009）（单位：μm）

基本偏差		a	b	c	cd	d	e	ef	f	fg	g	h	js	j			k	
		上极限偏差（es）												下极限偏差（ei）				
公称尺寸/mm		公差等级																
大于	至	所有的级											5、6	7	8	4~7	≤3	
																	>7
—	3	-270	-140	-60	-34	-20	-14	-10	-6	-4	-2	0		-2	-4	-6	0	0
3	6	-270	-140	-70	-46	-30	-20	-14	-10	-6	-4	0		-2	-4	—	+1	0
6	10	-280	-150	-80	-56	-40	-25	-18	-13	-8	-5	0		-2	-5	—	+1	0
10	14	-290	-150	-95	—	-50	-32	—	-16	—	-6	0		-3	-6	—	+1	0
14	18																	
18	24	-300	-160	-110	—	-65	-40	—	-20	—	-7	0		-4	-8	—	+2	0
24	30																	
30	40	-310	-170	-120	—	-80	-50	—	-25	—	-9	0	偏差等于 $\pm\dfrac{IT_n}{2}$	-5	-10	—	+2	0
40	50	-320	-180	-130														
50	65	-340	-190	-140	—	-100	-60	—	-30	—	-10	0		-7	-12	—	+2	0
65	80	-360	-200	-150														
80	100	-380	-220	-170	—	-120	-72	—	-36	—	-12	0		-9	-15	—	+3	0
100	120	-410	-240	-180														
120	140	-460	-260	-200	—	-145	-85	—	-43	—	-14	0		-11	-18	—	+3	0
140	160	-520	-280	-210														
160	180	-580	-310	-230														
180	200	-660	-340	-240	—	-170	-100	—	-50	—	-15	0		-13	-21	—	+4	0
200	225	-740	-380	-260														
225	250	-820	-420	-280														
250	280	-920	-480	-300	—	-190	-110	—	-56	—	-17	0		-16	-26	—	+4	0
280	315	-1050	-540	-330														
315	355	-1200	-600	-360	—	-210	-125	—	-62	—	-18	0		-18	-28	—	+4	0
355	400	-1350	-680	-400														
400	450	-1500	-760	-440	—	-230	-135	—	-68	—	-20	0		-20	-32	—	+5	0
450	500	-1650	-840	-480														

(续)

基本偏差		下极限偏差（ei）												
		m	n	p	r	s	t	u	v	x	y	z	za	zb	zc
公称尺寸/mm		公差等级												
大于	至	所有的级												
—	3	+2	+4	+6	+10	+14	—	+18	—	+20	—	+26	+32	+40	+60
3	6	+4	+8	+12	+15	+19	—	+23	—	+28	—	+35	+42	+50	+80
6	10	+6	+10	+15	+19	+23	—	+28	—	+34	—	+42	+52	+67	+97
10	14	+7	+12	+18	+23	+28	—	+33	—	+40	—	+50	+64	+90	+130
14	18	+7	+12	+18	+23	+28	—	+33	+39	+45	—	+60	+77	+108	+150
18	24	+8	+15	+22	+28	+35	—	+41	+47	+54	+63	+73	+90	+136	+188
24	30	+8	+15	+22	+28	+35	+41	+48	+55	+64	+75	+88	+118	+160	+218
30	40	+9	+17	+26	+34	+43	+48	+60	+68	+80	+94	+112	+148	+200	+274
40	50	+9	+17	+26	+34	+43	+54	+70	+81	+97	+114	+136	+180	+242	+325
50	65	+11	+20	+32	+41	+53	+66	+87	+102	+122	+144	+172	+226	+300	+405
65	80	+11	+20	+32	+43	+59	+75	+102	+120	+146	+174	+210	+274	+360	+480
80	100	+13	+23	+37	+51	+71	+91	+124	+146	+178	+214	+258	+335	+445	+585
100	120	+13	+23	+37	+54	+79	+104	+144	+172	+210	+254	+310	+400	+525	+690
120	140	+15	+27	+43	+63	+92	+122	+170	+202	+248	+300	+365	+470	+620	+800
140	160	+15	+27	+43	+65	+100	+134	+190	+228	+280	+340	+415	+535	+700	+900
160	180	+15	+27	+43	+68	+108	+146	+210	+252	+310	+380	+465	+600	+780	+1000
180	200	+17	+31	+50	+77	+122	+166	+236	+284	+350	+425	+520	+670	+880	+1150
200	225	+17	+31	+50	+80	+130	+180	+258	+310	+385	+470	+575	+740	+960	+1250
225	250	+17	+31	+50	+84	+140	+196	+284	+340	+425	+520	+640	+820	+1050	+1350
250	280	+20	+34	+56	+94	+158	+218	+315	+385	+475	+580	+710	+920	+1200	+1550
280	315	+20	+34	+56	+98	+170	+240	+350	+425	+525	+650	+790	+1000	+1300	+1700
315	355	+21	+37	+62	+108	+190	+268	+390	+475	+590	+730	+900	+1150	+1500	+1900
355	400	+21	+37	+62	+114	+208	+294	+435	+530	+660	+820	+1000	+1300	+1650	+2100
400	450	+23	+40	+68	+126	+232	+330	+490	+595	+740	+920	+1100	+1450	+1850	+2400
450	500	+23	+40	+68	+132	+252	+360	+540	+660	+820	+1000	+1250	+1600	+2100	+2600

注：1. 公称尺寸小于或等于1mm时，基本偏差a和b均不采用。

2. 公差带js7~js11，若IT_n数值是奇数，则取偏差 = $\pm \dfrac{IT_n - 1}{2}$。

3. 孔的基本偏差

对于公称尺寸≤500mm 的孔的基本偏差是根据轴的基本偏差换算得出的。换算原则是：同名配合的配合性质不变，即基孔制的配合（如 ϕ30H7/t6）变成同名基轴制的配合（ϕ30T7/h6）时，其配合性质（极限间隙或极限过盈）不变。根据这一原则，孔的基本偏差可以按下面两种规则计算。

（1）通用规则 通用规则是指同一个字母表示的孔、轴的基本偏差绝对值相等，符号相反。即

$$EI = -es \tag{3-22}$$
$$ES = -ei \tag{3-23}$$

通用规则的适用范围如下：

公称尺寸≤500mm，所有标准公差等级的 A～H（无论孔、轴的公差等级是否相同）；

公称尺寸≤500mm，标准公差等级低于 IT8（IT9、IT10、IT11、…）的 K、M、N（孔、轴公差等级相同）；

公称尺寸≤500mm，标准公差等级低于 IT7（IT8、IT9、IT10、…）的 P～ZC（孔、轴公差等级相同）；

公称尺寸>500mm，所有标准公差等级的孔的所有基本偏差（孔、轴公差等级相同）。

但有个别例外，对标准公差等级低于 IT8，公称尺寸在 3～500mm 范围内的 N，其数值 ES = 0。

（2）特殊规则 公称尺寸≤500mm，当标准公差等级较高时，孔的加工和测量要比相同等级的轴困难，因而设计时应选择孔的标准公差等级比轴低一级，使孔和轴具有相同的工艺等价性。此时必须按照特殊规则来确定孔的基本偏差，才能保证所形成的基轴制配合和同名代号的基孔制配合具有相同的配合性质。

特殊规则中孔的基本偏差和轴的基本偏差符号相反，绝对值相差一个 Δ 值，可表示为

$$\begin{cases} ES = -ei + \Delta \\ \Delta = IT_n - IT_{n-1} \end{cases} \tag{3-24}$$

下面以过盈配合为例证明式（3-24）。

过盈配合中，基孔制和基轴制的最小过盈与轴和孔的基本偏差有关，所以取最小过盈为计算孔基本偏差的依据。在图 3-17 中，最小过盈等于孔的上极限偏差减去轴的下极限偏差所得的代数差，即

基孔制　　$Y_{min} = ES - ei = T_h - ei$

基轴制　　$Y'_{min} = ES - ei = ES + T_s$

根据换算原则可知　　$Y_{min} = Y'_{min}$

则　　$T_h - ei = ES + T_s$

　　$ES = -ei + T_h - T_s$

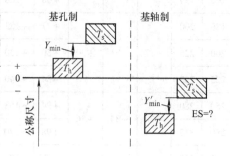

图 3-17　特殊规则公差带图解

一般 T_h 和 T_s 公差等级相差一级，则 $T_h - T_s = IT_n - IT_{n-1}$，令 $\Delta = IT_n - IT_{n-1}$，则 $ES = -ei + \Delta$。

同样间隙和过渡配合经过类似的证明，也可得出式（3-24）的结果。

特殊规则的适用范围如下：

公称尺寸≤500mm，标准公差等级等于或高于 IT8（IT8、IT7、IT6、…）的 J、K、M、

N（孔的公差等级比轴低一级）。

公称尺寸≤500mm，标准公差等级等于或高于 IT7（IT7、IT6、IT5、…）的 P~ZC（孔的公差等级比轴低一级）。

由此可知，特殊规则总是适用于孔的公差等级比轴的公差等级低一级的情形，除此之外就是通用规则的适用范围。

按照轴的基本偏差计算公式和孔的基本偏差换算原则，国家标准列出孔基本偏差数值表，见表3-6。在孔基本偏差数值表中查找基本偏差时，不要忘记查找表中的修正值 Δ。

【例3-3】查表确定 $\phi25H7/p6$ 中孔、轴的极限偏差，并计算 $\phi25P7/h6$ 中孔、轴的极限偏差，绘制两个配合的尺寸公差带图解。

【解】查表3-1得 IT7 = 0.021mm，IT6 = 0.013mm。

查表3-5得 $\phi25p6$ 的基本偏差 ei = +0.022mm，则上极限偏差为

$$es = ei + IT6 = (+0.022 + 0.013)mm = +0.035mm$$

$\phi25H7$ 的基本偏差 EI = 0，则上极限偏差为

$$ES = EI + IT7 = (0 + 0.021)mm = +0.021mm$$

由此可得 $\phi25H7\binom{+0.021}{0}$，$\phi25p6\binom{+0.035}{+0.022}$。

$\phi25P7$ 的基本偏差为上极限偏差，应按特殊规则计算，即

$$ES = -ei + \Delta$$

$$\Delta = IT7 - IT6 = (0.021 - 0.013)mm = 0.008mm$$

由此 ES = $-ei + \Delta$ = $(-0.022 + 0.008)$mm = -0.014mm

则下极限偏差 EI = ES - IT7 = $(-0.014 - 0.021)$mm = -0.035mm

$\phi25h6$ 的基本偏差 es = 0，则下极限偏差

$$ei = es - IT6 = (0 - 0.013)mm = -0.013mm$$

由此可得 $\phi25P7\binom{-0.014}{-0.035}$，$\phi25h6\binom{0}{-0.013}$。

则孔、轴配合的公差带图如图3-18所示。

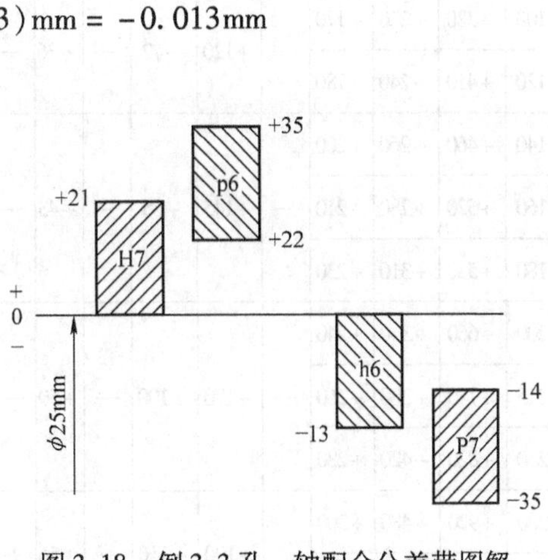

在公称尺寸 >500mm 时，孔、轴一般都采用同级配合，只要孔、轴基本偏差代号相对应（如 F 对应 f），它们的基本偏差数值相等，符号相反，故孔与轴的基本偏差适用于同一表格。公称尺寸 >500~3150mm 范围轴和孔的基本偏差数值表见表3-7。

图3-18 例3-3孔、轴配合公差带图解

从表3-7中可以看出，一般情况下，公差等级只用到IT6~IT18的范围，基本偏差只用到 D（d）~U（u）的范围，在此范围内不用 EF（ef）、FG（fg）、J（j）等基本偏差。G 和 g 相对大尺寸来说基本偏差数值很小，由于存在测量等误差，想让它形成间隙配合的可能性是很小的，所以在表3-7中对 G 和 g 加有括号，选用时应特别注意。

表3-6 公称尺寸≤500mm 孔的基本偏差（摘自 GB/T 1800.1—2009）（单位：μm）

基本偏差	下极限偏差（EI）											上极限偏差（ES）							
	A	B	C	CD	D	E	EF	F	FG	G	H	JS	J			K	M		N
公称尺寸/mm	公差等级																		
大于 至	所有的级												6	7	8	≤8	>8	≤8	>8
— 3	+270	+140	+60	+34	+20	+14	+10	+6	+4	+2	0		+2	+4	+6	0	0	−2	−2
3 6	+270	+140	+70	+46	+30	+20	+14	+10	+6	+4	0		+5	+6	+10	−1+Δ	—	−4+Δ	−4
6 10	+280	+150	+80	+56	+40	+25	+18	+13	+8	+5	0		+5	+8	+12	−1+Δ	—	−6+Δ	−6
10 14 / 14 18	+290	+150	+95	—	+50	+32	—	+16	—	+6	0		+6	+10	+15	−1+Δ	—	−7+Δ	−7
18 24 / 24 30	+300	+160	+110	—	+65	+40	—	+20	—	+7	0		+8	+12	+20	−2+Δ	—	−8+Δ	−8
30 40	+310	+170	+120	—	+80	+50	—	+25	—	+9	0		+10	+14	+24	−2+Δ	—	−9+Δ	−9
40 50	+320	+180	+130																
50 65	+340	+190	+140	—	+100	+60	—	+30	—	+10	0	偏差等于±IT_n/2	+13	+18	+28	−2+Δ	—	−11+Δ	−11
65 80	+360	+200	+150																
80 100	+380	+220	+170	—	+120	+72	—	+36	—	+12	0		+16	+22	+34	−3+Δ	—	−13+Δ	−13
100 120	+410	+240	+180																
120 140	+460	+260	+200	—	+145	+85	—	+43	—	+14	0		+18	+26	+41	−3+Δ	—	−15+Δ	−15
140 160	+520	+280	+210																
160 180	+580	+310	+230																
180 200	+660	+340	+240	—	+170	+100	—	+50	—	+15	0		+22	+30	+47	−4+Δ	—	−17+Δ	−17
200 225	+740	+380	+260																
225 250	+820	+420	+280																
250 280	+920	+480	+300	—	+190	+110	—	+56	—	+17	0		+25	+36	+55	−4+Δ	—	−20+Δ	−20
280 315	+1050	+540	+330																
315 355	+1200	+600	+360	—	+210	+125	—	+62	—	+18	0		+29	+39	+60	−4+Δ	—	−21+Δ	−21
355 400	+1350	+680	+400																
400 450	+1500	+760	+440	—	+230	+135	—	+68	—	+20	0		+33	+43	+66	−5+Δ	—	−23+Δ	−23
450 500	+1650	+840	+480																

（N列 >8 续值：−4, 0, 0, 0, 0, 0, 0, 0, 0, 0, 0, 0；N ≤8 续值：−4+Δ, −8+Δ, −10+Δ, −12+Δ, −15+Δ, −17+Δ, −20+Δ, −23+Δ, −27+Δ, −31+Δ, −34+Δ, −37+Δ, −40+Δ）

(续)

基本偏差		上极限偏差（ES）											Δ					
	P~ZC	P	R	S	T	U	V	X	Y	Z	ZA	ZB	ZC					
公称尺寸/mm		公差等级																
大于	至	≤7级				>7级								3	4	5	6	7	8
—	3		−6	−10	−14	−18	—	−20	—	−26	−32	−40	−60			0			
3	6		−12	−15	−19	−23	—	−28	—	−35	−42	−50	−80	1	1.5	1	3	4	6
6	10		−15	−19	−23	−28	—	−34	—	−42	−52	−67	−97	1	1.5	2	3	6	7
10	14		−18	−23	−28	—	−33	−40	—	−50	−64	−90	−130	1	2	3	3	7	9
14	18							−39	−45	—	−60	−77	−108	−150						
18	24		−22	−28	−35	—	−41	−47	−54	−63	−73	−98	−136	−188	1.5	2	3	4	8	12
24	30					−41	−48	−55	−64	−75	−88	−118	−160	−218						
30	40	在大于IT7的相应数值上增加一个Δ值	−26	−34	−43	−48	−60	−68	−80	−94	−112	−148	−200	−274	1.5	3	4	5	9	14
40	50					−54	−70	−81	−97	−114	−136	−180	−242	−325						
50	65		−32	−41	−53	−66	−87	−102	−122	−144	−172	−226	−300	−405	2	3	5	6	11	16
65	80			−43	−59	−75	−102	−120	−146	−174	−210	−274	−360	−480						
80	100		−37	−51	−71	−91	−124	−146	−178	−214	−258	−335	−445	−585	2	4	5	7	13	19
100	120			−54	−79	−104	−144	−172	−210	−254	−310	−400	−525	−690						
120	140		−43	−63	−92	−122	−170	−202	−248	−300	−365	−470	−620	−800	3	4	6	7	15	23
140	160			−65	−100	−134	−190	−228	−280	−340	−415	−535	−700	−900						
160	180			−68	−108	−146	−210	−252	−310	−380	−465	−600	−780	−1000						
180	200		−50	−77	−122	−166	−236	−284	−350	−425	−520	−670	−880	−1150	3	4	6	9	17	26
200	225			−80	−130	−180	−258	−310	−385	−470	−575	−740	−960	−1250						
225	250			−84	−140	−196	−284	−340	−425	−520	−640	−820	−1050	−1350						
250	280		−56	−94	−158	−218	−315	−385	−475	−580	−710	−920	−1200	−1550	4	4	7	9	20	29
280	315			−98	−170	−240	−350	−425	−525	−650	−790	−1000	−1300	−1700						
315	355		−62	−108	−190	−268	−390	−475	−590	−730	−900	−1150	−1500	−1900	4	5	7	11	21	32
355	400			−114	−208	−294	−435	−530	−660	−820	−1000	−1300	−1650	−2100						
400	450		−68	−126	−232	−330	−490	−595	−740	−920	−1100	−1450	−1850	−2400	5	5	7	13	23	34
450	500			−132	−252	−360	−540	−660	−820	−1000	−1250	−1600	−2100	−2600						

注：1. 公称尺寸小于或等于1mm时，基本偏差A和B及大于IT8的N均不采用。
2. 公差带JS7~JS11，若IT_n数值是奇数，则取偏差$=\pm\dfrac{IT_n-1}{2}$。

表 3-7 公称尺寸 >500~3150mm 孔与轴的基本偏差　　（单位：μm）

		基本偏差代号	d	e	f	(g)	h	js	k	m	n	p	r	s	t	u
轴	代号	公差等级						6~18								
	偏差	表中偏差为			es						ei					
		另一偏差计算式			ei = es − IT						es = ei − IT					
		表中偏差正负号	−	−	−	−			+	+	+	+	+	+	+	+
直径分段/mm		>500~560	260	145	76	22	0		0	26	44	78	150	280	400	600
		>560~630											155	310	450	660
		>630~710	290	160	80	24	0		0	30	50	88	175	340	500	740
		>710~800											185	380	560	840
		>800~900	320	170	86	26	0		0	34	56	100	210	430	620	940
		>900~1000											220	470	680	1050
	偏差数值/μm	>1000~1120	350	195	98	28	0	偏差等于 ±$\frac{IT_n}{2}$	0	40	60	120	250	520	780	1150
		>1120~1250											260	580	840	1300
		>1250~1400	390	220	110	30	0		0	48	78	140	300	640	960	1450
		>1400~1600											330	720	1050	1600
		>1600~1800	430	240	120	32	0		0	58	92	170	370	820	1200	1850
		>1800~2000											400	920	1350	2000
		>2000~2240	480	240	120	32	0		0	68	110	195	440	1000	1500	2300
		>2240~2500											460	1100	1650	2500
		>2500~2800	520	290	145	38	0		0	76	135	240	550	1250	1900	2900
		>2800~3150											580	1400	2100	3200
孔	偏差	表中偏差正负号	+	+	+	+			−	−	−	−	−	−	−	−
		另一偏差计算式			ES = EI + IT						EI = ES − IT					
		表中偏差为			EI						ES					
	代号	公差等级						6~18								
		基本偏差代号	D	E	F	(G)	H	JS	K	M	N	P	R	S	T	U

【例 3-4】 应用基本偏差与标准公差表，查表确定 $\phi38j6$，$\phi75K8$，$\phi92R7$ 的极限偏差。

【解】 $\phi38j6$：查表 3-1，当公称尺寸为 $\phi38$mm 时，IT6 = 16μm，所以 T_s = 16μm；

查表 3-5，ei = −5μm，则 es = ei + T_s = (−5 + 16)μm = +11μm；

即 $\phi38j6 \rightarrow \phi38j6 \left({}^{+0.011}_{-0.005} \right)$。

$\phi75K8$：查表 3-1，当公称尺寸为 $\phi75$mm 时，IT8 = 46μm，所以 T_h = 46μm；

查表 3-6，ES = −2μm + Δ = (−2 + 16)μm = +14μm，则 EI = ES − T_h = (14 − 46)μm = −32μm；

即 $\phi75K8 \rightarrow \phi75K8 \left({}^{+0.014}_{-0.032} \right)$。

$\phi92R7$：查表 3-1，当公称尺寸为 $\phi92$mm 时，IT7 = 35μm，所以 T_h = 35μm；

查表 3-6，ES = −51μm + Δ = (−51 + 13)μm = −38μm，则 EI = ES − T_h = (−38 − 35) μm = -73μm；

即 $\phi 92R7 \rightarrow \phi 92R7 \left(^{-0.038}_{-0.073} \right)$。

3.3.3 公差带和配合

1. 公差带的表示方法

公差带用基本偏差代号和公差等级数字表示，称为公差带代号。例如，F8、H7、M6、P7 是孔的公差带代号，f6、g7、h6、m6 是轴的公差带代号。

零件中尺寸公差有三种标注形式，如图 3-19 所示。

1）标注公称尺寸和公差带代号（图 3-19a）。此种标注适用于大批量生产的产品零件。

2）标注公称尺寸和极限偏差值（图 3-19b）。此种标注适用于在单件或小批生产的产品零件图样上采用，应用广泛。

3）标注公称尺寸、公差带代号和极限偏差值（图 3-19c）。此种标注适用于中、小批量生产的产品零件。

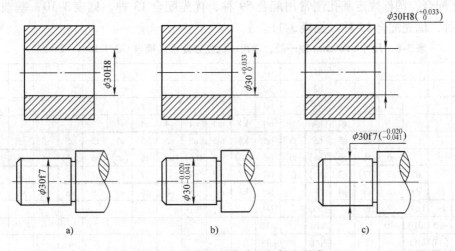

图 3-19 零件图样中公差的标注形式

2. 配合的表示方法

配合可以用配合代号表示。配合代号由相互配合的孔和轴的公差带代号组成，写成分数的形式，分子为孔的公差带代号，分母为轴的公差带代号。例如，$\dfrac{H7}{g6}$ 或 H7/g6。在装配图上，应在同一公称尺寸之后标注配合代号。例如，$\phi 30 \dfrac{H8}{f7}$ 或 $\phi 30H8/f7$。

在装配图上，主要标注配合代号，其形式如图 3-20 所示。

3. 常用和优先的公差带与配合

国标 GB/T 1800.1—2009 规定了 20 个公差等级和 28 种基本偏差，如将任一基本偏差与任一标准公差组合，在公称尺寸≤500mm 时，同一公称尺寸中孔公差带有 (20×27+3) 个 = 543 个（基本偏差 J 限用于 3 个公差等级），轴公差带有 (20×27+4) 个 = 544 个（基本偏差 j 限用于 4 个等级）。如此多的公差带与配合都使用显然是不经济的，它必然会导致定值刀具和量具规格的繁杂，以及相应工艺装备品种及规格的增多。

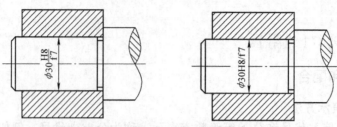

图 3-20 装配图上配合的标注形式

为此，国家标准对公称尺寸≤500mm 的孔、轴规定了一般用途公差带、常用公差带和优先选用公差带。轴用公差带共 116 种，见表 3-8，表中方框内的 59 种为常用公差带，圆圈内的 13 种为优先公差带。孔用公差带共 105 种，见表 3-9，表中方框内的 44 种为常用公差带，圆圈内的 13 种为优先公差带。选用公差带时，应按优先、常用、一般公差带的顺序选取。若一般公差带中没有满足要求的公差带，则按国标规定的标准公差和基本偏差组成的公差带来选取。

对于配合，国标规定基孔制常用配合 59 种，优先配合 13 种，见表 3-10；基轴制常用配合 47 种，优先配合 13 种，见表 3-11。

表 3-8 尺寸≤500mm 轴一般、常用、优先公差带（摘自 GB/T 1801—2009）

						h1		js1										
						h2		js2										
						h3		js3										
					g4	h4		js4	k4	m4	n4	p4	r4	s4				
				f5	g5	h5	j5	js5	k5	m5	n5	p5	r5	s5	t5	u5	v5	x5
			e6	f6	(g6)	(h6)	j6	js6	(k6)	m6	(n6)	(p6)	r6	(s6)	t6	(u6)	v6	x6	y6	z6
		d7	e7	(f7)	g7	(h7)	j7	js7	k7	m7	n7	p7	r7	s7	t7	u7	v7	x7	y7	z7
	c8	d8	e8	f8	g8	h8		js8	k8	m8	n8	p8	r8	s8	t8	u8	v8	x8	y8	z8
a9	b9	c9	(d9)	e9	f9	(h9)		js9										
a10	b10	c10	d10	e10		h10		js10										
a11	b11	(c11)	d11			(h11)		js11										
a12	b12	c12				h12		js12										
a13	b13	c13				h13		js13										

表 3-9 尺寸≤500mm 孔一般、常用、优先公差带（摘自 GB/T 1801—2009）

						H1		JS1										
						H2		JS2										
						H3		JS3										
						H4		JS4	K4	M4								
					G5	H5		JS5	K5	M5	N5	P5	R5	S5				
				F6	G6	H6	J6	JS6	K6	M6	N6	P6	R6	S6	T6	U6	V6	X6	Y6	Z6
		D7	E7	F7	(G7)	(H7)	J7	JS7	(K7)	M7	(N7)	(P7)	R7	(S7)	T7	(U7)	V7	X8	Y7	Z7
	C8	D8	E8	(F8)	G8	(H8)	J8	JS8	K8	M8	N8	P8	R8	S8	T8	U8	V8	X8	Y8	Z8
A9	B9	C9	(D9)	E9	F9	(H9)		JS9		N9	P9							
A10	B10	C10	D10	E10		H10		JS10										
A11	B11	(C11)	D11			(H11)		JS11										
A12	B12	C12				H12		JS12										
						H13		JS13										

表 3-10 基孔制优先、常用配合（摘自 GB/T 1801—2009）

基准孔	轴																			
	a	b	c	d	e	f	g	h	js	k	m	n	p	r	s	t	u	v	x	y	z
	间隙配合								过渡配合				过盈配合								
H6						$\frac{H6}{f5}$	$\frac{H6}{g5}$	$\frac{H6}{h5}$	$\frac{H6}{js5}$	$\frac{H6}{k5}$	$\frac{H6}{m5}$	$\frac{H6}{n5}$	$\frac{H6}{p5}$	$\frac{H6}{r5}$	$\frac{H6}{s5}$	$\frac{H6}{t5}$					
H7						$\frac{H7}{f6}$	$\frac{H7}{g5}$	$\frac{H7}{h5}$	$\frac{H7}{js5}$	$\frac{H7}{k6}$	$\frac{H7}{m6}$	$\frac{H7}{n5}$	$\frac{H7}{p6}$	$\frac{H7}{r6}$	$\frac{H7}{s6}$	$\frac{H7}{t6}$	$\frac{H7}{u6}$	$\frac{H7}{v6}$	$\frac{H7}{x6}$	$\frac{H7}{y6}$	$\frac{H7}{x6}$
H8					$\frac{H8}{e7}$	$\frac{H8}{f7}$	$\frac{H8}{g7}$	$\frac{H8}{h7}$	$\frac{H8}{js7}$	$\frac{H8}{k7}$	$\frac{H8}{m7}$	$\frac{H8}{n7}$	$\frac{H8}{p7}$	$\frac{H8}{r7}$	$\frac{H8}{s7}$	$\frac{H8}{t7}$	$\frac{H8}{u7}$				
H8				$\frac{H8}{d8}$	$\frac{H8}{e8}$	$\frac{H8}{f8}$		$\frac{H8}{h8}$													
H9			$\frac{H9}{c9}$	$\frac{H9}{d9}$	$\frac{H9}{e9}$	$\frac{H9}{f9}$		$\frac{H9}{h9}$													
H10			$\frac{H10}{c10}$	$\frac{H10}{d10}$				$\frac{H10}{h10}$													
H11	$\frac{H11}{a11}$	$\frac{H11}{b11}$	$\frac{H11}{c11}$	$\frac{H11}{d11}$				$\frac{H11}{h11}$													
H12		$\frac{H12}{b12}$						$\frac{H12}{h12}$													

注：1. $\frac{H6}{n5}$、$\frac{H7}{p6}$ 在公称尺寸小于或等于 3mm 和 $\frac{H8}{r7}$ 在公称尺寸小于或等于 100mm 时，为过渡配合；
2. 标注 ▼ 的配合为优先配合。

表 3-11 基轴制优先、常用配合（摘自 GB/T 1801—2009）

基准轴	孔																			
	A	B	C	D	E	F	G	H	JS	K	M	N	P	R	S	T	U	V	X	Y	Z
	间隙配合								过渡配合			过盈配合									
h5						$\frac{F6}{h5}$	$\frac{G6}{h5}$	$\frac{H6}{h5}$	$\frac{JS6}{h5}$	$\frac{K6}{h5}$	$\frac{M6}{h5}$	$\frac{N6}{h5}$	$\frac{P6}{h5}$	$\frac{R6}{h5}$	$\frac{S6}{h5}$	$\frac{T6}{h5}$					
h6						$\frac{F7}{h6}$	$\frac{G7}{h6}$	$\frac{H7}{h6}$	$\frac{JS7}{h6}$	$\frac{K7}{h6}$	$\frac{M7}{h6}$	$\frac{N7}{h6}$	$\frac{P7}{h6}$	$\frac{R7}{h6}$	$\frac{S7}{h6}$	$\frac{T7}{h6}$	$\frac{U7}{h6}$				
h7					$\frac{E8}{h7}$	$\frac{F8}{h7}$		$\frac{H8}{h7}$	$\frac{JS8}{h7}$	$\frac{K8}{h7}$	$\frac{M8}{h7}$	$\frac{N8}{h7}$									

(续)

基准轴	孔																				
	A	B	C	D	E	F	G	H	JS	K	M	N	P	R	S	T	U	V	X	Y	Z
	间隙配合								过渡配合				过盈配合								
h8				D8/h8	E8/h8	F8/h8		H8/h8													
h9				D9/h9	E9/h9	F9/h9		H9/h9													
h10				D10/h10				H10/h10													
h11	A11/h11	B11/h11	C11/h11	D11/h11				H11/h11													
h12		B12/h12						H12/h12													

注：标注▼的配合为优先配合。

3.3.4 一般公差

一般公差（General Tolerance）是指线性和角度尺寸的未注公差，也是通常所说的"自由尺寸（Free Dimension）"。"自由尺寸"并非无限制和要求，国家标准 GB/T 1804—2000《一般公差 未注公差的线性和角度尺寸的公差》（等效于 ISO 2768-1：1989）规定了线性和角度尺寸的一般公差的等级和极限偏差。

1) 一般公差是指在车间普通工艺条件下，机械加工设备的一般加工能力可保证的公差，在正常维护和操作的情况下，它代表车间的常规加工精度。

2) 一般公差应用规则。线性尺寸的一般公差主要用于低精度的非配合尺寸，当功能上允许的公差等于或大于一般公差时，均应采用一般公差。采用一般公差的尺寸，在该尺寸后不标注出极限偏差，如 $\phi 50$。只有当要素的功能允许一个比一般公差更大的公差，且采用该公差比一般公差更为经济时，才在该尺寸的公称尺寸后标注出其相应的极限偏差，如 $\phi 50^{+0.08}_{-0.06}$。

采用一般公差的线性尺寸是在车间加工精度保证的情况下加工出来的，一般可以不用检验。

图样上选取一般公差的公差等级时，应考虑车间的常规加工精度并由相应技术文件或标准说明详细规定。

3) 一般公差的公差等级和极限偏差数值。国家标准 GB/T 1804—2000 对线性尺寸（Liner Dimension）的一般公差规定了四个公差等级，分别是精密级 f、中等级 m、粗糙级 c 和最粗级 v。f、m、c、v 四个等级分别相当于 IT12、IT14、IT16、IT17。国家标准按未注公差的线性尺寸和角度尺寸分别给出了各公差等级的极限偏差数值，以便选用车间常规加工精度和校核。表 3-12 列出了线性尺寸的极限偏差数值。

表 3-12 线性尺寸的极限偏差数值　　　　　　　　　　（单位：mm）

公差等级	尺寸分段							
	0.5~3	>3~6	>6~30	>30~120	>120~400	>400~1000	>1000~2000	>2000~4000
f（精密级）	±0.05	±0.05	±0.1	±0.15	±0.2	±0.3	±0.5	—
m（中等级）	±0.1	±0.1	±0.2	±0.3	±0.5	±0.8	±1.2	±2
c（粗糙级）	±0.2	±0.3	±0.5	±0.8	±1.2	±2	±3	±4
v（最粗级）	—	±0.5	±1	±1.5	±2.5	±4	±6	±8

4）一般公差在图样中的标注。若采用国家标准规定的一般公差，应在图样标题栏附近或技术要求、技术文件中注出国家标准（GB/T 1804—2000）号和公差等级代号（两者中间用一短画线隔开）。例如，按设计产品的精密程度和常规加工精度选取中等级别 m 时，标注为 GB/T 1804 - m。选择一般公差应遵循一般公差应用规则。

3.4　尺寸精度设计的原则及方法

零件尺寸精度设计主要是指零件的公差与配合的选用，就是根据使用要求合理地选择符合标准规定的孔、轴的公差带大小和位置的方法。公差与配合的选择主要包括：基准制、公差等级和配合种类三个方面。

公差与配合的选择一般有以下三种方法。

（1）类比法　通过对类似机器和零部件进行调查研究、分析对比，吸取前人的经验教训，结合实际情况来选取公差与配合。这是目前应用最多，也是最主要的一种方法，要求设计人员必须有较丰富的实践经验。

（2）计算法　按照一定的理论和公式来确定需要的极限间隙或过盈，然后确定孔和轴的公差带，因影响因素较复杂，计算结果均是近似，需进行修正。这种方法虽然麻烦，但比较科学，只是有时将条件理论化、简单化了，使得计算结果不完全符合实际。

（3）试验法　对工作性能影响较大且很重要的配合，通过试验或统计分析来确定间隙或过盈。这种方法合理、可靠，但是成本较高，因而适用于重要产品的重要配合处。

本节讨论公差与配合的选择，主要采用类比法。

3.4.1　基准制的选择

国家标准规定了两种基准制，即基孔制与基轴制。设计人员可以通过国家标准规定的基准制来得到一系列的配合，以满足广泛的需要，同时又要避免实际选用的零件极限尺寸数目繁多。确定基准制应从结构、工艺及经济性等方面考虑。

1. 优先选用基孔制

从工艺角度考虑，加工一般尺寸的孔通常要用价格较贵的定值刀具（如钻头、铰刀、拉刀等），每把刀具只能加工某一尺寸的孔，用极限量规（塞规）检验，当孔的公称尺寸和公差等级相同而基本偏差改变时，就需要更换刀具、量具。而一种规格的刀具（如车刀或磨轮），可以加工不同偏差的轴，轴还可以用通用量具进行测量。因此采用基孔制可以减少定值刀具（钻头、铰刀及拉刀等）、量具（塞规）的规格和数量，从而获得显著的经济效益，也有利于刀具、量具的标准化和系列化。

2. 基轴制的选用

1）直接使用按基准轴的公差带制造的有一定公差等级而无须再进行机械加工的冷拔钢材做轴。由于冷拉棒材表面有一定的精度（机械制造中常采用公差等级 IT7～IT9 的冷拉钢材），尺寸、形状相当准确，所以应选用基轴制，可以减少冷拉棒材的尺寸规格。这在技术上、经济上都是合理的。

2）加工尺寸小于 1mm 的精密轴要比加工同级的孔困难得多，因此在仪器仪表制造、钟表生产、无线电和电子行业中，通常使用经过光轧成形的钢丝直接做轴，这时选用基轴制配合要比基孔制配合经济效益好。

3）从结构上考虑，同一公称尺寸的轴与几个孔配合，且配合性质不同时，应采用基轴制配合。如图 3-21a 所示为发动机活塞销轴，同时与连杆衬套孔和活塞孔之间进行配合。根据工作要求，活塞销轴与连杆衬套孔间应采用间隙配合（G6/h5）；活塞销轴两端与活塞孔间配合应紧些，应采用过渡配合（M6/h5）。同一公称尺寸的轴需在不同部位与三个孔形成不同松紧的配合，如采用基孔制配合，三个孔的公差带一样，活塞销轴要做成两头粗（m5）、中间细（g5）的阶梯轴，如图 3-21b 所示。这样既不便于加工，又不便于装配。另外活塞销两端直径大于活塞孔径，装配时会刮伤装配表面，影响装配质量。从强度方面考虑，受力最大的截面轴径反而细，不符合设计要求。如采用基轴制配合，活塞销轴可制成一根光轴（图 3-21c），便于生产和装配，所以这种情况下采用基轴制较为有利。

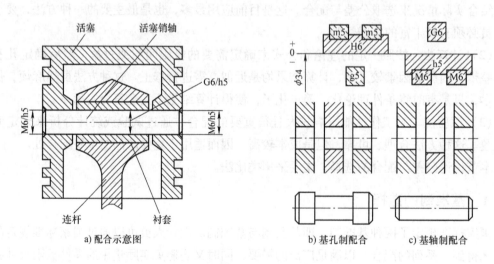

a) 配合示意图 b) 基孔制配合 c) 基轴制配合

图 3-21 滚动轴承与轴、孔的配合

3. 与标准件（零件或部件）配合

与标准件配合的孔和轴，应按标准件来选择基准制。如图 3-22 所示，滚动轴承是标准件，滚动轴承的外圈与箱体孔的配合应选用基轴制配合，因此与其配合的箱体孔的公差带标

注为 $\phi110J7$；内圈与轴颈的配合应选用基孔制配合，与其配合的轴颈的公差带标注为 $\phi50k6$。

4. 其他配合

为了满足配合的特殊需要，允许采用任一孔、轴公差带组成的非基准制配合。非基准制配合就是相配合的孔、轴均不是基准件。这种特殊要求往往发生在一孔多轴配合或一轴多孔配合且配合要求又各不相同的情况，由于孔或轴已经与多个轴或孔中的某个轴或孔之间采用了基孔制或基轴制配合，使得孔或轴与其他配合件之间为了满足配合要求只能采用非基准制。这时，孔、轴均不是基准件。

如图 3-22 所示，轴承外圈与轴承座箱体孔之间的配合为基轴制的过渡配合，孔公差带为 J7；轴承盖与轴承座箱体孔之间的配合在选用时，考虑拆卸方便，应采用间隙配合，这就决定了轴承盖尺寸的基本偏差不能是 h，只能从非基准轴的基本偏差代号中选取。综合考虑轴承盖的性能要求和加工的经济性，选择箱体孔与轴承盖的配合为 $\phi110J7/f9$。

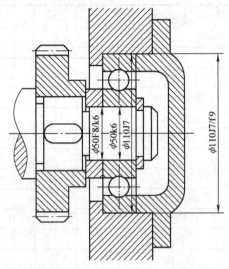

图 3-22 滚动轴承与轴、孔的配合

3.4.2 公差等级的选用

为了保证配合精度，对配合尺寸选取适当的公差等级是极为重要的。公差等级的高低直接影响产品的使用性能和加工成本。若公差等级过低，将不能满足产品使用性能和保证产品质量；若公差等级过高，将会增加产品的生产成本和降低生产效率。所以选择公差等级的原则是：在满足使用要求的前提下，尽可能选择较低的公差等级。

公差等级的选用一般采用类比法。用类比法选择公差等级时应考虑以下几个方面的问题。

（1）工艺等价性　工艺等价性即孔和轴的加工难易程度应基本相同。对 ≤500mm 的公称尺寸，当公差等级 ≤IT8 时，因为孔的加工比相同尺寸、相同等级轴的加工困难，为了保证工艺等价性，按优先、常用配合（表 3-10、表 3-11）推荐轴比孔的公差等级高一级，如 H8/f7，H7/s6 等；当公差等级为 IT8 时，也可采用同级孔、轴配合，如 H8/f8；当公差等级大于 IT9 时，一般采用同级孔、轴配合，如 H9/c9。对 >500mm 的公称尺寸，一般采用同级孔、轴配合。

（2）加工零件的经济性　例如，轴承盖和轴承座箱体孔的配合，则允许选用较大的间隙和较低的公差等级，轴承盖可以比轴承座箱体孔的公差等级低 2~3 级，如图 3-22 所示。轴承盖和轴承座箱体孔的配合为 $\phi110J7/f9$，公差等级相差 2 级。

（3）相配合零部件的精度要匹配　例如，齿轮孔与轴的配合，其公差等级取决于齿轮的精度等级；与滚动轴承配合的箱体孔和内轴颈的公差等级取决于滚动轴承的公差等级，如图 3-22 所示。

（4）各种加工方法可达到的公差等级　各种加工方法可达到的公差等级见表3-13。

表3-13　各种加工方法的公差等级

加工方法 \ 公差等级（IT）	01	0	1	2	3	4	5	6	7	8	9	10	11	12	13	14	15	16	17	18
研磨	—	—	—	—	—	—														
珩磨						—	—	—	—											
圆磨、平磨							—	—	—											
金刚石车							—	—												
金刚石镗							—	—												
拉削							—	—	—	—										
铰孔								—	—	—	—									
精车精镗								—	—	—	—									
粗车粗镗											—	—	—	—						
铣										—	—	—	—							
刨、插											—	—	—	—						
钻、削												—	—	—	—	—				
冲压												—	—	—	—	—				
滚压、挤压												—	—	—						
锻造														—	—	—	—			
砂型铸造																—	—	—		
金属型铸造															—	—	—			

（5）公差等级的应用　公差等级的应用见表3-14。各公差等级的应用范围难以严格划分，配合尺寸公差等级的应用见表3-15，其中IT5～IT12适用于一般机械中的常用配合，具体应用见表3-16，供选择时参考。

表3-14　公差等级的应用

应用 \ 公差等级（IT）	01	0	1	2	3	4	5	6	7	8	9	10	11	12	13	14	15	16	17	18
量块	—	—	—	—																
量规			—	—	—	—	—	—	—											
配合尺寸							—	—	—	—	—	—	—	—						
特别精密零件			—	—	—	—														
非配合尺寸													—	—	—	—	—	—		
原材料									—	—	—	—	—	—						

表3-15　配合尺寸公差等级的应用

公差等级	重要处		常用处		次要处	
	孔	轴	孔	轴	孔	轴
精密机械	IT4	IT4	IT5	IT5	IT7	IT6
一般机械	IT5	IT5	IT7	IT6	IT8	IT9
较粗机械	IT7	IT6	IT8	IT9	IT10～IT12	

表 3-16 常用配合尺寸 IT5 ~ IT12 的应用

公差等级	应用
IT5	主要用在配合公差、形状公差要求很小的地方,它的配合性质稳定,一般在机床、发动机和仪表等重要部位应用,如与5级滚动轴承配合的箱体孔;与6级滚动轴承配合的机床主轴,机床尾座与套筒,精密机械及高速机械中的箱径和精密丝杠的轴径等
IT6	配合性质能达到较高的均匀性,如与6级滚动轴承相配合的孔、轴径;与齿轮、蜗轮、联轴器、带轮和凸轮等连接的轴径和机床丝杠轴径;摇臂钻立柱;机床夹具中导向件外径;6级精度齿轮的基准孔径;7、8级精度齿轮的基准轴径
IT7	7级精度比6级稍低,应用条件与6级基本相似,在一般机械制造中应用较普遍,如联轴器、带轮和凸轮等孔径;机床夹盘座孔;夹具中的固定钻套、可换钻套;7、8级齿轮基准孔,9、10级齿轮基准轴
IT8	在机器制造中属于中等精度,如轴承座衬套沿宽度方向尺寸,9~12级齿轮基准孔,11、12级齿轮基准轴
IT9、IT10	主要用于机械制造中轴套外径与孔,操纵件与轴,空轴带轮与轴,单键与花键
IT11、IT12	配合精度很低,装configure后可能产生很大间隙,适用于基本上没有什么配合要求的场合,如机床上法兰盘与止口,滑块与滑移齿轮,加工中工序间尺寸,冲压加工的配合件,机床制造中的扳手孔与扳手座的连接

3.4.3 配合的选择

配合的选择包括:配合类别的选择和非基准件基本偏差代号的选择。

1. 配合类别的选择

配合分为间隙配合、过渡配合和过盈配合。

(1) 间隙配合 当孔、轴有相对运动要求时,一般选用间隙配合。要求精确定位又便于拆卸的静连接,配合件间只有缓慢移动或转动的动连接可选用间隙小的间隙配合。对配合精度要求不高,只为了装配方便,可选用间隙大的间隙配合。

(2) 过渡配合 要求精确定位,配合件间无相对运动,可拆卸的静连接,可选用过渡配合。

(3) 过盈配合 装配后需要靠过盈传递载荷,又不需要拆卸的静连接,可选用过盈配合。

具体选择配合类别可参考表 3-17。

表 3-17 配合类别的选择

无相对运动	需传递力矩	精确定心	不可拆卸	过盈配合
			可拆卸	过渡配合或基本偏差为 H(h) 的间隙配合加键、销紧固件
		不需精确定心		间隙配合加键、销紧固件
	不需传递力矩			过渡配合或过盈量较小的过盈配合
有相对运动	缓慢转动或移动			基本偏差为 H(h)、G(g) 等间隙配合
	转动、移动或复合运动			基本偏差为 D~F(d~f) 等间隙配合

2. 非基准件基本偏差代号的选择

确定配合类别后，应按优先、常用、一般的顺序选择配合。如仍不能满足要求，可以按孔、轴公差带组成相应的配合。表 3-18 所列为公称尺寸至 500mm 基孔制常用和优先配合的特征及应用。

归纳起来，间隙配合的选择主要看运动的速度、承受载荷、定心要求和润滑要求。相对运动速度高，工作温度高，则间隙应选大一些；相对运动速度低，如一般只做低速的相对运动，则间隙可选小一些。

过盈配合的选择主要根据转矩的大小以及是否加紧固件与拆装困难程度等要求，无紧固件的过盈配合，其最小过盈量产生的结合力应保证能传递所需的转矩和轴向力，而最大过盈量产生的内应力不许超出材料的屈服强度。

过渡配合的选择主要根据定心要求与拆装等情况。对于定位配合，要保证不松动；如需要传递转矩，则还需加键、销等紧固件；经常拆装的部位要比不经常拆装的配合松些，具体按表 3-19、表 3-20 调整。

表 3-18　公称尺寸至 500mm 基孔制常用和优先配合的特征及应用

配合类别	配合特征	配合代号	应用
间隙配合	特大间隙	$\dfrac{H11}{a11}$　$\dfrac{H11}{b11}$　$\dfrac{H11}{b12}$	用于高温或工作时要求大间隙的配合
	很大间隙	$\left(\dfrac{H11}{c11}\right)\dfrac{H12}{d12}$	用于工作条件较差，受力变形或为了便于装配而需要大间隙的配合和高温工作的配合
	较大间隙	$\dfrac{H9}{c9}$　$\dfrac{H10}{c10}$　$\dfrac{H8}{d8}$　$\left(\dfrac{H9}{d9}\right)\dfrac{H10}{d10}$　$\dfrac{H8}{e7}$　$\dfrac{H8}{e8}$　$\dfrac{H9}{e9}$	用于高速重载的滑动轴承或大直径的滑动轴承，也可用于大跨距或多支点支承的配合
	一般间隙	$\dfrac{H6}{f5}$　$\dfrac{H7}{f6}$　$\left(\dfrac{H8}{f7}\right)\dfrac{H8}{f8}$　$\dfrac{H9}{f9}$	用于一般转速的间隙配合；当温度影响不大时，广泛应用于普通润滑油润滑的支承处
	较小间隙	$\left(\dfrac{H7}{g6}\right)\dfrac{H8}{g7}$	用于精密滑动零件或缓慢间歇回转的零件的配合部位
	很小间隙和零间隙	$\dfrac{H6}{g5}$　$\dfrac{H6}{h5}$　$\left(\dfrac{H7}{h6}\right)\left(\dfrac{H8}{h7}\right)\dfrac{H8}{h8}$　$\left(\dfrac{H9}{h9}\right)\dfrac{H10}{h10}$　$\left(\dfrac{H11}{h11}\right)\dfrac{H12}{h12}$	用于不同精度要求的一般定位件的配合及缓慢移动和摆动零件的配合
过渡配合	绝大部分有微小间隙	$\dfrac{H6}{js5}$　$\dfrac{H7}{js6}$　$\dfrac{H8}{js7}$	用于易于装拆的定位配合或加紧固件后可传递一定静载荷的配合
	大部分有微小间隙	$\dfrac{H6}{k5}$　$\left(\dfrac{H7}{k6}\right)\dfrac{H8}{k7}$	用于稍有振动的定位配合；加紧固件可传递一定载荷，装拆方便，可用木锤敲入
	大部分有微小过盈	$\dfrac{H6}{m5}$　$\dfrac{H7}{m6}$　$\dfrac{H8}{m7}$	用于定位精度较高且能抗振的定位配合；加键可传递较大载荷；可用钢锤敲入或小压力压入
	绝大部分有微小过盈	$\left(\dfrac{H7}{n6}\right)\dfrac{H8}{n7}$	用于精确定位或紧密组合件的配合；加键可传递大力矩或冲击性载荷；只有大修时拆卸
	有较小过盈	$\dfrac{H8}{p7}$	加键后能传递很大力矩，且承受振动和冲击的配合，装配后不再拆卸

(续)

配合类别	配合特征	配合代号	应用
过盈配合	轻型	$\frac{H6}{n5}$ $\frac{H6}{p5}$ $\left(\frac{H7}{p6}\right)$ $\frac{H7}{r5}$ $\frac{H7}{r6}$ $\frac{H8}{r7}$	用于精确的定位配合；一般不能靠过盈传递力矩；要传递力矩尚需加紧固件
	中型	$\frac{H6}{s5}$ $\left(\frac{H7}{s6}\right)$ $\frac{H8}{s7}$ $\frac{H6}{t5}$ $\frac{H7}{t6}$ $\frac{H8}{t7}$	不需加紧固件就可传递较大力矩和轴向力；加紧固件后可承受较大载荷或动载荷的配合
	重型	$\left(\frac{H7}{u6}\right)$ $\frac{H8}{u7}$ $\frac{H7}{v6}$	不需加紧固件就可传递和承受大的力矩和动载荷的配合；要求零件材料有高强度
	特重型	$\frac{H7}{x6}$ $\frac{H7}{y6}$ $\frac{H7}{z6}$	能传递和承受很大力矩和动载荷的配合，需经试验后方可应用

注：1. 括号内的配合为优先配合。
  2. 国家标准规定的47种基轴制配合的应用与本表中的同名配合相同。

表 3-19 对选择的间隙配合的调整

具体情况		间隙增大或减小	具体情况		间隙增大或减小
工作温度	孔高于轴时	减小	两支承距离较大或多支承时		增大
	轴高于孔时	增大			
表面粗糙度值较大时		减小	支承间同轴度误差大时		增大
润滑油黏度较大时		增大	生产类型	单件小批量生产时	增大
				大批量生产时	减小
定心黏度较低时		增大			

表 3-20 对选择的过盈配合的调整

具体情况		过盈增大或减小	具体情况	过盈增大或减小
材料强度小时		减小	配合长度较大时	减小
经常拆卸		减小	配合面几何误差较大时	减小
有冲击载荷		增大	装配时可能歪斜	减小
工作时温度	孔高于轴时	增大	转速很高时	增大
	轴高于孔时	减小	表面粗糙度值较大时	增大

3. 工程中常用机构的配合

工程中常用机构的配合如图 3-23 所示，现简要说明如下：

1) 图 3-23a 所示为车床尾座和顶尖套筒的配合，套筒在调整时要在车床尾座孔中滑动，需有间隙，但在工作时要保证顶尖有较高的精度，所以要严格控制间隙量以保证同轴度，故选择了最小间隙为零的间隙定位配合 H/h 类。

2) 图 3-23b 所示为 V 带轮与转轴的配合，带轮上的力矩通过键联接作用于转轴上，为了防止冲击和振动，两配合件采用了轻微定心配合 H/js 类。

3) 图 3-23c 所示为起重机吊钩铰链配合，这类粗糙机械只要求动作灵活，便于装配，且多为露天作业，对工作环境要求不高，故采用了特大间隙低精度配合，选用 H12/b12。

4) 图 3-23d 所示为管道的法兰连接，为使管道连接时能对准，一个法兰上有一凸缘和另一法兰上的凹槽相结合，用凸缘和凹槽的孔径作为对准的配合尺寸。为了防止渗漏，在凹槽底部放有密封填料，并由凸缘将其压紧。凸缘和凹槽的孔径处的配合本来只要求有一定的间隙，易于装配即可，但由于凸缘和凹槽的孔径在加工时，不可避免地会产生相对于内径的同轴度误差,所以在此孔径处采用大的间隙配合,选用 H12/h12。

5)图 3-23e 所示为内燃机排气阀与导管的配合,由于气门导杆工作时温度很高,为补偿热变形,故采用很大间隙配合 H7/c6,以确保气门导杆不被卡住。

6)图 3-23f 所示为滑轮与心轴的配合(注:心轴是只承受弯矩作用而不承受转矩作用的轴,传动轴正好相反,转轴则兼而有之,既承受弯矩作用又承受转矩作用)。为使滑轮在心轴上能灵活转动,宜采用较大的间隙配合,故采用了 H/d 类配合。机器中有些结合本来只需稍有间隙,能有活动作用即可,但为了补偿几何误差对装配的影响,需增大间隙,这时也常采用这种配合。

7)图 3-23g 所示为连杆小头孔与衬套的配合,为确保相配合的两零件连为一个整体,而又不至于在装配时压坏衬套,采用过盈以能产生足够大的夹紧作用,故采用了 H/r 类

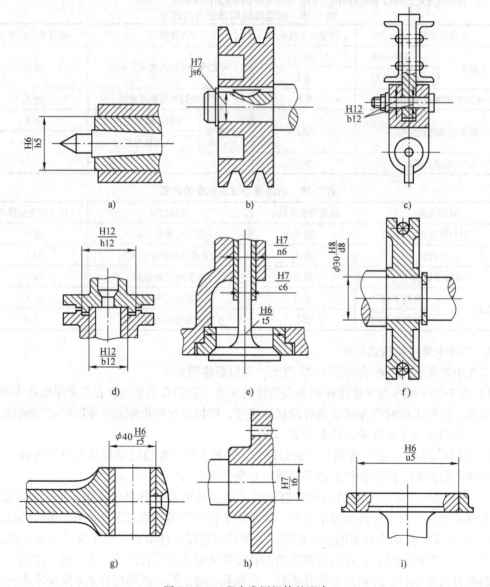

图 3-23 工程中常用机构的配合

配合。

8) 图 3-23h 所示为联轴器与传动轴的配合,这种配合要求过盈较大,适用于对钢和铸铁件之间的永久性连接。图 3-23e 中的内燃机阀座和缸体的配合也属于 H/t 类。

9) 图 3-23i 所示为火车轮缘与轮毂的配合,属于 H/u 类,这类配合要求过盈量很大,需用热套法装配,且应验算在最大过盈时其内应力不许超出材料的屈服强度。

3.4.4 尺寸精度设计实例分析

1. 计算查表法尺寸精度设计实例

计算查表法设计尺寸精度的步骤如下:

1) 根据实际技术条件确定基准制,优先选择基孔制。

2) 根据极限间隙或极限过盈确定配合公差,将配合公差合理分配给孔和轴的标准公差,从而确定孔和轴的公差等级和标准公差数值。

3) 根据极限间隙或极限过盈的范围,求解与基准孔或基准轴配合的轴或孔的基本偏差范围,查询孔、轴的基本偏差数值表,从而确定其基本偏差代号和孔、轴的配合代号,最后计算设计的孔、轴配合形成的极限间隙或过盈是否满足技术指标的要求,从而确定尺寸精度设计的合理性。

【例 3-5】 已知某滑动轴承机构由轴承和轴所组成,配合的公称尺寸为 $\phi 80\mathrm{mm}$,使用要求规定,其最大间隙允许值 $[X_{\max}] = +110\mu\mathrm{m}$,最小间隙允许值 $[X_{\min}] = +30\mu\mathrm{m}$。试确定采用基孔制的轴承和轴的公差带和配合代号。

【解】 1) 确定孔、轴的标准公差等级。由给定条件,可以得到配合公差的允许值为

$$[T_f] = |[X_{\max}] - [X_{\min}]| = 80\mu\mathrm{m}$$

$$[T_f] \geq [T_h] + [T_s]$$

查表 3-1,得孔、轴的标准公差等级分别为

$$T_h = \mathrm{IT8} = 46\mu\mathrm{m}, \quad T_s = \mathrm{IT7} = 30\mu\mathrm{m}$$

因为采用基孔制,所以孔的基本偏差为下极限偏差,且 $\mathrm{EI} = 0\mu\mathrm{m}$,代号为 H,孔的上极限偏差 $\mathrm{ES} = +46\mu\mathrm{m}$,则孔的公差带代号为 H8。

2) 确定轴的基本偏差代号。由于采用基孔制,该配合为间隙配合,根据间隙配合的尺寸公差带图中孔、轴公差带的位置关系,可以确定轴的基本偏差为上极限偏差 es。

轴的基本偏差与以下三式有关,即

$$\begin{cases} X_{\max} = \mathrm{ES} - \mathrm{ei} \leq [X_{\max}] = +110\mu\mathrm{m} \\ X_{\min} = \mathrm{EI} - \mathrm{es} \geq [X_{\min}] = +30\mu\mathrm{m} \\ T_s = \mathrm{es} - \mathrm{ei} = \mathrm{IT7} = 30\mu\mathrm{m} \end{cases}$$

综合上述三式求解,得

$$\mathrm{ES} + T_s - [X_{\max}] \leq \mathrm{es} \leq \mathrm{EI} - [X_{\min}]$$

$$-34\mu\mathrm{m} \leq \mathrm{es} \leq -30\mu\mathrm{m}$$

查表 3-5,取轴的基本偏差代号为 f,则其公差带代号为 f7。

轴的基本偏差为上极限偏差,即 $\mathrm{es} = -30\mu\mathrm{m}$,则轴的下极限偏差为 $\mathrm{ei} = \mathrm{es} - T_s = -60\mu\mathrm{m}$。

3) 验算。

$$X_{\max} = \text{ES} - \text{ei} = +46\mu\text{m} - (-60)\mu\text{m} = +106\mu\text{m} \leq [X_{\max}] = +110\mu\text{m}$$

$$X_{\min} = \text{EI} - \text{es} = 0\mu\text{m} - (-30)\mu\text{m} = +30\mu\text{m} = [X_{\min}] = +30\mu\text{m}$$

符合技术要求，最后结果为 $\phi80\text{H}8/\text{f}7$。

4）尺寸公差带图如图 3-24 所示。

2. 类比法尺寸精度设计实例

为了便于在实际工程设计中合理地确定配合，下面举例说明某些配合在实际工程中的典型应用，作为基于类比法设计尺寸精度的参考资料。

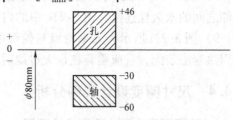

图 3-24 例 3-5 中的公差带图解

【例 3-6】 图 3-25 所示为钻模的一部分。钻模板 4 上装有固定衬套 2，快换钻套 1 与固定衬套配合，在工作中要求快换钻套 1 能迅速更换。在压紧螺钉 3 松开（不必取下）的情况下，当快换钻套 1 以其铣成的缺边 A 对正压紧螺钉 3 时，可以直接进行装卸；当快换钻套 1 的台阶面 B 旋至压紧螺钉 3 的下端面时，拧紧压紧螺钉 3，快换钻套 1 就被固定，防止了它的轴向窜动和周向转动。若用图 3-25 所示的钻模来加工工件上的 $\phi12\text{mm}$ 孔，试选择：固定衬套 2 与钻模板 4、快换钻套 1 与固定衬套 2 以及快换钻套 1 的内孔与钻头之间的配合（公称尺寸如图 3-25 所示）。

【解】 1）基准制的选择。对固定衬套 2 与钻模板 4 的配合以及快换钻套 1 与固定衬套 2 的配合，因结构无特殊要求，按国家标准规定，应优先选用基孔制。

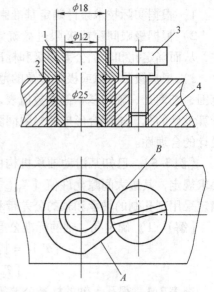

图 3-25 钻模部分组件图
1—快换钻套 2—固定衬套
3—压紧螺钉 4—钻模板
A—缺边 B—台阶面

对钻头与快换钻套 1 内孔的配合，因钻头属于标准刀具，应采用基轴制配合。

2）公差等级的选择。参照表 3-15，确定公差等级的适用范围，可知钻模夹具各元件的连接，可按常用配合尺寸的 IT5～IT12 级选用（参照表 3-16）。对轴可选 IT6，对孔可选 IT7。本例中钻模板 4 的孔、固定衬套 2 的孔、钻套的孔统一按 IT7 选用，而固定衬套 2 的外圆、快换钻套 1 的外圆则按 IT6 选用。

3）配合种类的选择。固定衬套 2 与钻模板 4 的配合，要求连接牢靠，在轻微冲击和负荷下不能发生松动，即使固定衬套内孔磨损了，需更换拆卸的次数也不多。因此，参照表 3-18 可选平均过盈率大的过渡配合，本例配合选为 $\phi25\text{H}7/\text{n}6$。

快换钻套 1 与固定衬套 2 的配合，要求经常用手更换，故需一定间隙保证更换迅速。但因又要求有准确的定心，间隙不能过大，为此参照表 3-18 可选精密滑动的配合 H/g，本例选为 $\phi18\text{H}7/\text{g}6$。

至于快换钻套 1 内孔，因要引导旋转着的刀具进给，既要保证一定的导向精度，又要防止间隙过小而被卡住。根据钻孔切削速度多为中速，参照表 3-18 应选中等转速的配合 F/h（此处不标注钻头的配合代号），本例选为 $\phi12\text{F}7$。

必须指出：快换钻套 1 与固定衬套 2 内孔的配合，根据上面分析本应选 ϕ18H7/g6，考虑到 JB/T 8045.4—1999（夹具标准），为了统一钻套内孔与衬套内孔的公差带，规定了统一的公差带 F7，因此快换钻套 1 与固定衬套 2 内孔的配合，应选相当于 H7/g6 的配合 F7/k6。因此，本例中快换钻套 1 与固定衬套 2 内孔的配合应为 ϕ18F7/k6（非基准制配合）。图 3-26 所示为 ϕ18H7/g6 与 ϕ18F7/k6 这两种配合的公差带图解。

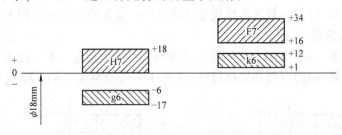

图 3-26　例 3-6 中两种配合的公差带图解

3.5　光滑工件检测及光滑极限量规

光滑工件尺寸的检验是几何量检测的基础。生产中，光滑工件尺寸的检验常用两种方法：通用计量器具检验和光滑极限量规检验。前者是选择合适的计量器具测量工件尺寸，如游标卡尺、千分尺及车间使用的比较仪等，对图样上注出的公差等级为 6～18 级（IT6～IT8），公称尺寸至 500mm 的光滑工件的尺寸，按规定的验收极限进行定量检验的过程。后者是采用专用的通规、止规来判断工件尺寸是否在极限尺寸内的一种定性检验过程。光滑工件尺寸一般采用通用计量器具检验，在成批量生产中采用光滑极限量规检验可提高工件效率。

3.5.1　光滑工件的通用检测方法

1. 误收和误废

检验工件时，由于有测量误差存在，使得当工件的真实尺寸接近极限尺寸时，可能发生两类错误的判断：误收与误废。误收是指把尺寸超出规定尺寸极限的工件判为合格；误废是指把处于尺寸极限之内的工件判为废品。显然，误收会影响产品质量，误废会造成经济损失。测量误差的存在将在实际上改变工件规定的公差带，使之缩小或扩大。考虑到测量误差的影响，合格工件可能的最小公差称为生产公差，而合格工件可能的最大公差称为保证公差。

为保证产品质量，国家标准 GB/T 3177—2009《产品几何技术规范（GPS）　光滑工件尺寸的检验》对光滑工件尺寸检验的验收原则、验收极限、计量器具的测量不确定度允许值和计量器具选用原则等事项做了统一规定。该标准适用于使用通用计量器具，如游标卡尺、千分尺及车间使用的比较仪、投影仪等量具量仪，对图样上注出的公差等级为 IT6～IT18 级，公称尺寸至 500mm 的光滑工件尺寸的检验。该标准也适用于对一般公差尺寸的检验。

2. 验收极限与安全裕度

为防止受测量误差的影响而使工件的实际尺寸超出两个极限尺寸范围，必须规定验收极限。验收极限是检验工件尺寸时判断其合格与否的尺寸界限。标准中规定了两种验收极限。

（1）内缩方案　验收极限是从规定的最大实体尺寸（MMS）和最小实体尺寸（LMS）分别向工件公差带内移动一个安全裕度（A）来确定，如图3-27所示。

孔尺寸的验收极限：

上验收极限（K_s）= 最小实体尺寸（LMS）− 安全裕度（A），即 $K_s = D_L - A$

下验收极限（K_i）= 最大实体尺寸（MMS）+ 安全裕度（A），即 $K_i = D_M + A$

轴尺寸的验收极限：

上验收极限（K_s）= 最大实体尺寸（MMS）− 安全裕度（A），即 $K_s = d_M - A$

下验收极限（K_i）= 最小实体尺寸（LMS）+ 安全裕度（A），即 $K_i = d_L + A$

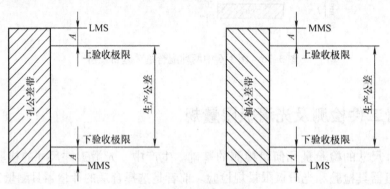

图3-27　内缩的验收极限

按内缩方案验收工件，并合理地选择内缩的安全裕度（A），将会没有或很少有误收，并能将误废量控制在所要求的范围内。

（2）不内缩方案　验收极限等于规定的最大实体尺寸（MMS）和最小实体尺寸（LMS），即安全裕度 $A=0$。此方案使误收和误废都有可能发生。此时孔、轴的验收极限如图3-28所示，分别为

孔尺寸的验收极限：

上验收极限（K_s）= 最小实体尺寸（LMS），即 $K_s = D_{max}$

下验收极限（K_i）= 最大实体尺寸（MMS），即 $K_i = D_{min}$

轴尺寸的验收极限：

上验收极限（K_s）= 最大实体尺寸（MMS），即 $K_s = d_{max}$

下验收极限（K_i）= 最小实体尺寸（LMS），即 $K_i = d_{min}$

GB/T 3177—2009《产品几何技术规范（GPS）　光滑工件尺寸的检验》确定的验收原则是：所用验收方法应只接收位于规定的极限尺寸之内的工件，位于规定的极限尺寸之外的工件应拒收。为此需要根据被测工件的精度高低和相应的极限尺寸，确定其安全裕度（A）和验

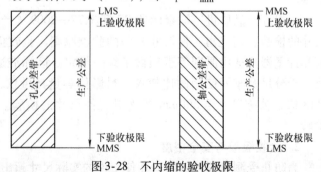

图3-28　不内缩的验收极限

收极限。

安全裕度 A 值的确定，应综合考虑技术和经济两方面的因素。A 值较大时，虽可用较低精度的测量器具进行检验，但减少了生产公差，故加工经济性较差；A 值较小时，加工经济性较好，但要使用精度高的测量器具，故测量器具成本高，所以也提高了生产成本。因此，A 值应按被检验工件的公差大小来确定，一般为工件公差的 1/10。国家标准 GB/T 3177—2009 对 A 值有明确的规定，见表 3-21。

表 3-21 安全裕度（A）与计量器具不确定度允许值（u_1）（摘自 GB/T 3177—2009）

（单位：μm）

公称等级		IT6					IT7					IT8					IT9				
公称尺寸/mm		T	A	u_1			T	A	u_1			T	A	u_1			T	A	u_1		
大于	至			I	II	III			I	II	III			I	II	III			I	II	III
—	3	6	0.6	0.5	0.9	1.4	10	1.0	0.9	1.5	2.3	14	1.4	1.3	2.1	3.2	25	2.5	2.3	3.8	5.6
3	6	8	0.8	0.7	1.2	1.8	12	1.2	1.1	1.8	2.7	18	1.8	1.6	2.7	4.1	30	3.0	2.7	4.5	6.8
6	10	9	0.9	0.8	1.4	2.0	15	1.5	1.4	2.3	3.4	22	2.2	2.0	3.3	5.0	36	3.6	3.3	5.4	8.1
10	18	11	1.1	1.0	1.7	2.5	18	1.8	1.7	2.7	4.1	27	2.7	2.4	4.1	6.1	43	4.3	3.9	6.5	9.7
18	30	13	1.3	1.2	2.0	2.9	21	2.1	1.9	3.2	4.7	33	3.3	3.0	5.0	7.4	52	5.2	4.7	7.8	12
30	50	16	1.6	1.4	2.4	3.6	25	2.5	2.3	3.8	5.6	39	3.9	3.5	5.9	8.8	62	6.2	5.6	9.3	14
50	80	19	1.9	1.7	2.9	4.3	30	3.0	2.7	4.5	6.8	46	4.6	4.1	6.9	10	74	7.4	6.7	11	17
80	120	22	2.2	2.0	3.3	5.0	35	3.5	3.2	5.3	7.9	54	5.4	4.9	8.1	12	87	8.7	7.8	13	20
120	180	25	2.5	2.3	3.8	5.6	40	4.0	3.6	6.0	9.0	63	6.3	5.7	9.5	14	100	10	9.0	15	23
180	250	29	2.9	2.6	4.4	6.5	46	4.6	4.1	6.9	10	72	7.2	6.5	11	16	115	12	10	17	26
250	315	32	3.2	2.9	4.8	7.2	52	5.2	4.7	7.8	12	81	8.1	7.3	12	19	130	13	12	19	29
315	400	36	3.6	3.2	5.4	8.1	57	5.7	5.1	8.4	13	89	8.9	8.0	13	20	140	14	13	21	32
400	500	40	4.0	3.6	6.0	9.0	63	6.3	5.7	9.5	14	97	9.7	8.7	15	22	155	16	14	23	35

公称等级		IT10					IT11					IT12				IT13			
公称尺寸/mm		T	A	u_1			T	A	u_1			T	A	u_1		T	A	u_1	
大于	至			I	II	III			I	II	III			I	II			I	II
—	3	40	4.0	3.6	6.0	9.0	60	6.0	5.4	9.0	14	100	10	9.0	15	140	14	13	21
3	6	48	4.8	4.3	7.2	11	75	7.5	6.8	11	17	120	12	11	18	180	18	16	27
6	10	58	5.8	5.2	8.7	13	90	9.0	8.1	14	20	150	15	14	23	220	22	20	33
10	18	70	7.0	6.3	11	16	110	11	10	17	25	180	18	16	27	270	27	24	41
18	30	84	8.4	7.6	13	19	130	13	12	20	29	210	21	19	32	330	33	30	50
30	50	100	10	9.0	15	23	160	16	14	24	36	250	25	23	38	390	39	35	59
50	80	120	12	11	18	27	190	19	17	29	43	300	30	27	45	460	46	41	69
80	120	140	14	13	21	32	220	22	20	33	50	350	35	32	53	540	54	49	81
120	180	160	16	15	24	36	250	25	23	38	56	400	40	36	60	630	63	57	95
180	250	185	18	17	28	42	290	29	26	44	65	460	46	41	69	720	72	65	110
250	315	210	21	19	32	47	320	32	29	48	72	520	52	47	78	810	81	73	120
315	400	230	23	21	35	52	360	36	32	54	81	570	57	51	80	890	89	80	130
400	500	250	25	23	38	56	400	40	36	60	90	630	63	57	95	970	97	87	150

3. 验收极限方式的选择

验收极限方式的选择要结合工件尺寸的功能要求和重要程度、尺寸公差等级、测量不确定度和过程能力等因素综合考虑。具体原则是：

1) 对遵循包容要求的尺寸和公差等级高的尺寸，其验收极限按双边内缩方式确定。
2) 当工艺能力指数 $C_p \geq 1$ 时，验收极限可以按不内缩方式确定；但对遵循包容要求的孔、轴，其最大实体尺寸一边的验收极限应该按内缩方式确定。
3) 对偏态分布的尺寸，其验收极限可以仅对尺寸偏向的一边选用内缩的验收极限。
4) 对非配合尺寸和一般公差的尺寸，其验收极限按不内缩方式确定。

4. 计量器具的选择

选择测量器具时要综合考虑其技术指标和经济指标，以综合效果最佳为原则。主要考虑以下因素：首先，根据被测工件的结构特点、外形及尺寸来选择测量器具，使所选择的测量器具的测量范围能满足被测工件的要求。其次，根据被测工件的精度要求来选择测量器具。考虑到测量器具本身的误差会影响工件的测量精度，因此所选择的测量器具其允许的极限误差应当小。但测量器具的极限误差越小，其成本越高，对使用时的环境条件和操作者的要求也越高。所以，在选择测量器具时，应综合考虑技术指标和经济指标。

具体选用时，可按国家标准 GB/T 3177—2009 中规定的方法进行。对于国家标准没做规定的工件测量器具的选用，可按所选的测量器具的极限误差占被测工件尺寸公差的 1/10~1/3 进行，被测工件精度低时取 1/10，工件精度高时取 1/3 甚至 1/2。因为工件精度越高，对测量器具的精度要求也越高，如果高精度的测量器具制造困难，只好以增大测量器具极限误差占被测工件公差的比例来满足测量要求。

用普通测量器具进行光滑工件尺寸检验，适用于车间用的测量器具（如游标卡尺、千分尺和分度值小于 0.0005mm 的比较仪）等。安全裕度 A 相当于测量中的不确定度。不确定度用以表征测量过程中各项误差综合影响而使测量结果分散的误差范围，它反映了由于测量误差的存在而对被测量不能肯定的程度，以 U 表示。U 是由测量器具的不确定度（u_1）和由温度、压陷效应及工件形状误差等因素引起的不确定度（u_2）两者组合成的，$U = \sqrt{u_1^2 + u_2^2}$。u_1 是表征测量器具的内在误差引起测量结果分散的一个误差范围，其中也包括调整时用的标准件的不确定度，如千分尺的校对棒和比较仪用的量块等。u_1 的影响比较大，允许值约为 $0.9A$，u_2 的影响比较小，允许值约为 $0.45A$。向公差带内缩的安全裕度就是按测量不确定度而定的，即 $A = U$，是因为 $U = \sqrt{u_1^2 + u_2^2} = \sqrt{(0.9A)^2 + (0.45A)^2} \approx A$。

测量器具的不确定度 u_1 是产生"误收"与"误废"的主要原因。在验收极限一定的情况下，测量器具的不确定度 u_1 越大，则产生"误收"与"误废"的可能性越大；反之，测量器具的不确定度 u_1 越小，则产生"误收"与"误废"的可能性越小。因此，根据测量器具的不确定度 u_1 来正确地选择测量器具就非常重要。**选择测量器具时，应保证所选用的测量器具的不确定度 u_1 等于或小于按工件公差确定的允许值 $[u_1]$**。常用计量器具（如游标卡尺、千分尺、比较仪和指示表）的测量不确定度，见表 3-22~表 3-24。

表 3-22　千分尺和游标卡尺的不确定度　　　　　　　　（单位：mm）

尺寸范围		计量器具类型			
		分度值为 0.01mm 外径千分尺	分度值为 0.01mm 内径千分尺	分度值为 0.02mm 外径千分尺	分度值为 0.02mm 内径千分尺
大于	至	不确定度			
0	50	0.004			
50	100	0.005	0.008		0.050
100	150	0.006		0.020	
150	200	0.007			
200	250	0.008	0.013		
250	300	0.009			
300	350	0.010			
350	400	0.011	0.020		0.100
400	450	0.012			
450	500	0.013	0.025		
500	600				
600	700		0.030		
700	1000				0.150

表 3-23　比较仪的测量不确定度　　　　　　　　（单位：mm）

尺寸范围		计量器具类型			
		分度值为 0.0005mm（相当于放大倍数 2000 倍）比较仪	分度值为 0.001mm（相当于放大倍数 1000 倍）比较仪	分度值为 0.002mm（相当于放大倍数 400 倍）比较仪	分度值为 0.005mm（相当于放大倍数 250 倍）比较仪
大于	至	不确定度			
—	25	0.0006	0.0010	0.0017	0.0030
25	40	0.0007			
40	65	0.0008	0.0011	0.0018	
65	90	0.0008			
90	115	0.0009	0.0012	0.0019	
115	165	0.0010	0.0013		
165	215	0.0012	0.0014	0.0020	0.0035
215	265	0.0014	0.0016	0.0021	
265	315	0.0016	0.0017	0.0022	

表 3-24 指示表的测量不确定度　　　　　　　　　　(单位：mm)

尺寸范围		计量器具类型			
大于	至	分度值为0.001mm的千分表（0级在全程范围内，1级在0.2m内）；分度值为0.002mm的千分表（在1转范围内）	分度值为0.001mm，0.002mm，0.005mm的千分表（1级在全程范围内）；分度值为0.01mm的百分表（0级在任意1mm内）	分度值为0.01mm的百分表（0级在全程范围内，1级在任意1mm内）	分度值为0.01mm的百分表（1级在全程范围内）
		不确定度			
—	25	0.005	0.010	0.018	0.030
25	40	0.005	0.010	0.018	0.030
40	65	0.005	0.010	0.018	0.030
65	90	0.005	0.010	0.018	0.030
90	115	0.005	0.010	0.018	0.030
115	165	0.006	0.010	0.018	0.030
165	215	0.006	0.010	0.018	0.030
215	265	0.006	0.010	0.018	0.030
265	315	0.006	0.010	0.018	0.030

【例 3-7】 被检验工件尺寸为孔 $\phi 35F8$Ⓔ，试确定验收极限，并选择适当的计量器具。

【解】 1) 计算验收极限。因为工件尺寸采用包容要求，所以采用双边内缩的验收极限，由公差与配合标准查得 $\phi 35F8 = \phi 35^{+0.064}_{+0.025}$mm，画出尺寸公差带图，如图 3-29 所示。该工件的公差为 0.039 mm，从表 3-21 查得 $A = 0.0039$mm，则

上验收极限 $= D_{max} - A = (35 + 0.064 - 0.0039)$mm $= 35.0601$mm

下验收极限 $= D_{min} - A = (35 + 0.025 + 0.0039)$mm $= 35.0289$mm

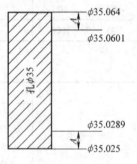

图 3-29　例 3-6 中的尺寸公差带图

2) 选择测量器具。确定测量器具不确定度允许值 $[u_1]$。从表 3-21 查得 $A = 0.0039$mm，$[u_1] = 0.0035$mm。按工件公称尺寸 35mm，从表 3-23 查得，分度值为 0.005mm 的比较仪不确定度 u_1 为 0.0030mm，小于允许值 0.0035mm，可满足使用要求。

【例 3-8】 被测工件为 $\phi 45f8^{-0.025}_{-0.064}$Ⓔ，试确定验收极限并选择合适的测量器具，并分析该轴可否使用分度值为 0.01mm 的外径千分尺进行比较法测量验收。

【解】 1) 计算验收极限。该轴精度要求为 IT8 级，采用包容要求，故采用双边内缩的验收极限。由公差与配合标准查得 $\phi 45f8 = \phi 45^{-0.025}_{-0.064}$mm，画出尺寸公差带图，如图 3-30 所示。该工件的公差为 0.039mm，从表 3-21 查得 $A = 0.0039$mm，则

上验收极限 $= d_{max} - A = (45 - 0.025 - 0.0039)$mm $= 44.9711$mm

下验收极限 $= d_{min} - A = (45 - 0.064 + 0.0039)$mm $= 44.9399$mm

2) 选择测量器具。确定测量器具不确定度允许值 $[u_1]$。查表 3-21 可知该工件的测量不确定度的允许值为 $[u_1] = 0.0035$mm。按工件公称尺寸 $\phi 45$mm，从表 3-23 查得，分度值为 0.005mm 的比较仪不确定度 u_1 为 0.0030mm，小于允许值 0.0035mm，可满足使用要求。

3) 当没有比较仪时，由表 3-22 选用分度值为 0.01mm 的外径千分尺，其不确定度 u'_1 为 0.004mm，大于允许值 $[u_1] = 0.0035$mm，显然用分度值为 0.01mm 的外径千分尺采用绝

对测量法，不能满足测量要求。

4) 用分度值为 0.01mm 的外径千分尺进行比较测量时，使用 45mm 量块作为标准器（标准器的形状与轴的形状不相同），千分尺的不确定度可降为原来的 60%，即减小到 0.004mm × 60% = 0.0024mm，小于允许值 [u_1] = 0.0035mm。所以用分度值为 0.01mm 的外径千分尺进行比较测量，是能满足测量精度的。

结论：该轴既可使用分度值为 0.005mm 的比较仪进行比较法测量，也可使用分度值为 0.01mm 的外径千分尺进行比较测量，此时验收极限不变。

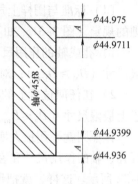

图 3-30　例 3-7 中的尺寸公差带图

3.5.2　光滑极限量规

光滑圆柱体工件的检验可用通用测量器具也可以用光滑极限量规（Plain Limit Gauge）。特别是大批量生产时，通常应用光滑极限量规检验工件。

1. 量规的特点及分类

(1) 光滑极限量规的特点　光滑工件尺寸的检测测量可用光滑极限量规（简称量规）、极限指示计或通用量具量仪。它具有以下特点：

1) 量规是一种没有刻度的专用定值检验工具，其外形与被检验对象相反。例如，检验孔的量规为塞规（Plug Gauge），可认为是按一定尺寸精确制成的轴；检验轴的量规为环规（Ring Gauge）与卡规（Gap Gauge），可认为是按一定尺寸精确制成的孔。

2) 极限量规一般都是成对使用的，分为通规（Go Gauge）与止规（No Go Gauge）。通规的作用是防止工件尺寸超出最大实体尺寸，止规的作用是防止工件尺寸超出最小实体尺寸。因此，通规应按工件最大实体尺寸制成，止规应按工件最小实体尺寸制成。

3) 检验时，如果通规能通过工件，而止规不能通过，则认为工件是合格的。用这种方法检验，能够保证工件的互换性，而且迅速方便。

(2) 光滑极限量规的分类　量规根据其不同用途，分为工作量规、验收量规和校对量规三类。

1) 工作量规。工人在加工时用来检验工件的量规。一般用的通规是新制的或磨损较少的量规。工作量规的通规用代号"T"来表示，止规用代号"Z"来表示。

2) 验收量规。检验部门或用户代表验收工件时用的量规。一般情况下，检验人员用的通规为已使用过的磨损较大但未超过磨损极限的工作量规；用户代表用的是接近磨损极限尺寸的通规，这样由生产工人自检合格的产品，检验部门验收时也一定合格。

3) 校对量规。用以检验轴用工作量规的量规。用来检查轴用工作量规在制造时是否符合制造公差，在使用中是否已达到磨损极限所用的量规。校对量规可分为三种：

① "校通－通"量规（代号为 TT）。检验轴用量规通规的校对量规。

② "校止－通"量规（代号为 ZT）。检验轴用量规止规的校对量规。

③ "校通－损"量规（代号为 TS）。检验轴用量规通规磨损极限的校对量规。

2. 检测原则

当检测目的是判别被测参数是否符合公差要求时，则检测方法应符合公差规定的原则；所用验收方法应只接受位于规定尺寸极限之内的工件。

（1）标准与图样上规定的公差按"极限尺寸判断原则"（泰勒原则） 极限尺寸判断原则的规定（图3-31）如下：

1）孔或轴的作用尺寸不允许超过最大实体尺寸。即对于孔，其作用尺寸应不小于上极限尺寸（$D_M \geq D_{min}$）；对于轴，则应不大于下极限尺寸（$d_M \leq d_{max}$）。

2）在任何位置上的实际尺寸不允许超过最小实体尺寸。即对于孔，其实际尺寸应不大于上极限尺寸（$D_a \leq D_{max}$）；对于轴，则应不小于下极限尺寸（$d_a \geq d_{min}$）。

该原则就是用最大实体极限控制作用尺寸，用最小实体极限控制局部实际尺寸。即要保证孔、轴的作用尺寸和在任何位置上的实际尺寸都必须在最大、最小实体极限之间，如图3-32所示。这样，就把形状误差也控制在尺寸公差带内。它是制定极限量规和光滑工件尺寸检验标准的依据。

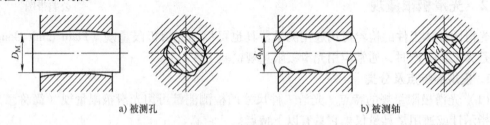

图 3-31 被测孔、轴的作用尺寸与局部尺寸

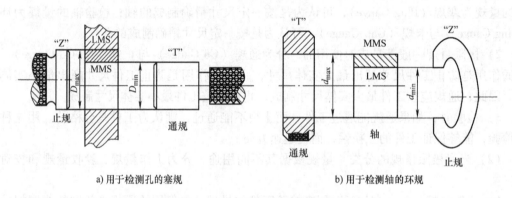

图 3-32 工作量规的检测原理

当用量规检验时：通规用于控制作用尺寸，应为全形量规（具有与被检验孔或轴相对应的完整表面，且长度等于配合长度），其尺寸等于工件的最大实体尺寸。止规用于控制局部实际尺寸，应为非全形量规（测量面为点状，在直径相对两端点上与工件接触），其尺寸等于工件的最小实体尺寸。在实际生产中，由于量规在制造和使用方面的原因，完全按照极限尺寸判断原则往往很困难，有时甚至不能实现。因而允许采用偏离极限尺寸判断原则的量规形式。

采用通用计量器具按两点法测量时：要判断工件是否超过最大实体边界（在最大实体状态下，具有理想形状的边界），理论上应求作用尺寸，而要判断工件是否超过最小实体尺寸，理论上应沿工件表面逐点测量（寻求局部实际尺寸的极限）。这样做是很困难的，因此在国际标准和我国国家标准中，对此都做了一些规定。例如，采用内缩方案来予以适当弥补，同时要求在工艺和测量过程中采用一定技术措施予以改善。

(2) 标准与图样上规定的公差按"独立原则" 此时，实际尺寸与几何误差应分别测量，即用两点法测量工件每一部位的实际尺寸，按几何公差的要求单独测量几何误差。

3. 光滑极限量规的公差

作为量具的光滑极限量规，本身就相当于一个精密工件，制造时和普通工件一样，不可避免地会产生加工误差，同样需要规定制造公差。量规制造公差的大小不仅影响量规的制造难易程度，还会影响被测工件加工的难易程度以及对被测工件的误判。为确保产品质量，国家标准 GB/T 1957—2006 规定量规公差带不得超越工件公差带。

通规由于经常通过被测工件会有较大的磨损，为了延长使用寿命，除规定了制造公差外还规定了磨损公差。磨损公差的大小，决定了量规的使用寿命。

止规不经常通过被测工件，故磨损较少，所以不规定磨损公差，只规定制造公差。

图 3-33 所示为光滑极限量规国家标准规定的量规公差带。工作量规"通规"的制造公差带对称于 Z 值且在工件的公差带之内，其磨损极限与工件的最大实体尺寸重合。

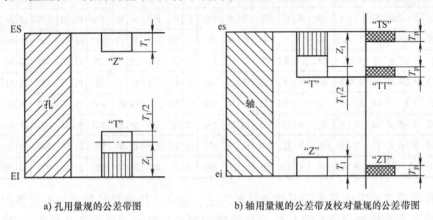

a) 孔用量规的公差带图　　b) 轴用量规的公差带及校对量规的公差带图

图 3-33　工作量规的公差带布置图

工作量规"止规"的制造公差带从工件的最小实体尺寸起，向工件的公差带内分布。

校对量规公差带的分布如下：

(1) "校通-通"量规（TT）　它的作用是防止通规尺寸过小（制造时过小或自然时效时过小）。检验时应通过被校对的轴用通规。其公差带从通规的下极限偏差开始，向轴用通规的公差带内分布。

(2) "校止-通"量规（ZT）　它的作用是防止止规尺寸过小（制造时过小或自然时效时过小）。检验时应通过被校对的轴用止规。其公差带从止规的下极限偏差开始，向轴用止规的公差带内分布。

(3) "校通-损"量规（TS）　它的作用是防止通规超出磨损极限尺寸。检验时，若通过了，则说明所校对的量规已超过磨损极限，应予报废。其公差带从通规的磨损极限开始，向轴用通规的公差带内分布。

国家标准规定了检验各级工件用的工作量规的制造公差"T"和通规公差带的位置要素"Z"值，见表 3-25。表中的"T"和"Z"的数值，是考虑量规的制造工艺水平和使用寿命等因素，按光滑极限量规的制造公差"T"值和通规公差带位置要素"Z"值与工件公差的比例关系表的规定确定的。

表 3-25 IT6~IT14 级工作量规的尺寸公差 T_1 和位置要素 Z_1 值（摘自 GB/T 1957—2006）

（单位：μm）

工件的公称尺寸 D/mm	IT6 孔或轴的公差值	T_1	Z_1	IT7 孔或轴的公差值	T_1	Z_1	IT8 孔或轴的公差值	T_1	Z_1	IT9 孔或轴的公差值	T_1	Z_1	IT10 孔或轴的公差值	T_1	Z_1	IT11 孔或轴的公差值	T_1	Z_1	IT12 孔或轴的公差值	T_1	Z_1	IT13 孔或轴的公差值	T_1	Z_1	IT14 孔或轴的公差值	T_1	Z_1
~3	6	1	1	10	1.2	1.6	14	1.6	2	25	2	3	40	2.4	4	60	3	6	100	4	9	140	6	14	250	9	20
>3~6	8	1.2	1.4	12	1.4	2	18	2	2.6	30	2.4	4	48	3	5	75	4	8	120	5	11	180	7	16	300	11	25
>6~10	9	1.4	1.6	15	1.8	2.4	22	2.4	3.2	36	2.8	5	58	3.6	6	90	5	9	150	6	13	220	8	20	360	13	30
>10~18	11	1.6	2	18	2	2.8	27	2.8	4	43	3.4	6	70	4	8	110	6	11	180	7	15	270	10	24	430	15	35
>18~30	13	2	2.4	21	2.4	3.4	33	3.4	5	52	4	7	84	5	9	130	7	13	210	8	18	330	12	28	520	18	40
>30~50	16	2.4	2.8	25	3	4	39	4	6	62	5	8	100	6	11	160	8	16	250	10	22	390	14	34	620	22	50
>50~80	19	2.8	3.4	30	3.6	4.6	46	4.6	7	74	6	9	120	7	13	190	9	19	300	12	26	460	16	40	740	26	60
>80~120	22	3.2	3.8	35	4.2	5.4	54	5.4	8	87	7	10	140	8	15	220	10	22	350	14	30	540	20	46	870	30	70
>120~180	25	3.8	4.4	40	4.8	6	63	6	9	100	8	12	160	9	18	250	12	25	400	16	35	630	22	52	1000	35	80
>180~250	29	4.4	5	46	5.4	7	72	7	10	115	9	14	185	10	20	290	14	29	460	18	40	720	26	60	1150	40	90
>250~315	32	4.8	5.6	52	6	8	81	8	11	130	10	16	210	12	22	320	16	32	520	20	45	810	28	66	1300	45	100
>315~400	36	5.4	6.2	57	7	9	89	9	12	140	11	18	230	14	25	360	18	36	570	22	50	890	32	74	1400	50	110
>400~500	40	6	7	63	8	10	97	10	14	155	12	20	250	16	28	400	20	40	630	24	55	970	36	80	1550	55	120

国家标准规定的工作量规的形状和位置误差，应在工作量规的尺寸公差范围内。工作量规的几何公差为量规制造公差的 50%。当量规的制造公差小于或等于 0.002mm 时，其几何公差为 0.001mm。

标准还规定校对量规的制造公差 T_p 为被校对的轴用工作量规的制造公差 T 的 50%，其几何公差应在校对量规的制造公差范围内。

由此可知，工作量规的公差带完全位于工件极限尺寸范围内，校对量规的公差带完全位于被校对量规的公差带内。从而保证了工件符合"公差与配合"国家标准的要求，但是相应地缩小了工件的制造公差，给生产加工带来了困难，并且还容易把一些合格品误判为废品。

4. 量规的设计步骤及极限尺寸计算

（1）量规形式的选择 检验圆柱形工件的光滑极限量规的形式很多。合理地选择与使用，对正确判断检验结果影响很大。按照国家标准推荐，检验孔时，可用如图 3-34a 所示的量规：全形塞规、不全形塞规、片状塞规、球端杆规。检验轴时，可用如图 3-34b 所示的量规：环规和卡规。

上述各种形式的量规及应用尺寸范围，可供设计时参考。具体结构形式参考标准 GB/T 10920—2008 及有关资料。

（2）量规极限尺寸的计算 光滑极限量规的尺寸及偏差计算步骤如下：

1）查出被测孔和轴的极限偏差。

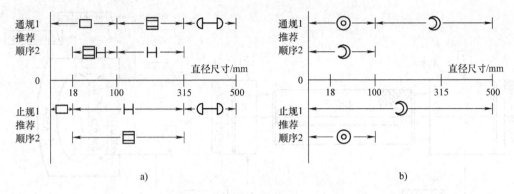

图 3-34 量规形式及应用尺寸范围

2) 查出工作量规的尺寸公差 T 和位置要素 Z 值。
3) 确定工作量规的形状公差。
4) 确定校对量规的制造公差。
5) 计算在图样上标注的各种尺寸和偏差。

(3) 量规的技术要求　量规的测量面不应有锈蚀、毛刺、黑斑、划痕等明显影响使用的外观缺陷。其他表面不应有锈蚀和裂纹。塞规的测头与手柄的连接应牢固可靠，在使用过程中不应松动。在量规的非测量面上应标出制造商厂标、被检工件的公称尺寸、公差代号和量规的用途代号。

量规测量面的表面粗糙度参数值取决于被检验工件的公称尺寸、公差等级和表面粗糙度参数值及量规的制造工艺水平。一般不低于光滑极限量规国家标准推荐的表面粗糙度参数值（表 3-26）。

表 3-26　量规测量面粗糙度参数值（摘自 JJG 343—2012）

工作量规	工作量规的公称尺寸 D/mm		
	$D \leqslant 120$	$120 < D \leqslant 315$	$315 < D \leqslant 500$
	工作量规测量面的表面粗糙度 Ra 值/μm（不低于）		
IT6 级孔用量规	0.05	0.10	0.20
IT6 ~ IT9 级轴用量规 IT7 ~ IT9 级孔用量规	0.10	0.20	0.40
IT10 ~ IT12 级孔、轴用量规	0.20	0.40	0.80
IT13 ~ IT16 级孔、轴用量规	0.40	0.80	0.80

注：校对量规测量面的表面粗糙度值比被校对的轴用量规测量面的表面粗糙度值略高一级。

(4) 工作量规图样的标注　工作量规图样的标注如图 3-35 所示。

【例 3-9】　试设计 $\phi 30H7/p6$ 配合中孔和轴用工作量规的工作尺寸，画出公差带图解，并将尺寸标注在设计图中。

【解】　1) 查表（表 3-25 或表 3-1、表 3-5、表 3-6）确定被检验的孔和轴的公差和基本偏差，求出另一极限偏差。

$\phi 30H7$ 孔：IT7 = 0.021mm, EI = 0, ES = +0.021mm;

$\phi 30p6$ 轴：IT6 = 0.013mm, ei = +0.022mm, es = +0.035mm。

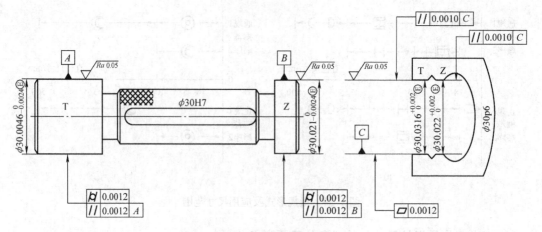

图 3-35 量规标注图例

2）画出孔、轴的尺寸公差带图解，并布置量规的公差带（图 3-36），查表 3-25 确定工作量规的尺公差和通规的位置要素。

孔用塞规：$T_1 = 2.4\mu m = 0.0024mm$，$Z_1 = 3.4\mu m = 0.0034mm$；

轴用卡规：$T_1 = 2\mu m = 0.002mm$，$Z_1 = 2.4\mu m = 0.0024mm$。

3）计算量规的通规及止规的极限偏差和工作尺寸。

孔用塞规：

通规"T"：上极限偏差 $= EI + Z_1 + T_1/2 = (0 + 0.0034 + 0.0024/2)mm = +0.0046mm$

下极限偏差 $= EI + Z_1 - T_1/2 = (0 + 0.0034 - 0.0024/2)mm = +0.0022mm$

工作尺寸为 $\phi 30^{+0.0046}_{+0.0022}mm$，工艺尺寸为 $\phi 30.0046^{0}_{-0.0024}mm$。

止规"Z"：上极限偏差 $= ES = +0.021mm$

下极限偏差 $= ES - T_1 = (+0.021 - 0.0024)mm = +0.0186mm$

工作尺寸为 $\phi 30^{+0.021}_{+0.0186}mm$，工艺尺寸为 $\phi 30.021^{0}_{-0.0024}mm$。

轴用卡规：

通规"T"：上极限偏差 $= es - Z_1 + T_1/2 = (+0.035 - 0.0024 + 0.002/2)mm = +0.0336mm$

下极限偏差 $= es - Z_1 - T_1/2 = (+0.035 - 0.0024 - 0.002/2)mm = +0.0316mm$

工作尺寸为 $\phi 30^{+0.0336}_{+0.0316}mm$，工艺尺寸为 $\phi 30.0316^{+0.002}_{0}mm$。

止规"Z"：上极限偏差 $= ei = +0.022mm$

下极限偏差 $= ei + T_1 = (+0.022 + 0.002)mm = +0.024mm$

工作尺寸为 $\phi 30^{+0.024}_{+0.022}mm$，工艺尺寸为 $\phi 30.022^{+0.002}_{0}mm$。

校通-通"TT"：下极限偏差 = 轴用量规通规的下极限偏差 $= +0.0316mm$

上极限偏差 = 轴用量规通规的下极限偏差 $+ T_P = (0.0316 + 0.002/2)mm = +0.0326mm$

校止-通"ZT"：下极限偏差 $= ei = +0.022mm$

上极限偏差 $= ei + T_P = (+0.022 + 0.002/2)mm = +0.023mm$

校通-损"TS"：上极限偏差 $= es = +0.035mm$

下极限偏差 $= es - T_P = +0.034mm$

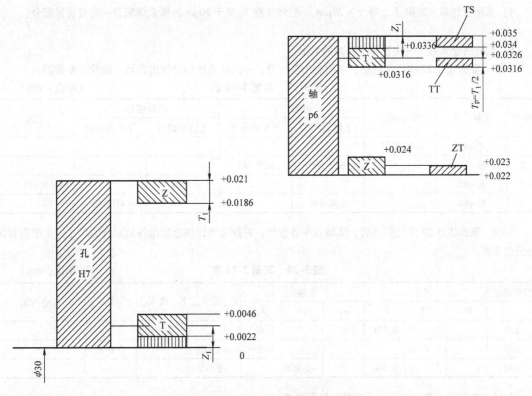

图 3-36 例 3-9 中工作量规的公差带图

思考与习题

3-1 公称尺寸与极限尺寸，实际尺寸与作用尺寸有何区别和联系？

3-2 尺寸公差、极限偏差和实际偏差有何区别和联系？

3-3 配合分为几类？各种配合中孔、轴公差带的相对位置分别有什么特点？配合公差等于相互配合的孔轴公差之和说明了什么？

3-4 什么叫标准公差？什么叫基本偏差？它们与公差带有何联系？

3-5 什么是标准公差因子？为什么要规定公差因子？

3-6 试分析尺寸分段的必要性和可能性。

3-7 什么是基准制？为什么要规定基准制？

3-8 计算孔的基本偏差为什么有通用规则和特殊规则之分？它们分别是如何规定的？

3-9 为什么优先采用基孔制？在什么情况下采用基轴制？

3-10 公差等级的选用应考虑哪些问题？

3-11 间隙配合、过盈配合与过渡配合各适用于什么场合？每类配合在选定松紧程度时应考虑哪些因素？

3-12 判断题

1）过渡配合的孔、轴结合，由于有些可能得到间隙，有些可能得到过盈，因此过渡配合可能是间隙配合，也可能是过盈配合。（   ）

2）孔与轴的加工精度越高，其配合精度越高。（   ）

3）一般来说，零件的实际尺寸越接近公称尺寸越好。（   ）

4）某配合的最大间隙 X_{max} 等于 +20μm，配合公差 T_f 等于 30μm，那么该配合一定是过渡配合。（   ）

5）配合的松紧程度取决于标准公差的大小。（   ）

3-13 根据表 3-27 中已知数据，填写表中各空格，并按适当比例绘制出各孔、轴的公差带图。

表 3-27 习题 3-13 表　　　　　　　　　　　　　　（单位：mm）

序号	公称尺寸	尺寸标注	极限尺寸		极限偏差		公差
			上极限尺寸	下极限尺寸	上极限偏差	下极限偏差	
1	孔 $\phi 45$	$\phi 45^{+0.039}_{0}$					
2	轴 $\phi 30$		$\phi 29.980$	$\phi 29.947$			
3	孔 $\phi 15$				+0.017		0.011
4	轴 $\phi 60$		$\phi 60.046$			+0.011	

3-14 根据表 3-28 中已知数据，填写表中各空格，并按适当比例绘制出各对配合的尺寸公差带图和配合公差带图。

表 3-28 习题 3-14 表　　　　　　　　　　　　　　（单位：mm）

公称尺寸	孔			轴			X_{max} 或 Y_{min}	Y_{max} 或 X_{min}	T_f	配合性质
	ES	EI	T_h	es	ei	T_s				
$\phi 25$			0.021	0		0.013		−0.048		
$\phi 50$		0			0.039		+0.103		0.078	
$\phi 80$			0.046	0	−0.030		+0.035			

3-15 查有关表格确定下列公差带的极限偏差。
1）$\phi 50d8$　　2）$\phi 90r8$　　3）$\phi 40n6$
4）$\phi 40R7$　　5）$\phi 50D9$　　6）$\phi 30M7$

3-16 某配合的公称尺寸是 $\phi 50mm$，要求装配后的间隙在 +0.018 ~ +0.090mm 范围内，试按照基孔制确定它们的配合代号。

3-17 试计算孔 $\phi 35^{+0.025}_{0}$ mm 与轴 $\phi 35^{+0.033}_{+0.017}$ mm 配合中的极限间隙（或极限过盈），并指明配合性质。

3-18 $\phi 18M8/h7$ 和 $\phi 18H8/js7$ 中孔、轴的公差 IT7 = 0.018 mm，IT8 = 0.027 mm，$\phi 18M8$ 孔的基本偏差为 +0.002mm，试分别计算这两个配合的极限间隙或极限过盈，并分别绘制出它们的孔、轴公差带示意图。

3-19 误收和误废是怎样造成的？

3-20 在 CA6140 车床上加工下列零件，试确定其验收极限，并选择计量器具。
1）$\phi 50f8$ $\left(^{-0.025}_{-0.064}\right)$ Ⓔ。
2）$\phi 100H13$ $\left(^{+0.540}_{0}\right)$，轴向长度为 20mm。
3）$\phi 80e10$ $\left(^{-0.060}_{-0.180}\right)$ Ⓔ，轴向长度为 50mm。

3-21 光滑极限量规有何特点？如何用它检验工件是否合格？

3-22 量规分为哪几类？各有何用途？孔用工作量规为何没有校对量规？

3-23 确定 $\phi 18H7/p6$ 孔、轴用工作量规及校对量规的尺寸并画出量规的公差带图。

3-24 有一配合 $\phi 45H8/f7$，试用泰勒原则分别写出孔、轴尺寸的合格条件。

英文阅读扩展

ISO System of Limits and Fits
Introduction

The need for limits and fits for machined workpieces was brought about mainly by the inherent inaccuracy of manufacturing methods, coupled with the fact that "exactness" of size was found to be unnecessary for most workpieces features. In order that fit function could be satisfied, it was found sufficient to manufacture a given workpiece so that its size lay within two permissible limits, i. e. a tolerance, this being the variation in size acceptable in manufacture.

Similarly, where a specific fit condition is required between mating features of two different workpieces, it is necessary to ascribe an allowance, either positive or negative, to the nominal size to achieve the required clearance or interference. The part of ISO 286 gives the internationally accepted code system for tolerances on linear sizes. It provides a system of tolerances and deviations suitable for two types of feature: "cylinder" and "two parallel opposite surfaces". The main intention of the code system is the fulfillment of the function fit.

In many cases, the diameter tolerances according to this part of ISO 286 are not sufficient for an affective control of the intended function of the fit. The envelope criterion according to ISO 14405 - 1 may be required. In addition, the use of geometrical form tolerances and surface texture requirements may improve the control of the intended function.

Basic terminology

For the purposes of this International Standard, the following terms and definitions apply. It should be noted, however, that some of the terms are defined in a more restricted sense than in common usage.

- **feature of size**: geometrical shape defined by a linear or angular dimension which is a size.
- **nominal integral feature**: theoretically exact integral feature as defined by a technical drawing or by other means.
- **hole**: internal feature of size of a workpiece, including internal features of size which are not cylindrical.
- **basic hole**: hole chosen as a basis of a hole - basis fits system.
- **shaft**: external feature of size of a workpiece, including external features of size which are not cylindrical.
- **basic shaft**: shaft chosen as a basis of a shaft - basis fits system.

Terminology related to tolerances and deviations

- **nominal size**: size of a feature of perfect form as defined by the drawing specification.
- **actual size**: size of the associated integral feature.
- **limits of size**: extreme permissible sizes of a feature of size.
  - **upper limit of size (ULS)**: the largest permissible size of a feature of size.
  - **lower limit of size (LLS)**: the smallest permissible size of a feature of size.
- **deviation**: value minus its reference value. For size deviations, the reference value is the nominal size and the value is the actual size.
- **limit deviation**: upper limit deviation or lower limit deviation from nominal size.
- **upper limit deviation** (ES, es): upper limit of size minus nominal size. ES (to be used for internal feature of size), es (to be used for external feature of size).
- **lower limit deviation (EI, ei)**: lower limit of size minus nominal size. EI (to be used for in-

ternal feature of size), ei (to be used for external feature of size).

- **fundamental deviation**: limit deviation that defines the placement of the tolerance interval in relation to the nominal size.
- **Δvalue**: variable value added to a fixed value to obtain the fundamental deviation of an internal feature of size.
- **tolerance**: difference between the upper limit of size and the lower limit of size.
- **tolerance limits**: specified values of the characteristic giving upper and/or lower bounds of the permissible value.
- **standard tolerance (IT)**: any tolerance belonging to the ISO code system for tolerances on linear sizes.
- **standard tolerance grade**: group of tolerances for linear sizes characterized by a common identifier.
- **tolerance interval**: variable values of the size between and including the tolerance limits. As the former term "tolerance zone".
- **tolerance class**: combination of a fundamental deviation and a standard tolerance grade.

Terminology related to fits

- **clearance**: difference between the sizes of the hole and the shaft when the diameter of the shaft is smaller than the diameter of the hole.
- **minimum clearance**: in a clearance fit, difference between the lower limit of size of the hole and the upper limit of size of the shaft.
- **maximum clearance**: in a clearance or transition fit, difference between the upper limit of size of the hole and the lower of size of the shaft.
- **interference**: difference between the sizes of the hole and the shaft, when the diameter of the shaft is larger than the diameter of the hole.
- **minimum interference**: in an interference fit, difference between the upper limit of size of the hole and the lower limit of size of the shaft.
- **maximum interference**: in an interference or transition fit, difference between the lower limit of size of the hole and the upper limit of size of the shaft.
- **fit**: relationship between an external feature of size and an internal feature of size (the hole and the shaft) which are to be assembled.
- **clearance fit**: fit that always provides a clearance between the hole and shaft when assembled, i. e. the lower size of the hole is either larger than or, in the extreme case, equal to he upper limit of size of the shaft.
- **interference fit**: fit that always provides a interference between the hole and shaft when assembled, i. e. the upper size of the hole is either smaller than or, in the extreme case, equal to the lower limit of size of the shaft.
- **transition fit**: fit which may provide either a clearance or an interference between the hole and shaft when assembled.
- **span of a fit**: arithmetic sum of the size tolerances on two features of size comprising the fit.

Terminology related to fits

- **ISO fit system**: system of fits comprising shafts and holes tolerance by the ISO code system for tolerances on linear sizes..
- **hole – basis system of fits**: fits where the fundamental deviation of the hole is zero, i. e. the lower limit deviation is zero.
- **shaft – basis system of fits**: fits where the fundamental deviation of the shaft is zero, i. e. the upper limit deviation is zero.

Designation of the tolerance class

The tolerance class shall be designated by the combination of an upper – case letter (s) for holes and lower – case letter (s) for shafts identifying the fundamental deviation and by the number representing the standard tolerance grade.

A size and its tolerance shall be designation by the nominal size followed by the designation of the required tolerance class, or shall be designated by the nominal size followed by + and/or – limit deviations (see ISO 14405 – 1).

In the following examples the indicated limit deviations are equivalent to the indicated tolerance classes.

EXAMPLE 1

ISO 286		ISO 14405 – 1
32H7	=	$32^{+0.025}_{0}$
80js15	=	80 ± 0.6
100g6Ⓔ	=	$100^{-0.012}_{-0.034}$Ⓔ

Designation of fits

A fit between mating features shall be designated by

— the common nominal size;
— the tolerance class for the hole;
— the tolerance class for the shaft.

EXAMPLE2   52H7/g6Ⓔ or $52\dfrac{H7}{g6}$Ⓔ

Selection of the fit system

The first decision to be made is whether to adapt the "hole – basis fit system" (hole H) or the "shaft – basis fit system" (shaft h). However, it has to be noted, that there are no technical differences regarding the function of the parts. Therefore the choice of the system should be based on economic reasons.

The "hole – basis fit system" should be Chosen for general use. This choice would avoid an unnecessary multiplicity of tools and gauges.

The "shaft – basis fit system" should only be used where it will convey unquestionable economical advantages (e. g. where it is necessary to be able to mount several parts with holes having different deviations on a singe shaft of drawn steel bar without machining the latter).

Determination of a fit

There are two possibilities to determine a fit. Determination of a fit either by experience or by calculating the permissible clearances and/or interferences derived from the functional requirements and the production possibilities of the mating parts.

- **Practical recommendations for determining a fit**

There are more characteristics than the sizes of the mating parts and their tolerances, which influence the function of a fit. In order to give a complete technical definition of a fit, further influences shall be taken into consideration.

Further influences may be, for example, form, orientation and location deviations, surface texture, density of the material, operating temperatures, heat treatment and material of the mating parts.

Form, orientation and location tolerances may be needed as a supplement to the size tolerances on the mating features of size in order to control the intended function of the fit.

- **Determination of a specific fit by experience**

Based on the decision taken, the tolerance grades and the fundamental deviation (placement of tolerance interval) should then be chosen for the hole and the shaft to give the corresponding minimum and maximum clearances or interferences that best meet the required conditions of use.

Plain limit gauge

- **Terms and definitions**

Plain limit gauge: physical limit gauge with only one or two gauge elements, each one simulating a perfect feature of size whose the size is derived from upper or lower specification limits of the size of a feature of size.

GO gauge: gauge designed to verify the size of the workpiece relative to maximum material size according to dimensional specification.

NO GO gauge: gauge designed to verify the size of the workpiece relative to least material size according to dimensional specification.

- **General principles**

To verify, by gauging, a size specification defined by a bilateral tolerance for a workpiece feature of size according to the indicated specification operator on the technical product documentation, two gauges are used, a GO gauge according to the type of size indicated by the specification operator and a NO GO gauge according to the type of size indicated by the specification operator.

The GO gauge passes into/over the workpiece feature without using excessive force. The gauge passes the total length of the feature. The NO GO gauge does not pass into/over the workpiece feature without using excessive force.

The limit gauging is not a technique used in a measurement process to give a numerical value of a characteristic. It is a technique used in a checking process to provide only one out of two possible results (Yes/No, GO/NO GO, Accepted/Not accepted, etc.).

第4章 几何精度的控制与评定

知识引入

加工后的机械零件不仅会有尺寸误差,同时还会有几何误差,这些误差的存在同样会对零件的装配性、结构强度、接触刚度、运动精度等方面造成影响,显然只控制零件的尺寸误差是不够的。为了保证机械产品的质量,对零件进行合理的几何精度设计,正确选择几何公差是必要的。了解几何误差的形成,理解并掌握几何公差带特征,是学习几何精度控制与评定的关键。

4.1 概述

4.1.1 几何误差产生的原因及其对零件使用性能的影响

设计时,图样上给出的零件都是由具有理想形状、方向及位置的尺寸要素构成的。在加工过程中,由于机床、夹具、刀具和零件所组成的工艺系统本身具有一定的误差,以及受应力变形、热变形、振动、磨损等各种因素的影响,零件加工后各尺寸要素的形状、方向以及相对位置会偏离理想状态而产生误差,这种误差称为几何误差(Geometric Error)。

几何误差对零件使用性能的影响可归纳为以下几个方面。

(1) 影响可装配性 例如,箱盖、法兰盘等零件上各螺纹孔的位置误差,将影响可装配性。

(2) 影响配合性质 例如,轴和孔结合面的形状误差,在间隙配合中,会使间隙大小分布不均匀,有相对运动时会加速局部磨损,使运动不平衡;在过盈配合中,则会使各处的过盈量分布不均匀,影响连接强度。

(3) 影响工作精度 例如,车床床身导轨的直线度误差,会影响床鞍的运动精度;车床主轴两支承轴颈的几何误差,将影响主轴的回转精度;齿轮箱上各轴承孔的位置误差,会影响齿轮齿面载荷分布的均匀性和齿侧间隙。

(4) 影响其他功能 例如,液压系统中零件的形状误差会影响密封性;承载负荷零件结合面的几何误差会减小实际接触面积,从而降低接触刚度及承载能力。

4.1.2 基本术语和定义

任何机械零件都是由点、线、面组合构成的,几何公差的研究对象就是构成零件几何特征的点、线、面,统称几何要素(Geometric Feature)。图4-1所示的零件就是由多种几何要素构成的。

在表示几何精度时,这些几何要素可以被定义为:

(1) 被测要素（Toleranced Feature） 即图样中给出了几何公差要求的要素，是测量的对象，如图 4-2a 中 ϕ16H7 孔的轴线、图 4-2b 中的上平面。

(2) 基准要素（Datum Feature） 即用来确定被测要素方向和位置的要素。基准要素在图样上都标有基准符号或基准代号，如图 4-2a 中 ϕ30h6 的轴线、图 4-2b 中的下平面。

(3) 单一要素（Single Feature） 单一要素是指仅对被测要素本身给出形状公差要求的要素。

(4) 关联要素（Related Feature） 即与零件基准要素有功能要求的要素。如图 4-2a 中 ϕ16H7 孔的轴线，相对于 ϕ30h6 圆柱面轴线有同轴度公差要求，此时 ϕ16H7 的轴线属于关联要素。同理，图 4-2b 中上平面相对于下平面有平行度要求，故上平面属于关联要素。

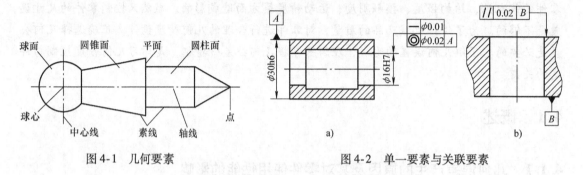

图 4-1　几何要素　　　　　图 4-2　单一要素与关联要素

4.1.3　几何公差符号及解释

GB/T 1182—2008 规定了 19 个几何公差（几何特征）（Geometric Tolerance/Geometric Characteristic）项目，各项目的名称及其符号见表 4-1。几何公差的附加符号见表 4-2。几何公差项目划分为形状公差、方向公差、位置公差和跳动公差四类。形状公差无基准要求，方向公差、位置公差和跳动公差一般都有基准要求（位置度公差可无基准要求）。线轮廓度和面轮廓度公差按功能要求不同（有无基准要求），可分别属于形状公差、方向公差或位置公差。

表 4-1　几何公差项目及其符号

公差类型	几何公差	符号	有无基准
形状公差 （Form Tolerance）	直线度（Straightness）	─	无
	平面度（Flatness）	▱	无
	圆度（Roundness）	○	无
	圆柱度（Cylindricity）	⌭	无
	线轮廓度（Line Profile）	⌒	无
	面轮廓度（Surface Profile）	⌓	无
方向公差 （Orientation Tolerance）	平行度（Parallelism）	∥	有
	垂直度（Perpendicularity）	⊥	有
	倾斜度（Angularity）	∠	有
	线轮廓度（Line Profile）	⌒	有
	面轮廓度（Surface Profile）	⌓	有

（续）

公差类型	几何公差	符号	有无基准
位置公差 (Location Tolerance)	位置度 (Position)	⊕	有或无
	同心度 (Concentricity) (用于中心点)	◎	有
	同轴度 (Coaxiality) (用于轴线)	◎	有
	对称度 (Symmetry)	═	有
	线轮廓度 (Line Profile)	⌒	有
	面轮廓度 (Surface Profile)	⌒	有
跳动公差 (Run-out Tolerance)	圆跳动 (Circular Run-out)	↗	有
	全跳动 (Total Run-out)	↗↗	有

表 4-2　几何公差的附加符号

说明	符号	说明	符号
被测要素 (Toleranced Feature)		自由状态条件（非刚性零件） [Free State Conditions (Non-rigid parts)]	Ⓕ
		全周（轮廓） [All Round (Profile)]	⌀
基准要素 (Datum Feature)		包容要求 (Envelope Requirement)	Ⓔ
		公共公差带 (Common Zone)	CZ
基准目标 (Datum Target)	φ2/A1	小径 (Minor Diameter)	LD
		大径 (Major Diameter)	MD
理论正确尺寸 (Theoretically Exact Dimension)	50	中径、节径 (Pitch Diameter)	PD
延伸公差带 (Projected Tolerance Zone)	Ⓟ	线素 (Line Element)	LE
最大实体要求 (Maximum Material Requirement)	Ⓜ	不凸起 (Not Convex)	NC
最小实体要求 (Least Material Requirement)	Ⓛ	任意横截面 (Any Cross-Section)	ACS

4.1.4　几何公差带

几何公差带（Geometric Tolerance Zone）是由一个或几个理想的几何线或面所限定的，由线性公差值表示其大小的区域。它是限制被测要素变动的区域。被测要素若全部位于给定的公差带内，就表示被测要素符合设计要求，反之则不合格。除非有进一步限制的要求，如标有附加性说明（如 NC），被测要素在公差带内可以具有任何形状、方向或位置。几何公差带具有形状、大小、方向和位置四个要素。

1. 公差带的形状

公差带的形状取决于被测要素的公称要素和设计要求。为了满足不同的设计要求，国家标准规定了九种主要的公差带形状，见表 4-3。

表 4-3 几何公差带的主要形状

序号	公差带	公差带形状	序号	公差带	公差带形状
1	两平行直线之间的区域		6	一个圆柱面内的区域	
2	两等距曲线之间的区域		7	两同轴线圆柱面之间的区域	
3	两同心圆之间的区域		8	两平行平面之间的区域	
4	一个圆内的区域		9	两等距曲面之间的区域	
5	一个球内的区域				

2. 公差带的大小

公差带的大小一般是指公差带的宽度或直径，它们取决于图样上给定的几何公差。若公差带为圆柱形或圆形，公差值前面应标注符号"ϕ"；若公差带为圆球形，公差值前面应标注"$S\phi$"。

3. 公差带的方向

公差带的方向是指公差带的宽度或直径方向，通常是被测要素指引线箭头所指的方向（图 4-3a）。对于方向、位置和跳动公差带，其方向与基准保持图样上给定的几何关系（图 4-3b）。

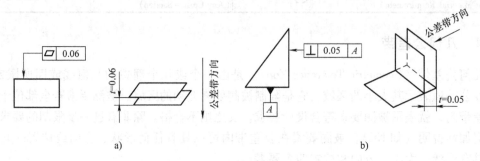

图 4-3 几何公差带的方向

4. 公差带的位置

公差带的位置可分为固定的和浮动的两种。

（1）位置固定的公差带　对于定向位置公差带，强调的是相对于基准的方向关系，其对实际要素的位置是不做控制的，而是由相对于基准的尺寸公差或理论正确尺寸控制。对于定位位置公差带，强调的是相对于基准的位置（其必包含方向）关系，公差带的位置固定，由基准与相对于基准的理论正确尺寸共同确定。

（2）位置浮动的公差带　对于形状公差带，只是用来限制被测要素的形状误差，本身不做位置要求，只要求形状公差带在尺寸公差带内便可，允许在此范围内任意浮动。

4.1.5　几何误差的检测与验证

由于被测零件的结构特点、尺寸大小和精度要求以及检测设备条件等不同，同一几何公差项目可以用不同的检测方法来检测。为了正确地测量几何误差，合理选择检测方案，GB/T 1958—2017《产品几何技术规范（GPS）几何公差 检测与验证》中做出了新的检测与验证规定。

几何误差的检测与验证过程主要包括：

1）确认工程图样和/或技术文件中的几何公差规范。

2）制定并实施检测与验证规范或检验操作集（详见国家标准 GB/T 1958—2017）。

3）评估测量不确定度。

4）测量结果合格性评定。

1. 检测条件

在实际的检测与验证规范中，所有偏离规定条件并可能影响测量结果的因素均应在测量不确定度评估时考虑，主要表现为：

1）几何误差检测与验证时默认的检测条件为：

① 标准温度为 20℃。

② 标准测量力为 0N。

若测量环境的温度、测量力与标准检测条件不一致，需在测量不确定度评估时考虑。

2）测量环境的洁净度、湿度、被测件的重力等因素对测量结果造成影响，应在测量不确定度评估时考虑。

3）几何误差检测与验证时，除非另有规定，表面粗糙度、划痕、擦伤、塌边等外观缺陷的影响应排除在外。

2. 几何误差的检验操作

几何误差的检验操作主要体现在被测要素的获取过程和基准要素的体现过程（针对有基准要求的方向公差或位置公差）。在被测要素和基准要素的获取过程中需要采用分离、提取、滤波、拟合、组合、构建等操作，如图 4-4 所示。

在对被测要素和基准要素进行提取操作时，要规定提取的点数、位置及分布方式，并对提取方案可能产生的不确定度予以考虑。常见的要素提取操作方案如图 4-5 所示。

3. 测量不确定度

为了方便日常检测操作，可根据公差等级确定目标不确定度。表 4-4 列出了目标不确定度最大允许值的推荐参考值，并根据检测要求验证测量不确定度的最大允许值——目标不确

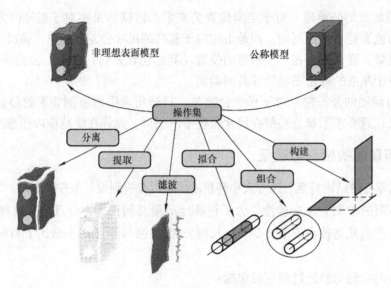

图 4-4 几何误差的检验操作集

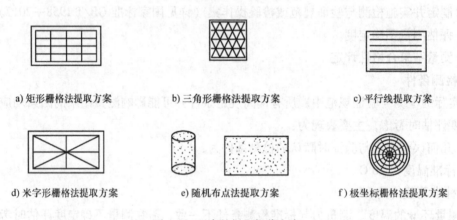

图 4-5 要素的提取操作方案

定度的适宜性。

表 4-4 测量不确定度最大允许值（目标不确定度）的推荐参考值

被测要素的公差等级	0	1	2	3	4	5	6	7	8	9	10	11	12
目标不确定度		33%			25%		20%		16%		12.5%		10%

注：1. 公差等级见 GB/T 1184—1996 附录 B。

2. 目标不确定度按其占相应规范的百分比计算。

在考虑测量不确定度分量来源时，应考虑以下四个方面：

1) 计量器具引入的不确定度分量。

2) 测量对象引入的不确定度分量。

3) 测量条件引入的不确定度分量。

4) 测量方法引入的不确定度分量。

测量不确定度的评估值应接近且小于目标不确定度，并依此进行调整、优化和确定检测过程及方案，以降低检测成本。

4. 合格评定

合格评定是对测量结果与几何公差规范符合性的评价过程，在进行合格评定时，应考虑测量不确定度的影响，当测量不确定度的评估值不大于工程图样给定公差值或最大允许偏差的 33% 时，一般可忽略其对测量值的影响。

4.1.6 几何误差的评定原则

1. 形状误差评定

几何误差是指被测实际要素对其公称要素的变动量。几何误差值若小于或等于相应的几何公差值，则认为被测要素合格。公称要素的位置应符合最小条件，即公称要素处于符合最小条件的位置时，实际单一要素对公称要素的最大变动量为最小。如图 4-6a 所示，评定给定平面内的直线度误差时，理想直线可能的方向为 $A_1—B_1$，$A_2—B_2$，$A_3—B_3$，相应评定的直线度误差值分别为 h_1，h_2，h_3。为了对评定的形状误差有一确定的数值，规定被测实际要素与其公称要素间的相对关系应符合最小条件。显然，理想直线应选择符合最小条件的方向 $A_1—B_1$，h_1 即为实际被测直线的直线度误差值，应小于或等于给定的公差值。

对于任意方向的直线度误差，如图 4-6b 所示，直径为 ϕd_1 和 ϕd_2 的圆柱面都是公称要素可能的位置，实际要素相应的最大变动量分别为 L_1 和 L_2，其中 $L_1 < L_2$，因此直径为 ϕd_1 的圆柱面符合最小条件，所以 ϕd_1 为该要素的直线度误差。

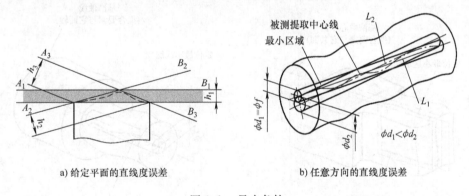

a) 给定平面的直线度误差   b) 任意方向的直线度误差

图 4-6 最小条件

评定形状误差时，按最小条件的要求，用最小包容区域的宽度或直径来评定形状误差值。所谓最小包容区域，是指包容实际被测要素时具有最小宽度或直径的包容区域。各个形状误差项目的最小包容区域的形状分别与各自的公差带形状相同，但前者的宽度或直径由实际被测要素本身决定。此外，在满足零件功能要求的前提下，也允许采用其他评定方法来评定形状误差值。

2. 方向误差的评定

如图 4-7 所示，评定方向误差时，公称要素相对于基准应保持图样上给定的几何关系，即平行、垂直或倾斜于某一理论正确角度，按实际被测要素对公称要素的最大变动量为最小构成最小包容区域。方向误差值用对基准保持所要求方向的定向最小包容区域的宽度 f 或直

径 ϕf 来表示。定向最小包容区域的形状与方向公差带的形状相同，但前者的宽度或直径由实际被测要素本身决定。

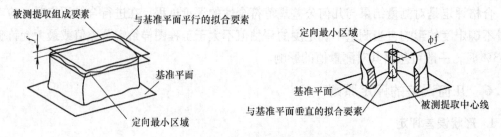

图 4-7 定向最小包容区域

3. 位置误差的评定

评定位置误差时，公称要素相对于基准的位置由理论正确尺寸来确定。以公称要素的位置为中心来包容实际被测要素时，应使之具有最小宽度或最小直径，来确定定位最小包容区域。位置误差值的大小用定位最小包容区域的宽度 f 或直径 ϕf 来表示。定位最小包容区域的形状与位置公差带的形状相同。图 4-8a 所示的面对面的对称度误差，就是包容被测提取中心面，与基准中心平面对称，且距离为最小的两平行平面间的距离，即 f。如图 4-8b 所示，同轴度误差就是包容被测提取中心线，与基准轴线同轴，且直径为最小的圆柱面的直径 ϕf。

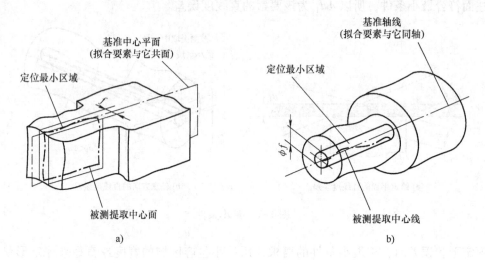

a) b)

图 4-8 定位最小包容区域

4.2 几何公差的标注方法

4.2.1 几何公差代号

1. 公差框格（Tolerance Frame）

如图 4-9 所示，公差框格在图样上一般应水平放置，若有必要，也允许竖直放置。对于水平放置的公差框格，应由左往右依次填写几何特征符号、公差值及有关符号、基准字母及有关符号。基准可多至三个，但先后有别，基准字母代号前后排列不同将有不同的含义。对于竖直放置的公差框格，应该由下往上填写有关内容，公差框格的个数（2～5个）由需要填写的内容决定。

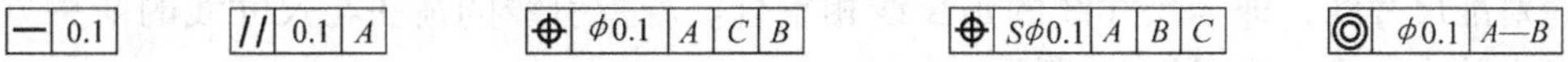

| — | 0.1 | | // | 0.1 | A | | ⌖ | φ0.1 | A | C | B | | ⌖ | Sφ0.1 | A | B | C | | ◎ | φ0.1 | A—B |

图4-9　公差框格的标注（一）

当某项公差应用于几个相同要素时，应在公差框格的上方被测要素的尺寸之前注明要素的个数，并在两者之间加上符号"×"（图4-10）。如果某个要素需要给出几种特征的公差，可将一个公差框格放在另一个的下面，如图4-11所示。

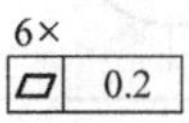

图4-10　公差框格的标注（二） 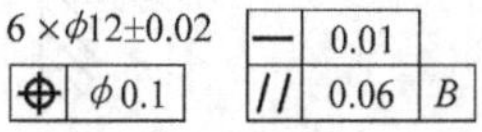　　　　图4-11　公差框格的标注（三）

2. 基准（Datum）

与被测要素相关的基准用一个大写字母表示，字母填写在方格内，与一个涂黑的或空白的三角形相连（图4-12）；表示基准的同一字母还应标注在公差框格内。涂黑的基准三角形和空白的基准三角形含义相同。

图4-12　基准符号

单一基准要素的名称用大写拉丁字母 A，B，C 等表示。为不致引起误解，字母 E、F、I、J、M、O、P、R 不得采用。公共基准名称由组成公共基准的两基准名称字母，在中间加一横线组成。采用三基面体系来确定要素间的相对位置，应将三个基准按第一基准、第二基准和第三基准的顺序从左至右分别标注在各方格中，而不一定是按 A，B，C 等字母的顺序排列。三个基准面的先后顺序是根据零件的实际使用情况，按一定的工艺要求确定的。通常第一基准选取最重要的表面，加工或安装时由三点定位，其余依次为第二基准（两点定位）和第三基准（一点定位），基准的多少取决于对被测要素的功能要求，如图4-13所示。

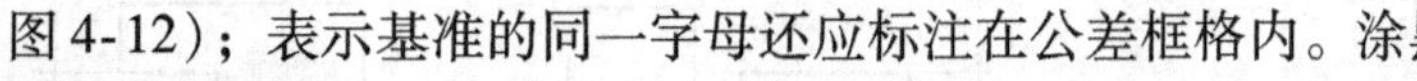

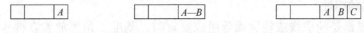

图4-13　基准符号的图样标注

4.2.2　几何公差的标注

1. 被测要素的标注

标注被测要素时，要特别注意公差框格的指引线箭头所指的位置和方向。箭头位置和方向的不同将有不同的公差要求解释，因此，要严格按国家标准的规定进行标注。

1）当被测要素为组成要素时，指示箭头应指在被测表面的可见轮廓线上，也可指在轮廓线的延长线上,且必须与尺寸线明显地错开,如图 4-14a 所示。

2)对视图中的一个面提出几何公差要求,有时可在该面上用一小黑点引出参考线,公差框格的指引线箭头则指在参考线上,如图 4-14b 所示。

3)当被测要素为导出要素,如中心点、圆心、轴线、中心线、中心平面时,指引线的箭头应对准尺寸线,即与尺寸线的延长线相重合。若指引线的箭头与尺寸线的箭头方向一致,可合并为一个,如图 4-15 所示。

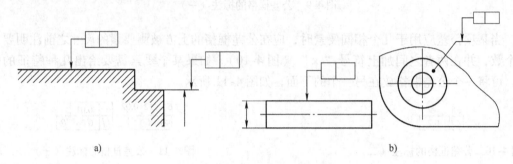

图 4-14 被测组成要素的图样标注

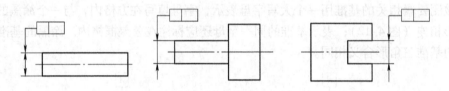

图 4-15 被测导出要素的图样标注

4)当被测要素是圆锥体轴线时,指引线箭头应与圆锥体的大端或小端的尺寸线对齐。必要时也可在圆锥体上任一部位增加一个空白尺寸线与指引箭头对齐,如图 4-16 所示。

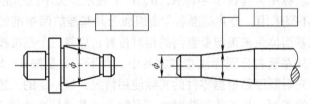

图 4-16 锥体要素标注

2. 基准要素的标注

1)当基准要素是轮廓线或轮廓面等组成要素时,基准三角形放置在要素的轮廓线或其延长线上,但要与尺寸线明显错开,如图 4-17a 所示。

2)当受到图形限制、基准代号必须注在某个面上时,可在面上画出小黑点,由黑点引出参考线,基准三角形则置于参考线上,如图 4-17 b 所示。

3)当基准是尺寸要素确定的中心点、轴线、中心平面等导出要素时,基准三角形应放置在该尺寸线的延长线上,如图 4-18a 所示。如果没有足够的位置标注基准要素尺寸的两个尺寸箭头,则其中一个箭头可用基准三角形代替,如图 4-18b 所示。

4)当仅要求要素的某一局部范围作为基准时,则应用粗点画线标示出其部位,并标注

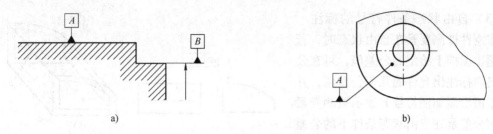

图 4-17 组成基准要素标注方法

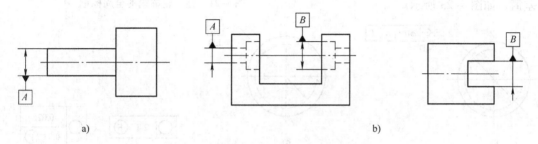

图 4-18 导出基准要素的标注方法

相应的范围和位置尺寸,如图 4-19 所示。

3. 公差值的标注

公差值是表示公差带的宽度或直径,是控制误差量的指标。公差值的大小是几何公差精度高低的直接体现。

公差值标注在公差框格的第 2 格中。若公差带的形状为非圆或非圆柱面,其宽度只标注公差值 t,若公差带的形状为圆或圆柱面,其公差大小为直径,则应标注 ϕt。

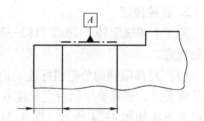

图 4-19 局部限制基准要素的标注方法

4. 附加符号的标注

(1) 全周符号的标注 对于所指为横截面周边的所有轮廓线或所有轮廓面的几何公差要求时,可在公差框格指引线的弯折处画一个细实线小圆圈,如图 4-20、图 4-21 所示。

(2) 螺纹、花键、齿轮的标注

在一般情况下,以螺纹轴线作为被测要素或基准要素时,均为中径轴线,表示大径或小径的情况较少。因此规定:如被测要素和基准要素是指中径轴线,则不需另加说明,如指大径轴线,则应在公差框格下部加注大径代号"MD"(图 4-22a),如指小

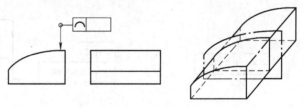

图 4-20 横截面轮廓线的全周标记

径轴线,则标注小径代号"LD"(图 4-22b)。对于齿轮和花键轴线,节径轴线用"PD"表示;大径(外齿轮为顶圆直径,内齿轮为根圆直径)用"MD"表示;小径(外齿轮为根圆直径,内齿轮为顶圆直径)用"LD"表示。

（3）自由状态条件符号的标注
对于非刚性被测要素在自由状态时，若允许超出图样上给定的公差值，可在公差框格内标注出允许的几何公差值，并在公差值后面加注符号 F 表示被测要素的几何公差是在自由状态条件下的公差值，未加则表示是在受约束力情况下的公差值，如图 4-23 所示。

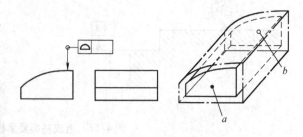

图 4-21 整个轮廓线的全周标记

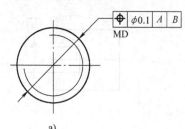

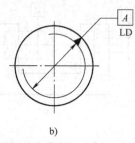

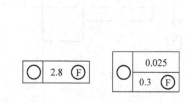

图 4-22 螺纹要素的附加标记

图 4-23 自由状态条件标注方法

5. 特殊规定

除了上述规定外，GB/T 1182—2008 根据 ISO 1101 及我国实际需要，对下述方面做了专门的规定。

（1）局部限制的公差值标注　由于功能要求，有时不仅需限制被测要素在整个范围内的几何公差，还需要限制特定长度或特定面积上的几何公差。对部分长度上要求几何公差时的标注方法如图 4-24 所示。图 4-24a 表示每 200mm 的长度上，直线度公差值为 0.05mm，即要求在被测要素的整个范围内的任一个 200mm 长度均应满足此要求，属于局部限制。如在部分长度内控制几何公差的同时，还需要控制整个范围内的几何公差值，其表示方法如图 4-24b 所示。此时，两个要求应同时满足，属于进一步限制。还可以采用图 4-24c 中的方法进行标注。

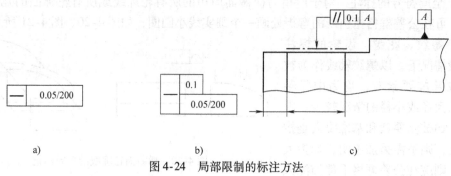

图 4-24 局部限制的标注方法

（2）公共公差带的标注　当两个或两个以上的要素，同时受一个公差带控制，以保证这些要素共面或共线时，可用一个公差框格表示，但需在框格上部注明共线或共面的要求，如图 4-25a 所示，此时被测要素直接与框格相连。若没有"共面""共线"的说明则只表明用同一数值、形状的公差带，不能实现共面控制，如图 4-25b 所示。

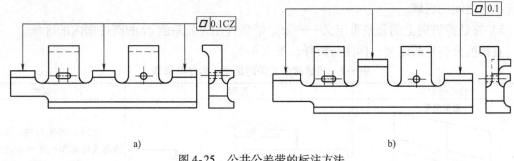

图 4-25 公共公差带的标注方法

（3）理论正确尺寸的表示法　当给出一个或一组要素的位置、方向或轮廓度公差时，分别用于确定其理论正确位置、方向或轮廓的尺寸称为理论正确尺寸（TED）。TED 也用于确定基准体系中各基准之间的方向、位置关系。TED 没有公差，并标注在一个方框中。零件实际尺寸仅由公差框格中位置度（图 4-26a）、轮廓度或倾斜度（图 4-26b）公差限定。

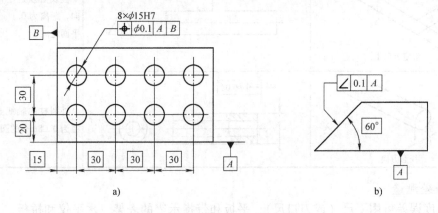

图 4-26 理论正确尺寸的标记

4.3 形状公差及其误差评定

形状公差是指单一要素的形状所允许的变动全量。它包括直线度、平面度、圆度、圆柱度、轮廓度和面轮廓度。其中，直线度公差用于限制给定平面内或空间直线的形状误差；平面度公差用以限制平面的形状误差；圆度公差用于限制回转体表面正截面内轮廓的形状误差；圆柱度公差用以限制圆柱面整体的形状误差；轮廓度公差用于限制平面内曲线（或曲面的界面轮廓线）的形状误差；面轮廓度公差用于限制一般曲面的形状误差。

形状公差具有以下特点：形状公差都是对单一要素本身提出的要求。因此，形状公差都不涉及基准，没有方向或位置的约束，可以随被测要素的有关尺寸、形状及位置的改变而改变。

4.3.1 直线度

1. 图样标注与公差带

1) 在给定平面内的公差带定义——公差带是距离为公差值 t 的两平行直线之间的区域。
2) 在给定方向上的公差带定义——当给定一个方向时，公差带是距离为公差值 t 的两平行平面之间的区域。

3) 在任意方向上的公差带定义——公差带是直径为公差值 ϕt 的圆柱面内的区域。

直线度公差带的定义、标注与解释，见表 4-5。

表 4-5 直线度公差带的定义、标注与解释

公差带定义	图例	标注与解释
测量平面，给定平面内	― 0.1	在给定的平面内，被测表面素线必须位于所示投影面且距离为 0.1mm 的两平行直线之间
给定方向上	― 0.1	棱线必须位于箭头所示方向，距离为 0.1mm 的两平行平面之间
任意方向	― $\phi 0.08$	外圆柱的轴线必须位于直径为 0.08mm 的圆柱面内

2. 误差测量

直线度误差可用平尺（或刀口尺）、平板和带指示表的表架、水平仪和桥板、自准直仪和反射镜、三坐标测量机等测量。

(1) 用刀口尺测量　将刀口尺与被测要素直接接触（图 4-27a），并使两者之间的最大空隙为最小，则此最大空隙即为被测要素的直线度误差。当空隙较小时，可用标准光隙估读；当空隙较大时，可用塞尺测量。

(2) 用指示表测量　对于回转体轴线的直线度测量可以采用这种方法（图 4-27b）。将被测零件安装于平行于平板的两顶尖之间，用带有两只指示表的表架，沿铅垂轴截面的两条素线测量，同时分别记录两指示表在各自测点处的读数 M_a 和 M_b，取各测点读数差的一半 $\left(\text{即} \dfrac{M_a - M_b}{2}\right)$ 中的最大值作为该截面轴线的直线度误差。将零件转到新的位置，重复上述方法测量多次，取其中最大的误差值作为被测零件轴线的直线度误差。

(3) 用自准直仪和反射镜测量　将反射镜通过一定跨距的桥板安置在被测要素上，调整自准直仪，使其光轴与被测要素两端点连线大致平行，然后沿被测要素按节距 l 移动桥板进行连续测量（图 4-27c）。

3. 误差评定

1) 用钢丝和测量显微镜，坐标测量机、平板和带指示表的表架等方法测量工件的直线度误差时，钢丝、坐标测量机的导轨以及平板是测量基准，所测得的数据是工件上 N 个测点相对于基准的绝对偏差。可直接利用这些数据作图或计算，求出直线度误差值。

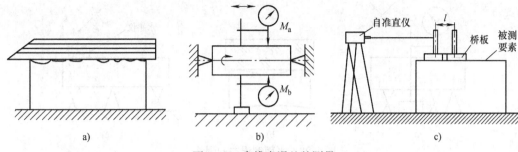

图 4-27 直线度误差的测量

2) 用水平仪和自准直仪等方法测量工件的直线度误差时，水平面或准直光线是测量基准，所测得的数据是工件上两侧点的相对高度差。这些数据需要换算到统一的坐标系上后，才能用于作图或计算，从而求出直线度误差值。通常选定原点的坐标值 $h_0=0$，将各测点的读数顺序依次累加即可获得相应点的统一坐标值 h_i。

4.3.2 平面度

1. 图样标注与公差带

平面度公差带是单一实际平面所允许的变动全量。平面度公差用于控制平面的形状误差。其公差带是距离为公差值 t 的两平行平面之间的区域。平面度的公差带定义、标注与解释，见表 4-6。

表 4-6 平面度的公差带定义、标注与解释

公差带定义	图例	标注与解释
	▱ 0.08	上表面必须位于距离为 0.08mm 的两平行平面内

2. 误差测量

平面度误差可用三坐标测量机、平板和带指示表的表架、水平仪、平晶、自准直仪和反射镜等测量。

1) 用平板和带指示表的表架测量平面度。被测零件支撑在平板上，调整被测量表面最远三点，使之与平板等高，然后按一定的布点测量被测表面（图 4-28a）。

2) 用平晶测量平面度误差。将平晶贴合在被测表面上，观测它们之间的干涉条纹（图 4-28b）。被测量表面的平面度误差为封闭的干涉条纹数乘以光波波长的一半；对于不封闭的干涉条纹，为条纹的弯曲度与相邻两条纹间距之比再乘以光波波长的一半。此方法适用于测量高精度的小平面。

3) 用水平仪测量平面度误差。将被测表面大致调水平，用水平仪按一定的布点和方向逐点测量，记录读数，并换算成长度值（图 4-28c）。

3. 误差评定

(1) 统一坐标值的换算

1) 用三坐标测量机、平板和带指示表的表架等方法测量平面的平面度误差时，坐标测量机的导轨和平板是测量基准。所测得的数据是工件上各测点相对于基准的绝对偏差，可直

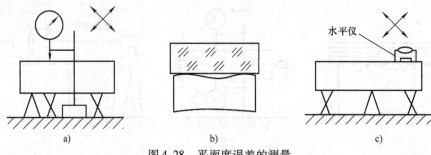

图 4-28　平面度误差的测量

接利用这些数据计算出平面度误差。

2）用水平仪或自准直仪等方法测量平面度误差时，水平面或准直光线是测量基准，所测得的数据是工件上两测点间的相对高度差。应将这些数据换算成选定基准平面上的坐标值，再计算出平面度误差值。

例如，测量平面度误差的测量布点如图 4-29a 所示。各跨距上的读数表示以水平面为基准，后点对前点的高度差，将各读数按顺序累加，所得的结果表示各点对同一水平基准的坐标值，如图 4-29b 所示。重复该过程，直到得到基准平面，如图 4-29c 所示。

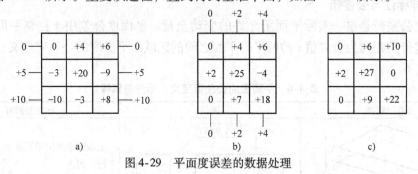

图 4-29　平面度误差的数据处理

（2）最小区域法评定　用最小区域法评定平面度误差时，应使实际平面全部位于两平行平面之间，而且还应符合下述三种情况之一：

1）三角形准则。实际平面与两平行平面的接触点，投影在一个面上呈三角形，且三个等值的最高点所包围的区域内含一个最低点，或三个等值的最低点所包围的区域内含一个最高点，如图 4-30a 所示。

2）交叉准则。实际平面与两平行平面的接触点，投影在一个面上呈两线段交叉型，及两个等值的最高点的连线与两个等值的最低点的连线有内交，如图 4-30b 所示。

3）直线准则。实际平面与两平行平面的接触点，投影在一个面上呈直线形，且两个等值的最高点的连线上有一个最低点，或两个等值的最低点的连续上有一个最高点，如图 4-30c 所示。

最小区域法评定平面度误差的关键是确定符合最小区域的评定平面。评定平面一旦确定，两平行平面间的 z 向距离即为平面度误差值。评定平面的确定一般采用基面旋转法。

4.3.3　圆度

1. 图样标注与公差带

圆度（Circularity or Roundness）公差是单一实际圆所允许的变动全量。圆度公差用于控制实际圆在回转轴径向截面（即垂直于轴线的截面）内的形状误差，其公差带是在同一正

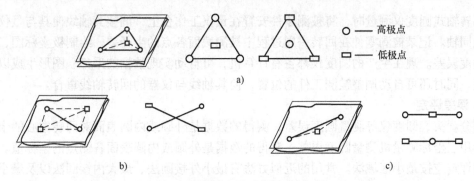

图 4-30 平面度误差的最小条件评定

截面上半径差为公差值 t 的两同心圆之间的区域。圆度公差也可以标注在圆锥面上,公差的指引线箭头必须垂直于轴线。圆度公差带的定义、标注与解释,见表 4-7。

表 4-7 圆度公差带的定义、标注与解释

公差带定义	图例	标注与解释
（任一横截面）	○ 0.03	在圆柱面和圆锥面的任意横截面内,提取（实际）圆周应限定在半径差为 0.03mm 的两共面同心圆之间

2. 误差测量

圆度误差可用圆度仪、光学分度头、三坐标测量机或带计算机的测量显微镜、V 形块和带指示表的表架、千分尺及投影仪等测量。首先对被测零件的若干个正截面进行测量,评定出各个截面的圆度误差后,取其中最大的误差值作为该零件的圆度误差。

（1）用分度头测量 如图 4-31 所示,将被测零件安装在顶尖之间,利用分度头使零件每次转一个等分角,从指示表上读取被测截面上各测点的半径差。将所得读数值按一定比例放大后,绘制极坐标曲线,然后评定被测截面的圆度误差。

（2）用圆度仪测量 圆度仪有转台式和转轴式两种,其工作原理如图 4-32 所示。例

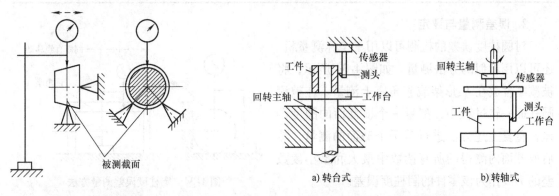

图 4-31 分度头测量圆度　　　　　　图 4-32 圆度仪测量圆度

如，用转轴式圆度仪测量时，将被测零件安置在量仪工作台上，调整其轴线使其与量仪的回转轴线同轴。记录被测零件在回转一周过程中被测截面各点的半径差，绘制极坐标图，然后评定圆度误差。现在生产的圆度仪都备有计算机，可自动实现数据的采集、图形生成以及误差评定，同时还可自动调整被测工件的位置，使其轴线与仪器的回转轴线重合。

3. 误差评定

用分度头、圆度仪等测量圆度误差，测得的数据是外圆或内圆表面对回转中心的半径变动量。用三坐标测量机测量圆度误差，测得的数据是外圆或内圆表面各测点的坐标值。圆度误差的评定应按最小区域法。常用的近似方法有最小外接圆法、最大内接圆法以及最小二乘圆法。

最小区域法是评定圆度误差最基本的方法。用最小区域法评定圆度误差，其评定准则为：用两同心圆包容实际轮廓，且至少有四个实测点内外相间地分布在两个圆周上（符合交叉准则），则两同心圆之间的区域为最小区域，圆度误差为两同心圆的半径差，如图 4-33 所示。

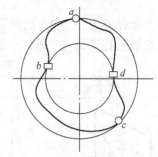

图 4-33 圆度误差最小区域判别法

4.3.4 圆柱度

1. 图样标注与公差带

圆柱度公差是单一实际圆柱所允许的变动全量。圆柱度公差用于控制圆柱表面的形状误差，公差带是半径差为公差值 t 的两同轴圆柱面之间的区域。圆柱度公差带的定义、标注与解释，见表 4-8。

表 4-8 圆柱度公差带的定义、标注与解释

公差带定义	图例	标注与解释
	⌭ 0.1	圆柱面必须限定在半径差值为 0.1mm 的两同轴圆柱面之间

2. 误差测量与评定

对圆柱度误差的检测可以用三坐标测量机，还可以用近似的方法测量。如图 4-34 所示，将被测零件放在 V 形架或直角座上测量。在被测圆柱面一转过程中，测量一个横截面的圆度误差，重复上述方法进行若干个截面的测量，然后取截面内测得的所有读数中最大和最小读数差的 1/2 作为该零件的圆柱度误差。

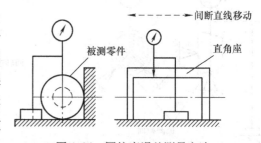

图 4-34 圆柱度误差测量方法

圆柱度误差的评定可以与圆度误差的评定方法一样。

4.3.5 线轮廓度与面轮廓度

1. 图样标注与公差带

线轮廓度公差是实际轮廓线所允许的变动全量。线轮廓度公差用于控制平面曲线或曲面截面轮廓的形状误差，公差带是包络一系列直径为公差值 t 的圆的两包络曲线之间的区域，各圆圆心应位于理想轮廓曲线上。当只需控制被测要素的形状时，线轮廓度作为形状公差，没有基准，其公差带随给定的尺寸偏差位置浮动；当有基准时，其公差带的位置相对于基准固定，此时线轮廓度作为位置公差。线轮廓度公差带的定义、标注与解释，见表4-9。

表4-9 线轮廓度公差带的定义、标注与解释

公差带定义	图例	标注与解释
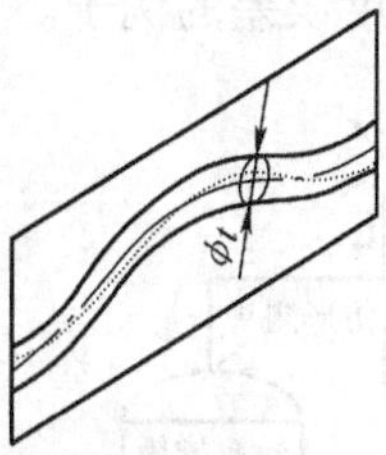	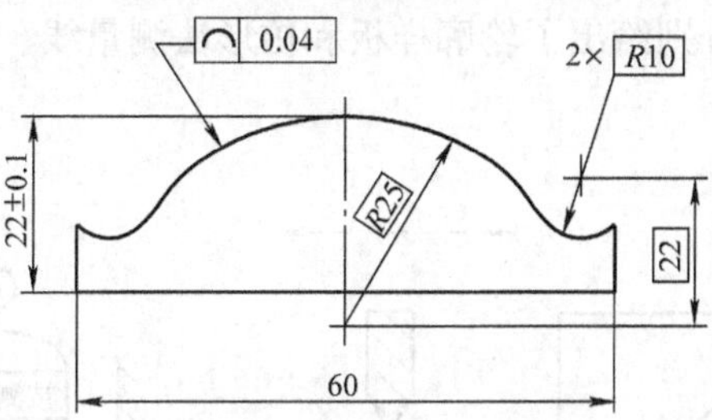	在平行于正投影面的任一截面上，实际轮廓线应限定在直径为 0.04mm，且圆心位于被测要素理论正确几何形状上的一系列圆的两包络线之间
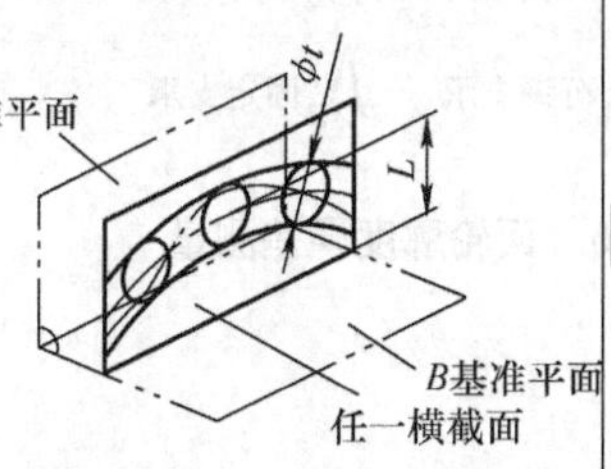	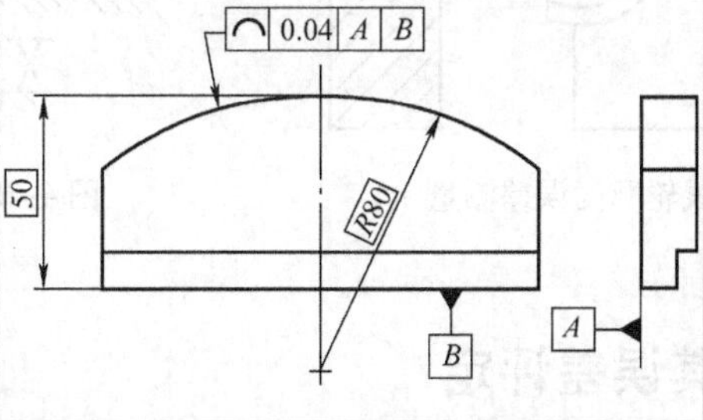	在平行于正投影面的任一截面上，实际轮廓线应限定在直径为 0.04mm，圆心位于由基准平面 A 和基准面 B 确定的被测要素理论正确几何形状上的一系列圆的两等距包络线之间

面轮廓度公差是实际轮廓曲面所允许的变动全量。面轮廓度公差用于控制实际曲面的形状误差，其公差带是包络一系列直径为公差值 t 的球的两包络面之间的区域，各球球心应位于理想轮廓面上。面轮廓度公差带的定义、标注与解释，见表4-10。

表4-10 面轮廓度公差带的定义、标注与解释

公差带定义	图例	标注与解释
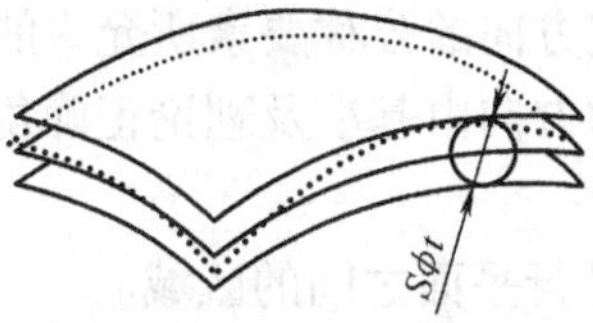	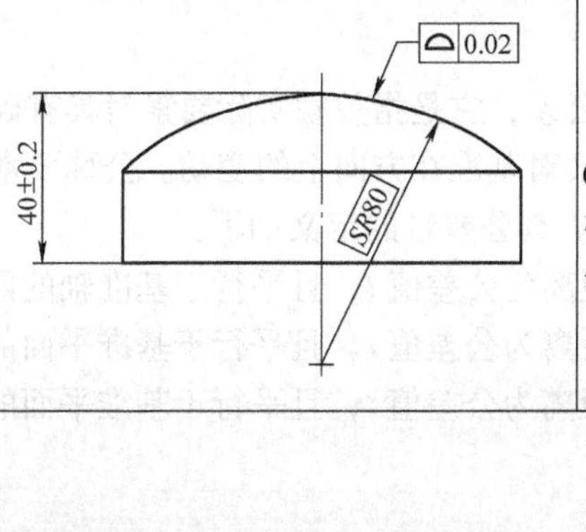	实际轮廓面应限定在直径为 0.02mm，球心位于被测要素理论正确几何形状上的一系列圆球的两等距包络面之间

公差带定义	图例	标注与解释
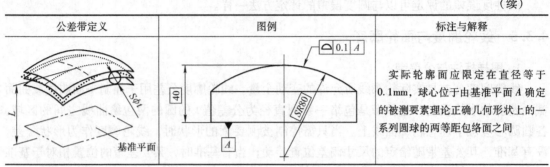		实际轮廓面应限定在直径等于0.1mm,球心位于由基准平面 A 确定的被测要素理论正确几何形状上的一系列圆球的两等距包络面之间

2. 误差测量

线轮廓度误差可用轮廓样板、投影仪、仿形测量装置和坐标测量装置等测量。面轮廓度误差可用成套的截面轮廓样板、仿形测量装置、坐标测量装置及光学跟踪轮廓测量仪等测量。图 4-35 和图 4-36 分别给出了轮廓样板和仿形法测量线、面轮廓度误差的例子。

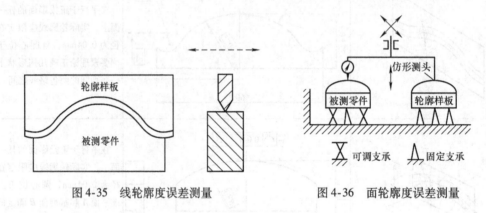

图 4-35 线轮廓度误差测量　　　图 4-36 面轮廓度误差测量

4.4 方向公差及其误差评定

方向公差是关联提取要素对基准在方向上允许的变动量,用于限制被测要素对基准方向的变动,因而其公差带相对于基准有确定的方向。方向公差包括平行度、垂直度和倾斜度三项。由于被测要素和基准要素均有平面和直线之分,因此三项方向公差均有线对线、线对面、面对线和面对面四种形式。

4.4.1 平行度

1. 图样标注与公差带

平行度公差是一种方向公差,它是指关联实际要素对具有确定方向的公称要素所允许的变动全量,用于控制被测要素对基准在方向上的变动。公称要素的方向由基准及理论正确角度确定,理论正确角度为 0°。其公差带的定义如下:

1) 面对线。公差带是距离为公差值 t,且平行于基准轴的两平行平面之间的区域。
2) 面对面。公差带是距离为公差值 t,且平行于基准平面的两平行平面之间的区域。
3) 线对面。公差带是距离为公差值 t,且平行于基准平面的两平行平面之间的区域。

4）线对线。分为三种情况：

① 给定一个方向时，其公差带是距离为公差值 t 且平行于基准平面的两平行平面之间的区域。

② 给定两个相互垂直的方向时，其公差带是距离分别为公差值 t_1 和 t_2，平行于基准平面和各自给定方向的两组平行平面所形成的四棱柱内的区域。

③ 任意方向上时，其公差带是直径为公差值 t，轴线平行于基准轴线的圆柱面内的区域。

平行度公差带的定义标注与解释，见表 4-11。

表 4-11 平行度公差带的定义、标注与解释

分类	公差带定义	图例	标注与解释
线对线	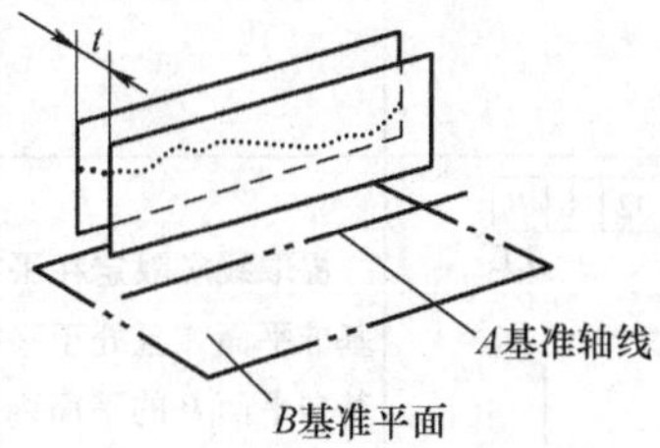	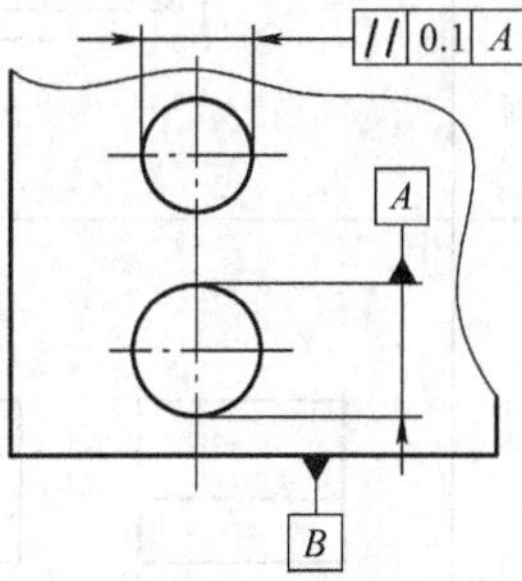	提取中心线应限定在间距等于 0.1mm 的两平行平面之间。该两平行平面平行于基准轴线 A 且垂直于基准平面 B
线对线	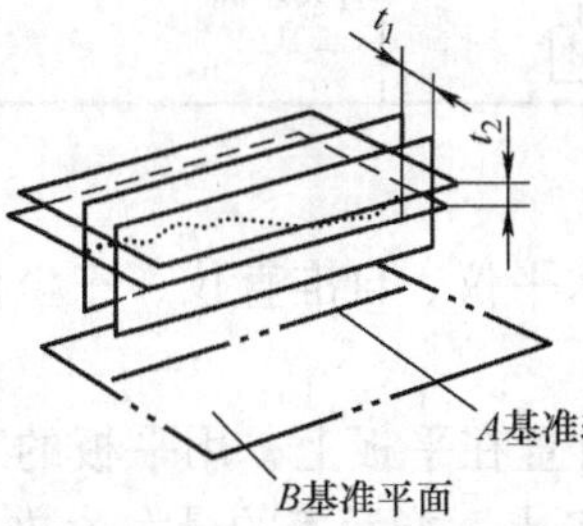	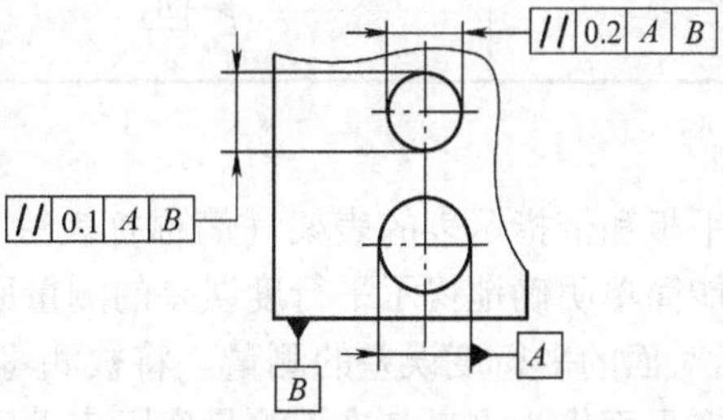	提取中心线应限定在平行于基准轴线 A 和平行或垂直于基准平面 B，间距分别等于 0.1mm 和 0.2mm，且相互垂直的两组平行平面之间
线对线	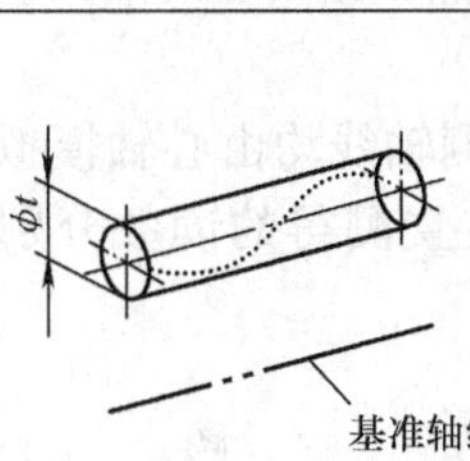	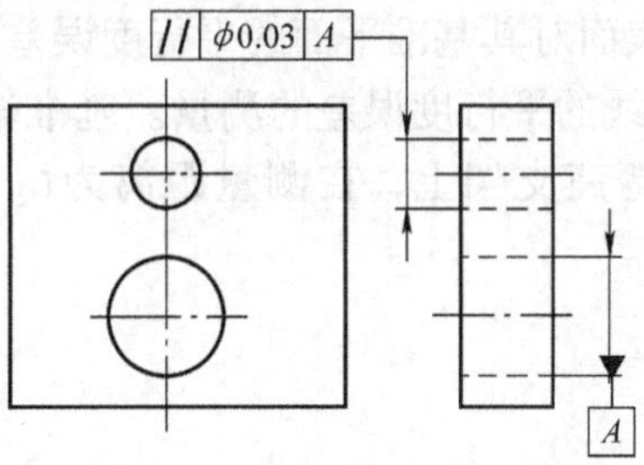	提取中心线应限定在平行于基准轴线 A，且直径为 $\phi 0.03$mm 的圆柱面内
线对面	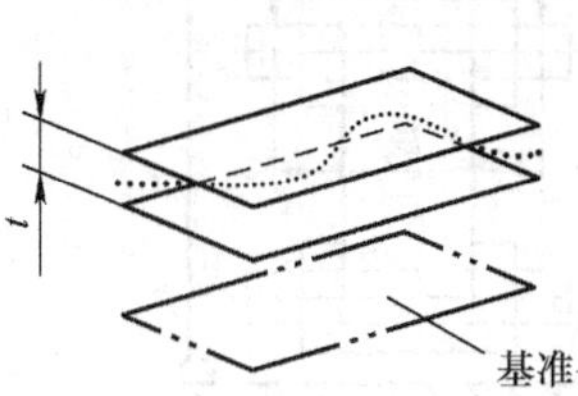	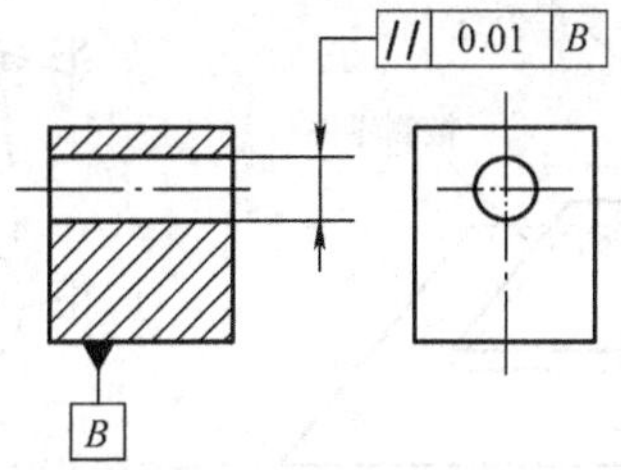	提取中心线应限定在平行于基准平面 B，间距等于 0.01mm 的两平行平面之间

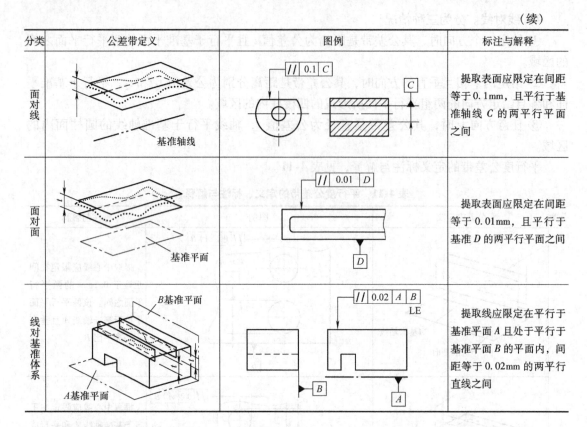

2. 误差测量

平行度误差可用平板和带指示表的表架（简称打表法）、水平仪、自准直仪、三坐标测量机等测量。打表法能简单明确地揭示平行度误差的测量原理。

图4-37所示为面对面的平行度误差的测量。将被测零件放置在平板上，用平板的工作面模拟被测零件的基准平面作为测量基准。测量实际表面上的各点，指示表的最大读数与最小读数之差，即为实际表面对其基准平面的平行度误差。

图4-38所示为线对线的平行度误差的测量。基准轴线和被测轴线均由心轴模拟，将模拟基准轴线的心轴放在等高支架上，在测量距离为L_2的两个位置测得的读数分别为M_1、M_2，则平行度误差为

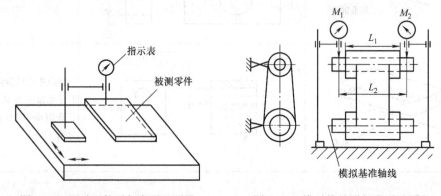

图4-37　面对面的平行度误差测量　　　　图4-38　线对线的平行度误差测量

$$\Delta = L_1/L_2 |M_1 - M_2| \tag{4-1}$$

当被测零件在互相垂直的两个方向上给定公差要求时，则可按上述方法在两个方向上分别测量。测量时，最好用胀式心轴，以消除孔与心轴之间的间隙。

4.4.2 垂直度

1. 图样标注与公差带

垂直度（Perpendicularity）公差是一种方向公差，它是指关联实际要素对具有确定方向的公称要素所允许的变动全量，用于控制被测要素对基准在方向上的变动。公称要素的方向由基准及理论正确角度确定，理论正确角度为90°。其公差带的定义如下：

（1）面对线　公差带是距离为公差值 t，且垂直于基准轴线的两平行平面之间的区域。

（2）面对面　公差带是距离为公差值 t，且垂直于基准平面的两平行平面之间的区域。

（3）线对面　分为三种情况：

1) 给定一个方向时，其公差带是距离为公差值 t 且垂直于基准平面的两平行平面之间的区域。

2) 给定两个相互垂直的方向时，其公差带是距离分别为公差值 t_1 和 t_2，垂直于基准平面和各自给定方向的两组平行平面所形成的四棱柱内的区域。

3) 任意方向上时，其公差带是直径为公差值 ϕt，轴线垂直于基准平面的圆柱面内的区域。

（4）线对线　公差带是距离为公差值 t，且垂直于基准轴线的两平行平面之间的区域。

垂直度公差带的定义、标注与解释，见表4-12。

表4-12 垂直度公差带的定义、标注与解释

分类	公差带定义	图例	标注与解释
线对线	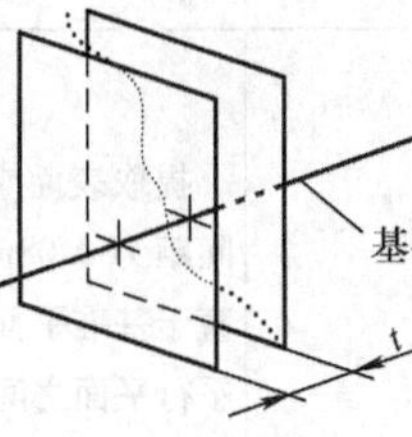 基准轴线	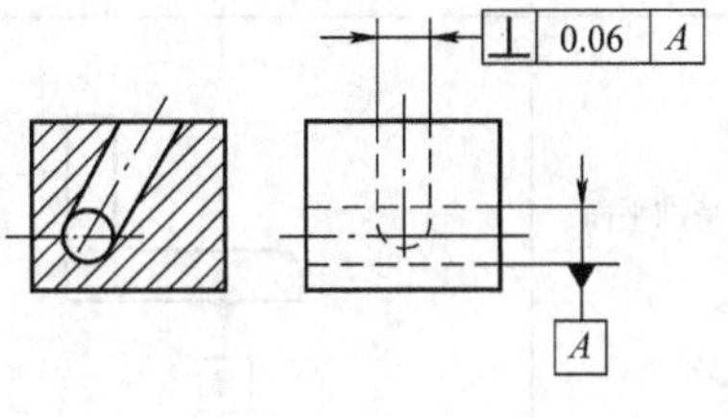 ⊥ 0.06 A	提取中心线应限定在间距为0.06mm且垂直于基准轴线 A 的两平行平面之间
线对面	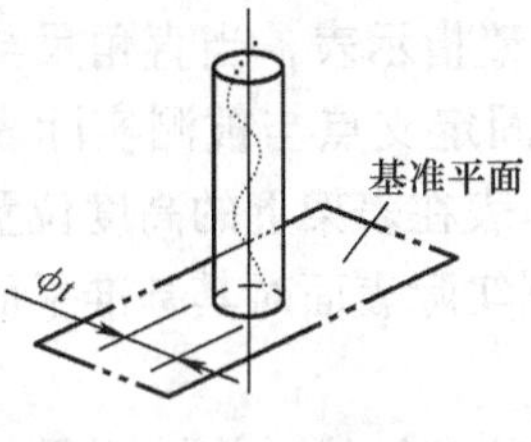 基准平面	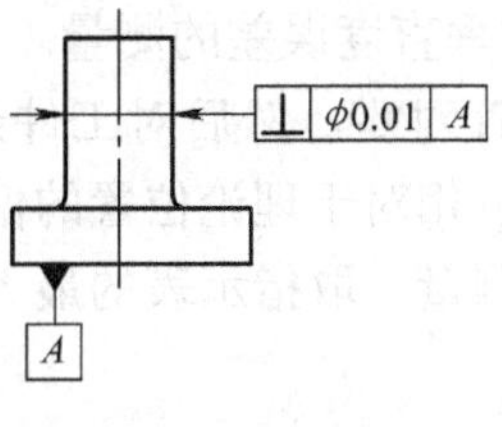 ⊥ ϕ0.01 A	圆柱面的提取中心线应限定在直径为 ϕ0.01mm且垂直于基准平面 A 的圆柱面内

(续)

分类	公差带定义	图例	标注与解释
线对基准体系	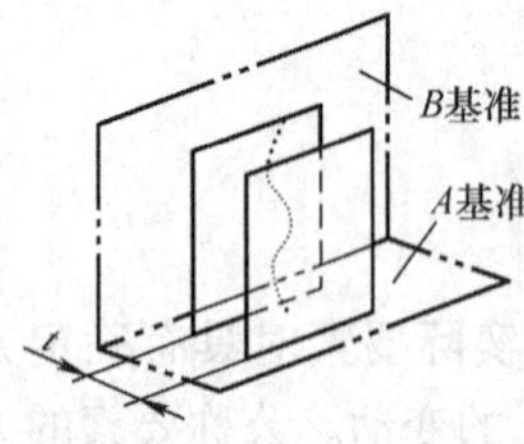 （B基准平面、A基准平面图示）	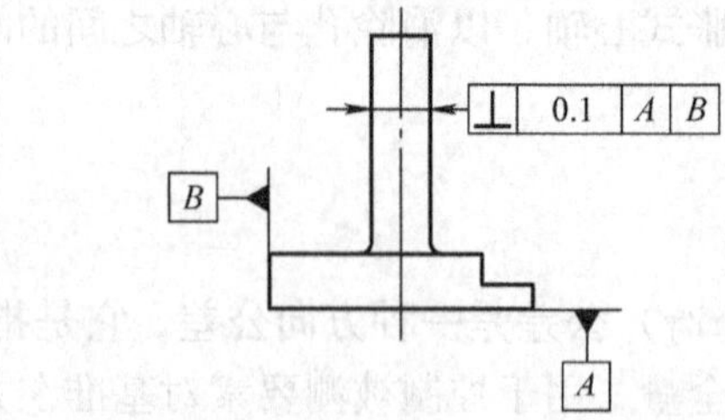 （标注 ⊥ 0.1 A B，B、A基准）	圆柱面的提取中心线应限定在间距为0.1mm，垂直于基准平面A且平行于基准平面B的两平行平面之间
线对基准体系	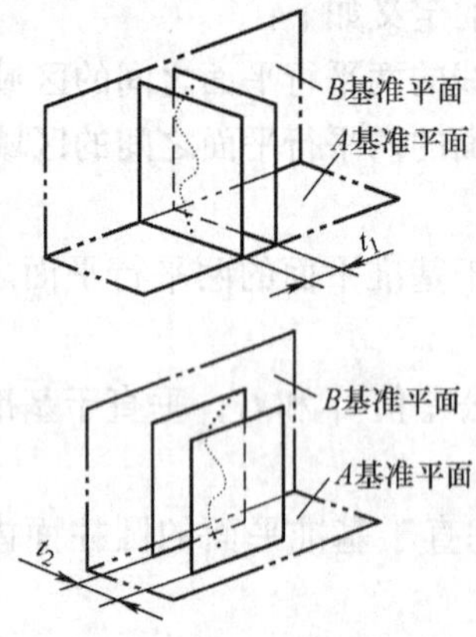 （B基准平面、A基准平面图示，t_1、t_2）	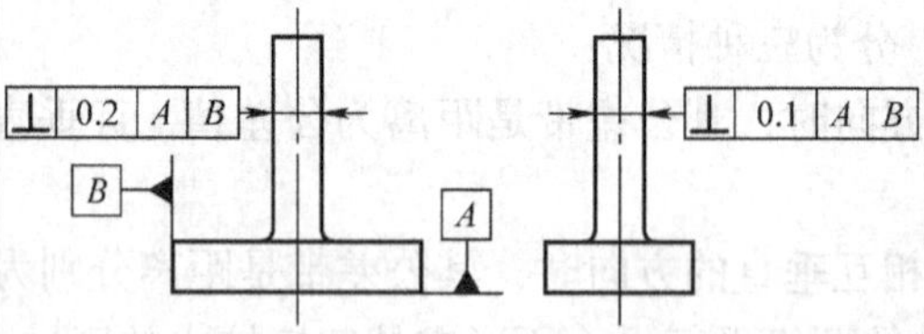 （标注 ⊥ 0.2 A B 与 ⊥ 0.1 A B）	圆柱的提取中心线应限定在间距分别等于0.1mm和0.2mm，且相互垂直的两组平行平面内。该两组平行平面垂直于基准平面A且垂直或平行于基准平面B
面对线	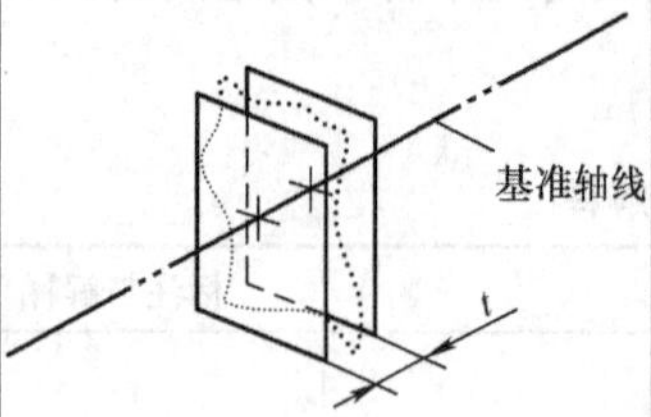 （基准轴线图示）	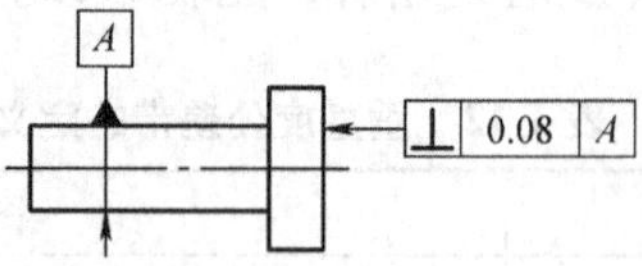 （标注 ⊥ 0.08 A）	提取表面应限定在间距为0.08mm的两平行平面之间。该两平行平面垂直于基准轴线A
面对面	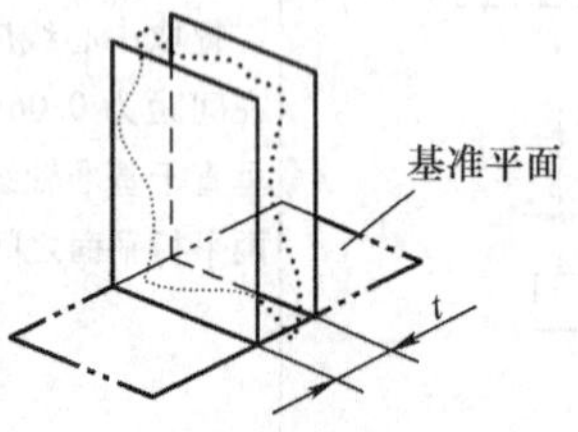 （基准平面图示）	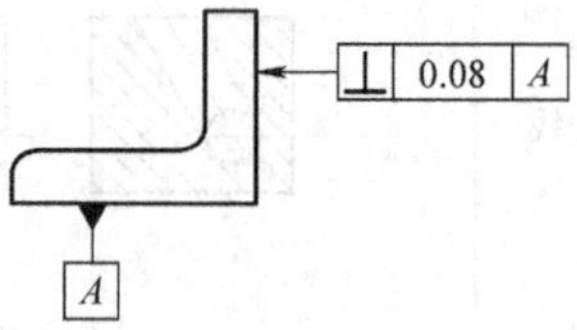 （标注 ⊥ 0.08 A）	提取表面应限定在间距为0.08mm且垂直于基准平面A的两平行平面之间

2. 误差测量

图4-39所示为面对面的垂直度误差的测量。先用直角尺调整指示表，当直角尺与固定支承接触时，将指示表的指针对零。然后对工件进行测量，使固定支点与被测实际表面接触，指示表的读数即为该测点相对于理论位置的偏差。改变指示表在表架上的高度位置，对被测实际表面的不同点进行测量，取指示表的最大读数差为被测实际表面对其基准平面的垂直度误差。

图4-40所示为面对线的垂直度误差的测量。用导向块模拟基准轴线，将被测零件置于导向块内，然后测量整个被测表面，取最大读数差作为垂直度误差。

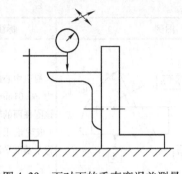
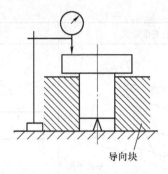

图 4-39 面对面的垂直度误差测量　　图 4-40 面对线的垂直度误差测量

4.4.3 倾斜度

1. 图样标注与公差带

倾斜度（Angularity）公差也是一种方向公差，它是指关联实际要素对具有确定方向的公称要素所允许的变动全量，用于控制被测要素对基准在方向上的变动。公称要素的方向由基准及理论正确角度确定，理论正确角度是 0°～90°之间的任意角度。

同平行度公差和垂直度公差一样，倾斜度公差也有面对面、线对面、面对线以及线对线四种形式。在一般情况下，倾斜度公差带是距离为公差值 t，且与基准轴线或基准平面成理论正确角度的两平行平面之间的区域。

在任意方向上线对面的倾斜度公差带，是直径为公差值 ϕt，且与基准成理论正确角度的圆柱面内的区域。

倾斜度公差带的定义、标注与解释，见表 4-13。

表 4-13　倾斜度公差带的定义、标注与解释

分类	公差带定义	图例	标注与解释
线对线	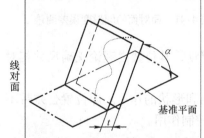		提取中心线应限定在间距为 0.08mm 且与公共基准轴线 A—B 成理论正确角度 60°的两平行平面之间
线对面	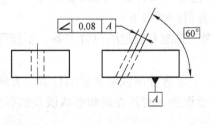		提取中心线应限定在间距为 0.08mm 且与基准平面 A 成理论正确角度 60°的两平行平面之间

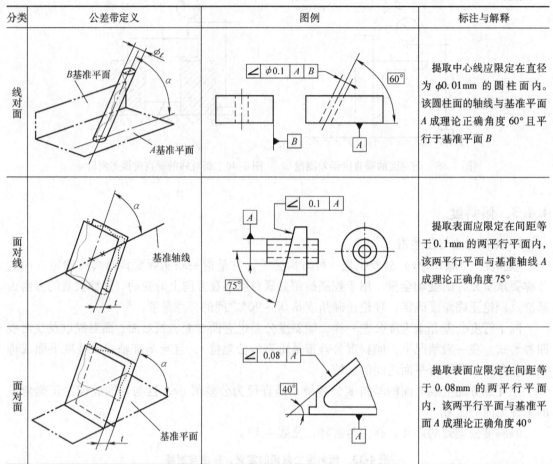

分类	公差带定义	图例	标注与解释
线对面			提取中心线应限定在直径为 $\phi 0.01mm$ 的圆柱面内。该圆柱面的轴线与基准平面 A 成理论正确角度 60° 且平行于基准平面 B
面对线			提取表面应限定在间距等于 0.1mm 的两平行平面内，该两平行平面与基准轴线 A 成理论正确角度 75°
面对面			提取表面应限定在间距等于 0.08mm 的两平行平面内，该两平行平面与基准平面 A 成理论正确角度 40°

2. 误差测量

图 4-41 所示为面对面的倾斜度误差的测量。将被测零件放置在定角座上，然后测量整个被测表面，取最大读数与最小读数之差作为倾斜度误差。

4.5 位置公差及其误差评定

位置公差是指关联被测要素对基准在位置上允许的变动量。它包括位置度、同心度、同轴度、对称度等。其公差带的特点可归纳如下：

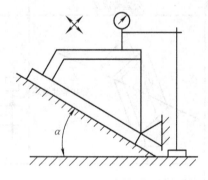

图 4-41 面对面的倾斜度误差测量

1）位置公差带相对于基准有确定的位置关系，不能浮动，其位置由理论正确尺寸相对于基准决定。

2）位置度公差带具有综合控制被测要素的位置、方向和形状的作用。即位置公差带不仅能控制被测要素的位置误差，对其方向和形状误差也有控制作用。

4.5.1 同心度及同轴度

1. 图样标注与公差带

同轴度公差是一种位置公差,它是指关联实际要素对具有确定位置的公称要素所允许的变动全量,用于控制被测要素对基准的同轴性变动。公称要素的位置有基准确定。

同轴度公差带是直径为公差值 ϕt,轴线与基准轴线重合的圆柱面内的区域。同轴度公差带的定义、标注与解释,见表 4-14。

表 4-14 同轴度公差带的定义、标注与解释

公差带定义	图例	标注与解释
ϕt 基准点	$\boxed{\bigodot \; \phi 0.1 \; A}$ ACS	在任意横截面内,内圆的提取中心应限定在直径为 0.1mm,且以基准点 A 为圆心的圆周内
ϕt 公共基准轴线	$\boxed{\bigodot \; \phi 0.08 \; A—B}$	大圆柱面的提取中心线应限定在直径为 0.08mm,且以公共基准轴线 $A—B$ 为轴线的圆柱面内

2. 误差测量

同轴度误差可用圆度仪、三坐标测量机、V 形架和带指示表的表架等测量。图 4-42 所示为平板上用刀口状 V 形架和带指示表的表架测量同轴度误差。用 V 形架体现公共基准轴线,将被测零件基准轮廓要素的中截面放置在两个刀口状 V 形架上,使其处于水平位置。先在一个正截面内测量,取指示表在各对应点读数差值 $|M_a - M_b|$ 中的最大值作为该截面的同轴度误差,再在若干个正截面内测量,取各截面同轴度误差中的最大值作为该零件的同轴度误差。

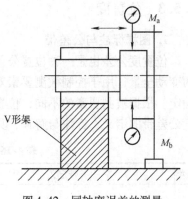

图 4-42 同轴度误差的测量

4.5.2 对称度

1. 图样标注与公差带

对称度公差是一种位置公差,它是指关联实际要素对具有确定位置的公称要素所允许的变动全量,用于控制被测要素对基准的对称性变动。公称要素的位置由基准确定。

对称度公差带是距离为公差值 t,中心平面(或中心线、轴线)与基准中心要素(中心平面、中心线或轴线)重合的两平行平面(或两平行直线)之间的区域。对称度公差带的定义、标注与解释,见表 4-15。

表 4-15 对称度公差带的定义、标注与解释

公差带定义	图例	标注与解释
(公共基准中心平面)	= 0.08 A	提取中心面应限定在间距为 0.08mm 且对称于基准中心平面 A 的两平行平面之间
	= 0.08 A—B	提取中心面应限定在间距为 0.08mm 且对称于公共基准中心平面 A—B 的两平行平面之间

2. 误差测量

对称度误差可用三坐标测量机、平板和带指示表的表架等测量。检测时,将被测零件放在两个平板之间,并在被测槽内装入定位块,以定位块模拟中心面(图 4-43)。在被测零件的两侧分别测出定位块与上、下平板之间的距离,取测量截面内对应测点的最大差值,作为该零件的对称度误差。此方法适用于检测大型零件。

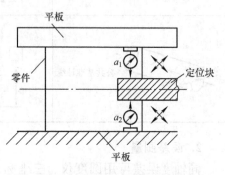

图 4-43 对称度误差的测量

4.5.3 位置度

1. 图样标注与公差带

位置度公差也是一种位置公差,它是指关联实际要素对具体确定位置的公称要素所允许的变动全量,用于控制被测要素对基准的位置变动。公称要素的位置由基准及理论正确尺寸确定。根据被测要素的不同,位置度可分为点的位置度、线的位置度以及面的位置度。位置度公差带的定义、标注与解释,见表 4-16。

表 4-16 位置度公差带的定义、标注与解释

分类	公差带定义	图例	标注与解释
点的位置度	(基准平面 A、基准平面 B、基准平面 C,$S\phi t$)	⊕ $S\phi 0.3$ A B C	提取球心应限定在直径为 $S\phi 0.3$ mm 的圆球面内。该圆球面的球心由基准平面 A、B 和基准中心平面 C 及理论正确尺寸 30mm、25mm 共同确定

(续)

分类	公差带定义	图例	标注与解释
线的位置度		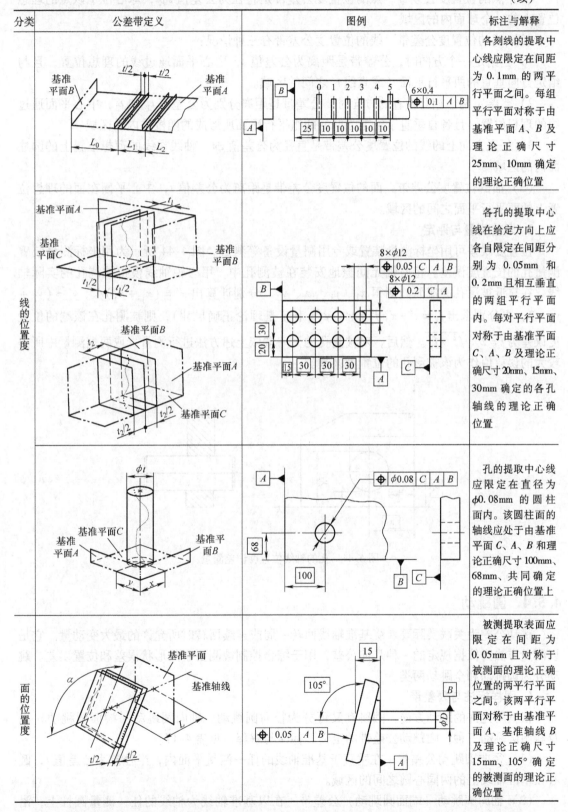	各刻线的提取中心线应限定在间距为 0.1mm 的两平行平面之间。每组平行平面对称于由基准平面 A、B 及理论正确尺寸 25mm、10mm 确定的理论正确位置
			各孔的提取中心线在给定方向上应各自限定在间距分别为 0.05mm 和 0.2mm 且相互垂直的两组平行平面内。每对平行平面对称于由基准平面 C、A、B 及理论正确尺寸 20mm、15mm、30mm 确定的各孔轴线的理论正确位置
			孔的提取中心线应限定在直径为 $\phi 0.08$mm 的圆柱面内。该圆柱面的轴线应处于由基准平面 C、A、B 和理论正确尺寸 100mm、68mm、共同确定的理论正确位置上
面的位置度			被测提取表面应限定在间距为 0.05mm 且对称于被测面的理论正确位置的两平行平面之间。该两平行平面对称于由基准平面 A、基准轴线 B 及理论正确尺寸 15mm、105° 确定的被测面的理论正确位置

（1）点的位置度公差带　点的位置度公差带是直径为公差值 $s\phi t$，球心位于该点的理想位置上的一个球面内的区域。

（2）线的位置度公差带　线的位置度公差带有三种情况：

1）当给定一个方向时，公差带是距离为公差值 t，中心平面通过线的理想位置，且与给定方向垂直的两平行平面（或直线）之间的区域。

2）当给定两个相互垂直的方向时，公差带是距离分别为公差值 t_1 和 t_2，中心平面通过线的理想位置，且各自垂直于给定方向的两组平行平面所形成的四棱柱内的区域。

3）任意方向上的线的位置度公差带是直径为公差值 ϕt，轴线在线的理想位置上的圆柱面内的区域。

（3）面的位置度公差带　面的位置度公差带是距离为公差值 t，中心平面在面的理想位置上的两平行平面之间的区域。

2. 误差测量与评定

位置度误差可用坐标测量装置或专用测量设备等测量。图4-44所示为用坐标测量装置测量孔的位置度误差。将心轴无间隙地安装在被测孔中，用心轴轴线模拟被测孔的实际轴线。在靠近被测孔的端面处测得 x_1、y_1、x_2、y_2，分别计算出 $x' = (x_1 + x_2)/2$，$y' = (y_1 + y_2)/2$，再分别求出 $f_x = x' - x$，$f_y = y' - y$（x 和 y 是理论正确尺寸），则被测孔在该端的位置度误差为 $f = 2\sqrt{f_x^2 + f_y^2}$。然后，对被测孔的另一端依上述方法进行测量，取两端测量中所得较大的误差值作为该被测孔的位置度误差。

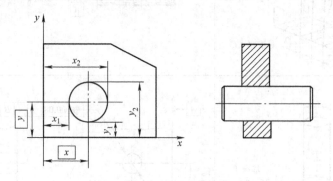

图4-44　孔的轴线位置度误差测量

4.5.4　圆跳动

跳动公差为关联实际要素绕基准轴线回转一周或连续回转时所允许的最大变动量。它是以测量方法为依据规定的一种几何公差，用于综合控制被测要素的形状误差和位置误差。跳动分为圆跳动和全跳动两类。

1. 图样标注与公差带

根据所允许的跳动方向，圆跳动又可分为径向圆跳动、轴向圆跳动（端面圆跳动）以及斜向圆跳动三种。圆跳动公差带的定义、标注与解释，见表4-17。

（1）径向圆跳动公差带　在垂直于基准轴线的任一测量平面内，半径差为公差值 t，圆心在基准轴线上的两同心圆之间的区域。

（2）轴向圆跳动（端面圆跳动）公差带　在以基准轴线为轴线的任一测量圆柱上，沿其素线方向宽度为公差值 t 的圆柱面区域。

（3）斜向圆跳动公差带　在与基准轴线同轴的任一测量圆锥面上，沿素线方向宽为 t 的圆锥面的区域。

表 4-17　圆跳动公差带的定义、标注与解释

分类	公差带定义	图例	标注与解释
径向圆跳动		⌯ 0.1 A—B	在任一垂直于公共基准轴线 $A—B$ 的横截面内，提取圆周应限定在半径差为 0.1mm 且圆心位于基准轴线 $A—B$ 上的两同心圆之间
轴向圆跳动		⌯ 0.1 D	在与基准轴线 D 同轴的任一圆柱形的横截内，提取圆周应限定在轴向距离为 0.1mm 的两个等圆之间
斜向圆跳动		⌯ 0.1 C	在与基准轴线 C 同轴的任一圆锥截面上，提取线应限定在素线方向间距为 0.1mm 的两不等圆之间
斜向圆跳动		⌯ 0.1 C　60°	在与基准轴线 C 同轴且具有给定角度 60° 的任一圆锥截面上，提取圆周应限定在素线方向间距为 0.1mm 的两不等圆之间

2. 误差测量与评定

圆跳动误差是指被测实际要素绕基准轴线回转一周中，在无轴向移动的条件下，由位置固定的指示表在给定方向上测得的最大与最小示值之差。

如图 4-45 所示,将被测量零件通过心轴安装在两同轴顶尖之间,用两同轴顶尖的轴线体现基准轴线。在垂直于基准轴线的一个测量平面内,将被测零件回转一周,指示表示值的最大差值,即为单个截面的径向圆跳动误差。如此测量若干个截面,取各截面径向圆跳动误差的最大值作为该零件的径向圆跳动误差。

在轴线与基准轴线重合的测量圆柱的素线方向,被测零件回转一周的过程中,指示表示值的最大值,即为单个测量圆柱面上的轴向圆跳动误差。如此在若干个测量圆柱面上测量,取各个测量圆柱面上的轴向圆跳动误差的最大值作为该零件的轴向圆跳动误差。

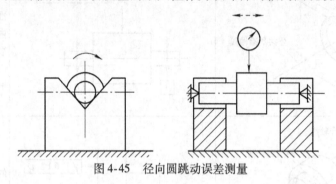

图 4-45 径向圆跳动误差测量

4.5.5 全跳动

1. 图样标注与公差带

全跳动公差是关联实际被测要素对理想回转面的允许变动量。当理想回转面是以基准轴线为轴线的圆柱面时,称为径向全跳动;当理想回转面是与基准轴线垂直的平面时,称为轴向(端面)全跳动。全跳动公差带的定义标注与解释,见表 4-18。

1) 径向全跳动公差带。径向全跳动公差带是半径差为公差值 t,且与基准轴线同轴的两圆柱面之间的区域。

2) 轴向全跳动公差带。轴向全跳动公差带是距离为公差值 t,且与基准轴线垂直的两平行平面之间的区域。

表 4-18 全跳动公差带的定义、标注与解释

分类	公差带定义	图例	标注与解释
径向全跳动	基准轴线	⌭ 0.1 A—B	提取表面应限定在半径差为 0.1mm,与公共基准轴线 A—B 同轴的两圆柱面之间
轴向全跳动	基准轴线	⌭ 0.1 D	提取表面应限定在间距为 0.1mm 且垂直于基准轴线 D 的两平行平面之间

2. 误差测量与评定

测量全跳动误差时，如图4-46及图4-47所示，被测实际要素绕基准轴线做无轴向移动的多周回转，同时指示表测头沿平行或垂直于基准轴线的方向连续移动（或被测实际要素每回转一周，指示表测头沿平行或垂直于基准轴线的方向间断地移动一个距离），指示表的最大与最小示值之差，如图4-46、图4-47所示。

在被测零件连续回转的过程中，若指示表测头沿平行于基准轴线的方向移动，则所得示值的最大差值为该零件的径向全跳动误差；若指示表测头沿垂直于基准轴线的方向移动，则所得示值的最大差值为该零件的轴向全跳动误差。

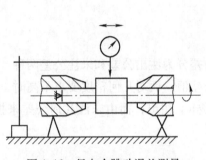 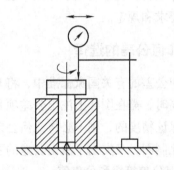

图4-46 径向全跳动误差测量　　　图4-47 轴向全跳动误差测量

4.6 几何公差国家标准及其选用

零件的几何误差对机器、仪器的正常工作有很大的影响，因此正确合理地设计几何精度，对保证机器、仪器的功能要求，提高经济效益是十分重要的。几何公差的选择主要包括三个方面内容：公差项目的选择、基准的选择和公差等级的选择。

4.6.1 几何公差项目的选择

选择几何公差项目的一般要点如下：

1) 首先要认真分析零件各重要部位的功能要求，确定是否要标注几何公差，应当标注哪些项目的公差。图样上是否要标注几何公差要求，可根据下述原则确定：

① 所设计的几何公差用常用设备和方法加工就能保证者，不必在设计图样上用几何公差框格的形式注出（做未注公差处理），只需以适当的方式加以说明即可，通常也不检查。若需抽样检查或仲裁，其公差要求按 GB/T 1184—1996《形状和位置公差　未注公差值》确定。

② 若功能允许，零件上某些要素的几何公差高于未注公差要求时，则必须将这些几何公差标注在图样上。通常用公差框格的形式标注，必要时可用文字说明。

③ 若功能允许，当零件上某些要素的几何公差可低于未注公差要求时，一般不需要标

注。但当较大的几何公差值对零件的加工具有显著的经济效益时,应将大于未注公差的几何公差值标注在图样上。

2) 如果要在同一要素上标注几个几何公差项目,则应进行分析。若标注了综合性项目已能满足功能要求,则不要再标注其他项目。例如,若标注了圆柱度公差,已能满足功能要求,则不要再标注圆度公差。

3) 应从工厂现有的检测条件来考虑几何公差项目的选择。例如,用圆跳动代替同轴度,用圆度和素线直线度及平行度代替圆柱度,或用全跳动代替圆柱度等。

4) 确定几何公差项目要参照有关专业标准的规定。例如,与滚动轴承相配合的孔、轴的几何公差项目,在滚动轴承标准中已有规定;单键、花键、齿轮等标准对有关几何公差也都有相应要求和规定。

4.6.2 几何公差的选择

在几何公差的有关国家标准中,将几何公差分为注出公差和未注公差两种。一般对几何精度要求高时,需在图样上注出公差项目和公差值。而对几何精度要求不高时,用一般机床加工能够保证精度的,则不必将几何公差在图样上注出,而由未注几何公差来控制。这样,既可以简化制图,又突出了注出公差的要求。

1. 几何公差等级和公差值

国家标准 GB/T 1184—1996 中规定,在几何公差的 19 个项目中,除了线轮廓度和面轮廓度未规定公差值外,其余项目都规定了公差值。在规定了公差值的项目中除位置度一项外,其余项目还划分了公差等级:圆度和圆柱度公差划分为 13 个等级,即 0 级、1 级、…、12 级,等级依次降低;其余项目划分为 12 个等级,即 1 级、2 级、…、12 级,等级依次降低。各几何公差等级的公差值见表 4-19 ~ 表 4-22。位置度公差只规定了数系,见表 4-23。

表 4-19 直线度、平面度(摘自 GB/T 1184—1996)

主参数 L/mm	公差等级											
	1	2	3	4	5	6	7	8	9	10	11	12
	公差值/μm											
≤10	0.2	0.4	0.8	1.2	2	3	5	8	12	20	30	60
>10 ~ 16	0.25	0.5	1	1.5	2.5	4	6	10	15	25	40	80
>16 ~ 25	0.3	0.6	1.2	2	3	5	8	12	20	30	50	100
>25 ~ 40	0.4	0.8	1.5	2.5	4	6	10	15	25	40	60	120
>40 ~ 63	0.5	1	2	3	5	8	12	20	30	50	80	150
>63 ~ 100	0.6	1.2	2.5	4	6	10	15	25	40	60	100	200
>100 ~ 160	0.8	1.5	3	5	8	12	20	30	50	80	120	250
>160 ~ 250	1	2	4	6	10	15	25	40	60	100	150	300
>250 ~ 400	1.2	2.5	5	8	12	20	30	50	80	120	200	400
>400 ~ 630	1.5	3	6	10	15	25	40	60	100	150	250	500
>630 ~ 1000	2	4	8	12	20	30	50	80	120	200	300	600

表 4-20 圆度、圆柱度（摘自 GB/T 1184—1996）

主参数 $d(D)$/mm	公差等级												
	0	1	2	3	4	5	6	7	8	9	10	11	12
	公差值/μm												
≤3	0.1	0.2	0.3	0.5	0.8	1.2	2	3	4	6	10	14	25
>3~6	0.1	0.2	0.4	0.6	1	1.5	2.5	4	5	8	12	18	30
>6~10	0.12	0.25	0.4	0.6	1	1.5	2.5	4	6	9	15	22	36
>10~18	0.15	0.25	0.5	0.8	1.2	2	3	5	8	11	18	27	43
>18~30	0.2	0.3	0.6	1	1.5	2.5	4	6	9	13	21	33	52
>30~50	0.25	0.4	0.6	1	1.5	2.5	4	7	11	16	25	39	62
>50~80	0.3	0.5	0.8	1.2	2	3	5	8	13	19	30	46	74
>80~120	0.4	0.6	1	1.5	2.5	4	6	10	15	22	35	54	87
>120~180	0.6	1	1.2	2	3.5	5	8	12	18	25	40	63	100

表 4-21 平行度、垂直度、倾斜度（摘自 GB/T 1184—1996）

主参数 $L, d(D)$/mm	公差等级											
	1	2	3	4	5	6	7	8	9	10	11	12
	公差值/μm											
≤10	0.4	0.8	1.5	3	5	8	12	20	30	50	80	120
>10~16	0.5	1	2	4	6	10	15	25	40	60	100	150
>16~25	0.6	1.2	2.5	5	8	12	20	30	50	80	120	200
>25~40	0.8	1.5	3	6	10	15	25	40	60	100	150	250
>40~63	1	2	4	8	12	20	30	50	80	120	200	300
>63~100	1.2	2.5	5	10	15	25	40	60	100	150	250	400
>100~160	1.5	3	6	12	20	30	50	80	120	200	300	500
>160~250	2	4	8	15	25	40	60	100	150	250	400	600
>250~400	2.5	5	10	20	30	50	80	120	200	300	500	800
>400~630	3	6	12	25	40	60	100	150	250	400	600	1000
>630~1000	4	8	15	30	50	80	120	200	300	500	800	1200

表 4-22 同轴度、对称度、圆跳动和全跳动（摘自 GB/T 1184—1996）

主参数 $d(D), B, L$/mm	公差等级											
	1	2	3	4	5	6	7	8	9	10	11	12
	公差值/μm											
≤1	0.4	0.6	1.0	1.5	2.5	4	6	10	15	25	40	60
>1~3	0.4	0.6	1.0	1.5	2.5	4	6	10	20	40	60	120
>3~6	0.5	0.8	1.2	2	3	5	8	12	25	50	80	150
>6~10	0.6	1	1.5	2.5	4	6	10	15	30	60	100	200
>10~18	0.8	1.2	2	3	5	8	12	20	40	80	120	250
>18~30	1	1.5	2.5	4	6	10	15	25	50	100	150	300
>30~50	1.2	2	3	5	8	12	20	30	60	120	200	400
>50~120	1.5	2.5	4	6	10	15	25	40	80	150	250	500
>120~250	2	3	5	8	12	20	30	50	100	200	300	600
>250~500	2.5	4	6	10	15	25	40	60	120	250	400	800

注：主参数 $d(D), B, L$ [当被测要素为圆锥面时，取 $d=(d_1+d_2)/2$]。

表 4-23 位置度公差值数系（摘自 GB/T 1184—1996） （单位：μm）

1	1.2	1.5	2	2.5	3	4	5	6	8
1×10^n	1.2×10^n	1.5×10^n	2×10^n	2.5×10^n	3×10^n	4×10^n	5×10^n	6×10^n	8×10^n

注：n 为正整数。

2. 几何公差等级（或公差值）的选择方法

当几何公差的未注公差不能满足零件的功能要求，必须要在图样上单独标注几何公差项目及其公差值时，注出几何公差值的确定原则与一般公差选用原则一样，即在满足零件使用要求的前提下尽量选取较低的公差等级。

确定几何公差值的方法，有类比法和计算法两种。确定公差值，应遵守下列原则：

1）根据几何公差带的特征和几何误差的定义，对同一被测要素规定多项几何公差时，素线的形状公差值应小于其方向和位置公差值；对同一基准或基准体系，同一要素的方向公差值应小于其位置公差值；跳动公差具有综合控制的性质，因此回转表面及其素线的形状公差值和方向、位置公差值均应小于相应的跳动公差值。同时，同一要素的圆跳动公差值应小于全跳动公差值。

2）位置公差大于方向公差。一边情况下，位置公差包含方向公差的要求，反之不然。

3）综合公差大于单项公差。例如，圆柱度公差大于圆度公差、素线和轴线直线度公差。

4）形状公差与表面粗糙度之间的关系也应协调。通常，中等尺寸和中等精度的零件，表面粗糙度 Ra 值可占形状公差的 20%~25%。

5）考虑配合要求。根据功能要求及工艺条件，通常在尺寸公差的 25%~63% 中选取，有特殊要求的可取更小的百分比。应当注意：形状公差占尺寸公差的百分比过小，则会给对工艺装备的精度要求过高；而占尺寸公差的百分比过大，则会给保证尺寸本身的精度带来困难。所以，通常表面对一般零件的形状公差，如圆度，可取尺寸公差的 63% 或 40%。

6）考虑零件的结构特点。对于刚性较差的零件（如细长轴、薄壁件等）和具有结构特点的要素（如距离较远的孔、轴等），因工艺性不好，加工精度会受到影响，可选取较大的公差值。

7）当需要通过计算确定几何公差值时，可以从产品的动态功能要求或静态功能要求出发，根据总装精度指标的公差值，以关键零件为中心分配各零件的几何公差。各零件上某些几何公差往往也是尺寸链组成环的公差，而产品总装精度指标的公差值则为封闭环公差，因而它们之间的关系可按"完全互换法"或"大数互换法"等计算。

表 4-24~表 4-27 列出了一些几何公差等级的适用场合，供选择几何公差等级时参考。

表 4-24 直线度、平面度公差等级应用

公差等级	应用举例
5	1级平板，2级宽平尺，平面磨床的纵导轨、垂直导轨、立柱导轨及工作台，液压龙门刨床和转塔车床床身导轨，柴油机进气、排气阀门导杆
6	普通机床导轨面，如卧式车床、龙门刨床、滚齿机、自动车床等的床身导轨、立柱导轨、柴油机壳体
7	2级平板，机床主轴箱，摇臂钻床底座和工作台，镗床工作台，液压泵盖，减速器壳体结合面

公差等级	应用举例
8	机床传动箱体，交换齿轮箱体，车床溜板箱体，柴油机气缸体，连杆分离面，缸盖结合面，汽车发动机缸盖、曲轴箱结合面，液压管件和法兰连接面
9	3级平板，自动车床床身底面，摩托车曲轴箱体，汽车变速器壳体，手动机械的支承面

表 4-25 圆度、圆柱度公差等级应用

公差等级	应用举例
5	一般计量仪器主轴、测杆外圆柱面，陀螺仪轴颈，一般机床主轴轴颈及主轴轴承孔，柴油机、汽油机活塞、活塞销，与E级滚动轴承配合的轴颈
6	仪表端盖外圆柱面，一般机床主轴及前轴承孔，泵、压缩机的活塞、气缸，汽油发动机凸轮轴，纺机锭子，减速器转轴轴颈，高速船用柴油机，拖拉机曲轴主轴颈，与E级滚动轴承配合的外壳孔，与G级滚动轴承配合的轴颈
7	大功率低速柴油机曲轴轴颈、活塞、活塞销、连杆、气缸，高速柴油机箱体轴承孔，千斤顶或压力油缸活塞，机动传动轴，水泵及通用减速器转轴轴颈，与G级滚动轴承配合的外壳孔
8	大功率低速发动机曲柄轴轴颈，压气机连杆盖、连杆体，拖拉机气缸、活塞，炼胶机冷铸辊，印刷机传墨辊，内燃机曲轴轴颈，采油机凸轮轴承孔，凸轮轴，拖拉机，小型船用柴油机气缸盖
9	空气压缩机缸体，液压传动筒，通用机械杠杆与拉杆用套筒销子，拖拉机活塞环、套筒孔

表 4-26 平行度、垂直度、倾斜度、轴向跳动公差等级应用

公差等级	应用举例
4，5	卧式车床导轨，重要支承面，车床主轴孔对基准的平行度，精密机床重要零件，计量仪器、量具、模具的基准面和工作面，机床主轴轴箱体重要孔，通用减速器壳体孔，齿轮泵的油孔端面，发动机轴和离合器的凸缘，气缸支承面，安装精密滚动轴承的壳体孔的凸肩
6，7，8	一般机床的基准面和工作面，压力机和锻锤的工作面，中等精度钻模的工作面，机床一般轴承孔对基准的平行度，变速器箱体孔，主轴花键对定心直径部位轴线的平行度，重型机械滚动轴承端盖，卷扬机、手动装置中的传动轴，一般导轨，主轴箱体孔，刀架、砂轮架、气缸配合面对基准轴线以及活塞销孔对活塞轴线的垂直度，滚动轴承内、外圈端面对轴线的垂直度
9，10	低精度零件，重型机械滚动轴承端盖，柴油机、煤气发动机箱体曲轴孔、曲轴轴颈，花键轴和轴肩端面，带式运输机法兰盘等端面对轴线的垂直度，手动卷扬机及传动装置中轴承孔端面，减速器壳体平面

表 4-27 同轴度、对称度、径向圆跳动公差等级应用

公差等级	应用举例
5，6，7	这是应用范围较广的公差精度，用于几何精度要求较高、尺寸公差等级高于或等于IT8的零件。5级常用于机床主轴轴颈，计量仪器的测量杆，汽轮机主轴，柱塞液压泵转子，高精度滚动轴承外圈，一般精度滚动轴承内圈。7级用于内燃机曲轴、凸轮轴、齿轮轴、水泵轴、汽车后轮输出轴，电动机转子，印刷机传墨辊的轴颈，键槽
8，9	常用于几何精度要求一般，尺寸公差等级为IT9～IT11的零件。8级用于拖拉机发动机分配轴轴颈，与9级精度以下齿轮相配的轴，水泵叶轮，离心泵体，棉花精梳机前后滚子，键槽等。9级用于内燃机气缸套配合面，自行车中轴

位置度公差通常需要经过计算确定。对于用螺栓或螺钉联接的两个或两个以上的零件，

其联接零件的位置度公差按下列方法计算。

用螺栓联接时，被联接零件上的孔均为通孔，其孔径大于螺栓的直径，位置度公差的计算公式为

$$t \leqslant kX_{\min} \tag{4-2}$$

式中　t——位置度公差（mm）；

　　　$X_{\min}$——光孔与螺栓间的最小间隙（mm）；

　　　k——间隙利用系数。

k 的推荐值：不需调整的固定联接，$k=1$；需要调整的固定联接，$k=0.8$ 或 0.6。

用螺钉联接时，被联接零件中有一个零件上的孔是螺孔，而其余零件上的孔均为光孔，其孔径大于螺钉直径，位置度公差的计算公式为

$$t \leqslant 0.5kX_{\min} \tag{4-3}$$

按以上公式计算确定的位置度公差，经圆整后，按表4-23选择公差值。

3. 未注几何公差规定

图样上没有具体注明几何公差值的要素，其几何精度由未注几何公差控制。国家标准将未注几何公差分为 H、K、L 三个等级，依次降低。表4-28~表4-31分别为直线度和平面度、垂直度、对称度和圆跳动的未注公差值。

表4-28　直线度和平面度的未注公差值（摘自 GB/T 1184—1996）　（单位：mm）

公差等级	基本长度范围					
	≤10	>10~30	>30~100	>100~300	>300~1000	>1000~3000
H	0.02	0.05	0.1	0.2	0.3	0.4
K	0.05	0.1	0.2	0.4	0.6	0.8
L	0.1	0.2	0.4	0.8	1.2	1.6

注：对于直线度，应按其相应的长度选择；对于平面度，应按其表面的较长一侧或圆表面的直径选择。

表4-29　垂直度未注公差值（摘自 GB/T 1184—1996）　（单位：mm）

公差等级	基本长度范围			
	≤100	>100~300	>300~1000	>1000~3000
H	0.2	0.3	0.4	0.5
K	0.4	0.6	0.8	1
L	0.6	1	1.5	2

注：取形成直角的两边中较长的一边作为基准，较短的一边作为被测要素。

表4-30　对称度未注公差值（摘自 GB/T 1184—1996）　（单位：mm）

公差等级	基本长度范围			
	≤100	>100~300	>300~1000	>1000~3000
H	0.5			
K	0.6		0.8	1
L	0.6	1	1.5	2

注：应取两要素中较长者作为基准，较短者作为被测要素。

表 4-31　圆跳动的未注公差值（摘自 GB/T 1184—1996）　　　（单位：mm）

公差等级	圆跳动公差值
H	0.1
K	0.2
L	0.5

注：应以设计或工艺给出的支承面作为基面，否则应取两要素中较长的一个作为基准。

圆度的未注公差值等于工件直径公差值，但不能大于表 4-31 中的径向圆跳动值。

圆柱度的未注公差值不做规定，原因是圆柱度误差是圆度、直线度和相对素线的平行度误差综合形成的，而这三项误差均分别由它们的注出公差或未注公差控制。如果对圆柱度有较高的要求，则可以采用包容要求或注出圆柱度公差值。

平行度的未注公差值等于给出的尺寸公差值或是直线度和平面度未注公差值中的较大者。应取两要素中较长者作为基准，若两要素长度相等，则可任选其一为基准。

同轴度的未注公差值未做规定，可用径向圆跳动的未注公差值加以控制。

线轮廓度、面轮廓度、倾斜度、位置度和全跳动的未注公差值均不做规定，它们均由各要素的注出公差或未注线性尺寸公差或角度公差控制。

未注公差值的图样表示法为：在标题栏附近或技术要求、技术文件（如企业标准）中注出标准号及公差等级代号，如选用 H 级，则标注为：GB/T 1184 – H。

4.6.3　基准及基准体系的选择

基准（Datum）是具有正确形状的公称要素，在实际应用时，则由基准实际要素来确定。由于实际零件存在几何误差，因此由实际要素建立基准时，应以该基准实际要素的公称要素为基准，公称要素的位置应符合最小条件。例如，由实际表面建立基准平面时，基准平面为处于材料之外与基准实际表面接触，且符合最小条件的理想平面，如图 4-48 所示。由实际轴线建立基准轴线时，基准轴线为穿过基准实际轴线，且符合最小条件的理想轴线，如图 4-49 所示。由两条或两条以上的实际轴线建立公共基准轴线时，公共基准轴线为这些实际轴线所共有的理想轴线。

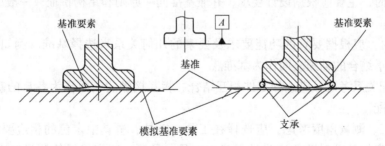

图 4-48　采用模拟基准要素建立基准（一）

为了确定被测要素的空间方位，有时仅有一个基准要素是不够的，可能需要两个或三个基准。有三个互相垂直的基准平面所组成的基准体系，称为三基面体系。这三个平面按功能要求分别称为第一基准平面、第二基准平面和第三基准平面。由实际表面建立三基面体系时，第一基准平面与第一基准实际平面至少有三点接触；第二基准平面与第二基准实际平面

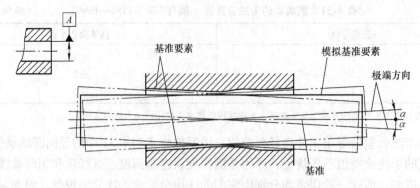

图 4-49 采用模拟基准要素建立基准（二）

至少有两点接触，且垂直于第一基准平面；第三基准平面与第三基准实际平面至少有一点接触，且分别垂直于第一基准平面和第二基准平面。由实际表面所建立的三基面体系如图 4-50 所示。

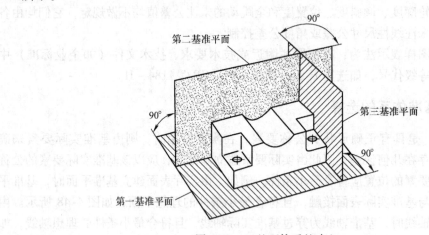

图 4-50 三基面体系的建立

选择基准时，主要应根据设计要求，并兼基准同一原则和结构特征，一般可从下列几方面来考虑：

1) 设计时，应根据要素的功能要求及要素的几何关系来选择基准。例如，对旋转轴，通常选择与轴承结合的轴颈表面作为基准。

2) 从装配关系考虑，应选择零件相互结合、相互接触的表面作为各自的基准，以保证零件的正确装配。

3) 从加工、测量角度考虑，应选择在工具、夹具、量具中定位的相应要素作为基准，并考虑这些要素作基准时要便于设计工具、夹具、量具，还应尽量使测量基准与设计基准统一。

4) 当必须以铸造、锻造或焊接等未经切削加工的毛坯面作基准时，应选择最稳定的表面作为基准，或在基准要素上指定一些点、线、面（即基准目标）来建立基准。

5) 采用多个基准时，应从被测要素的使用要求考虑基准要素的顺序。通常，选择对被测要素使用要求影响最大的表面，或者定位最稳定的表面作为第一基准。

思考与习题

4-1 几何公差项目有哪些？分别用什么符号表示？怎么分类？

4-2 在什么情况下，需对公差框格中给出的几何公差值加 ϕ？

4-3 比较测同一被测要素时，下列公差项目间的区别和联系。

1) 圆度公差与圆柱度公差。

2) 圆度公差与径向圆跳动公差。

3) 同轴度公差与径向圆跳动公差。

4) 直线度公差与平面度公差。

5) 平面度公差与平行度公差。

4-4 几何公差项目的公差带由哪几个要素组成？各公差项目的公差带形状是如何确定的？

4-5 形状公差带、轮廓公差带、方向公差带、位置公差带、跳动公差带的特点各是什么？

4-6 国家标准规定了哪些几何误差检测和验证过程？

4-7 国家标准对几何误差的大小是如何规定的？它与几何公差带之间的关系与区别是什么？

4-8 对几何公差进行选择时需从哪几方面着手？

4-9 判断题

1) 平面度公差带与轴向全跳动公差带的形状是相同的。　　　　　　　　　　　　（　）

2) 直线度公差带一定是距离为公差值 t 的两平行平面之间的区域。　　　　　　　（　）

3) 圆度公差带和径向圆跳动公差带形状是不同的。　　　　　　　　　　　　　　（　）

4) 形状公差带的方向和位置都是浮动的。　　　　　　　　　　　　　　　　　　（　）

5) 位置度公差带的位置可以是固定的，也可以是浮动的。　　　　　　　　　　　（　）

6) 公差等级的选用应在保证使用要求的条件下，尽量选取较低的公差等级。　　　（　）

4-10 选择题

1) 径向全跳动公差带的形状与_____公差带的形状相同。

A. 圆柱度　　　　B. 圆度　　　　C. 同轴度　　　　D. 轴线的位置度

2) 若某平面对基准轴线的轴向全跳动为 0.04mm，则它对同一基准轴线的轴向圆跳动一定_____。

A. 小于 0.04　　　B. 不大于 0.04mm　　　C. 等于 0.04mm　　　D. 不小于 0.04mm

3) _____是给定平面内直线度最小包容区域的判别准则。

A. 三角形准则　　　B. 相间准则　　　C. 交叉准则　　　D. 直线准则

4-11 图 4-51 所示为零件的三种不同的标注方法，它们的公差带有何区别？

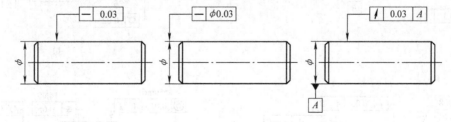

图 4-51　习题 4-11 图

4-12 图 4-52 所示为一单列圆锥滚子轴承的内圈，试将下列几何公差要求标注在零件图上。

1) 圆锥横截面的圆度公差为 0.006mm。

2) 圆锥面素线的直线度公差为 7 级（$L=50\text{mm}$），不许凸起。

3) 圆锥面对孔 $\phi80H7$ 轴线的斜向圆跳动公差为 0.01mm。

4) $\phi80H7$ 孔表面的圆柱度公差为 0.005mm。

5) 右端面对左端面的平行度公差为 0.005mm。

4-13 将下列各项几何公差要求标注在图 4-53 上。

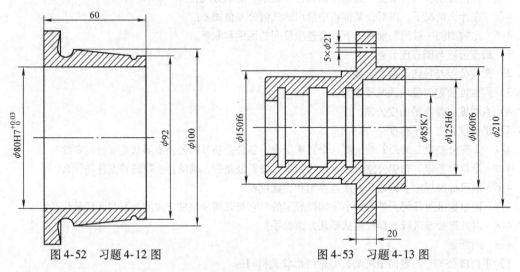

图 4-52 习题 4-12 图　　　　图 4-53 习题 4-13 图

1) $\phi160f6$ 圆柱表面对 $\phi85K7$ 圆孔轴线的圆跳动公差为 0.03mm。

2) $\phi150f6$ 圆柱表面对 $\phi85K7$ 圆孔轴线的圆跳动公差为 0.02mm。

3) 厚度为 20mm 的安装板左端面对 $\phi150f6$ 圆柱面的垂直度公差为 0.03mm。

4) 安装板右端面对 $\phi160f6$ 圆柱面轴线的垂直度公差为 0.03mm。

5) $\phi125H6$ 圆孔的轴线对 $\phi85K7$ 圆孔轴线的同轴度公差为 $\phi0.05$mm。

6) $5\times\phi21$mm 孔的轴线的位置由 $\phi160f6$ 圆柱面轴线和理论正确尺寸 $\phi210$mm 共同确定，且均匀分布，位置度公差为 $\phi0.125$mm。

4-14 在不改变几何公差项目的前提下，改正图 4-54 中几何公差的标注错误。

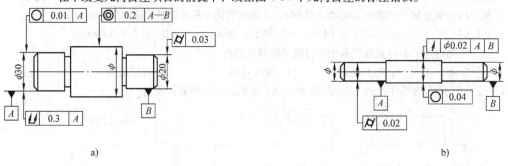

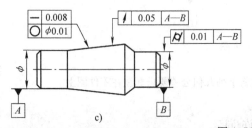
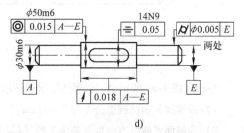

图 4-54 习题 4-14 图

英文阅读扩展

Geometrical product specifications (GPS) — Geometricaltolerancing

Scope and field of application

This International Standard gives the principles of symbolization and indication on technical drawings of tolerances of form, orientation, location and run – out, and establishes the appropriate geometrical definitions. Hence the term "geometrical tolerances" will be used in this document as synonymous with these groups of tolerances.

Geometrical tolerances shall be specified only where they are essential, that is, in the light of functional requirements, interchangeability and probable manufacturing circumstances.

Indicating geometrical tolerances does not necessarily imply the use of any particular method of production, measurement or gauging.

Terms and definitions

For the purposes of this document, the terms and definitions given in ISO 14660 – 1 and ISO 14660 – 2 and the following apply.

Tolerance zone: space limited by one or several geometrically perfect lines or surfaces, and characterized by a linear dimension, called a tolerance.

Intersection plane: plane, established from an extracted feature of the workpiece, identifying a line on an extracted surface (integral or median) or a point on an extracted line.

NOTE The use of intersection planes makes it possible to define toleranced features independent of the view.

Orientation plane: plane, established from an extracted feature of the workpiece, identifying the orientation of the tolerance zone.

NOTE 1 For a derived feature, the use of an orientation plane makes it possible to define the direction of the width of the tolerance zone independent of the TEDs (case of location) or of the datum (case of orientation).

NOTE 2 The orientation plane is only used when the toleranced feature is a median feature (centre point, median straight line) and the tolerance zone is defined by two parallel straight lines or two parallel planes.

Direction feature: feature, established from an extracted feature of the workpiece, identifying the direction of the width of the tolerance zone.

NOTE 1 The direction feature can be a plane, a cylinder or a cone.

NOTE 2 For a line in a surface, the use of a direction feature makes it possible to change the direction of the width of the tolerance zone.

NOTE 3 The direction feature is used on a complex surface or a complex profile when the direction of the tolerance value is not normal to the specified geometry.

NOTE 4   By default, the direction feature is a cone, a cylinder or a plane constructed from the datum or datum system indicated in the second compartment of the direction feature indicator. The geometry of the direction feature depends on the geometry of the toleranced feature.

Compound contiguous feature: feature composed of several single features joined together without gaps.

Collection plane: plane, established from a nominal feature on the workpiece, defining a closed compound contiguous feature.

NOTE   The collection plane may be required when the "all around" symbol is applied.

Theoretically exact dimension (TED): dimension indicated on technical product documentation, which is not affected by an individual or general tolerance.

NOTE 1   For the purpose of this International Standard, the term "theoretically exact dimension" has been abbreviated TED.

NOTE 2   A theoretically exact dimension is a dimension used in operations (e.g. association, partition, collection, ⋯).

NOTE 3   A theoretically exact dimension can be a linear dimension or an angular dimension.

NOTE 4   A TED can define
——the extension or the relative location of a portion of one feature,
——the length of the projection of a feature,
——the theoretical orientation or location from one or more features, or
——the nominal shape of a feature.

NOTE 5   A TED is indicated by a rectangular frame including a value.

Form and Symbols for toleranced characteristics

A geometrical tolerance applied to a feature defines the tolerance zone within which the feature (surface, axis, or median plane) is to be contained.

There are 19 kinds of geometrical tolerance in ISO 1101; they are shown in **Table 4-32**.

According to the characteristic, which is to be toleranced, and the manner in which it is dimensioned, the tolerance zone is one of the following:

—— the space within a circle;
—— the space between two concentric circles;
—— the space between two equidistant lines or two parallel straight lines;
—— the space within a cylinder;
—— the space between two coaxial cylinders;
—— the space between two equidistant planes or two parallel planes;
—— the space within a parallelepiped.

Table 4-32 Symbols for geometrical characteristics

Tolerances	Characteristics	Symbol	Datum needed
Form	Straightness	—	no
	Flatness	▱	no
	Roundness	○	no
	Cylindricity	⌭	no
	Profile any line	⌒	no
	Profile any surface	⌓	no
Orientation	Parallelism	//	yes
	Perpendicularity	⊥	yes
	Angularity	∠	yes
	Profile any line	⌒	yes
	Profile any surface	⌓	yes
Location	Position	⌖	yes or no
	Concentricity (for centre points)	◎	yes
	Coaxiality (for axes)	◎	yes
	Symmetry	═	yes
	Profile any line	⌒	yes
	Profile any surface	⌓	yes
Run – out	Circular run – out	↗	yes
	Total run – out	⌰	yes

Toleranced features

A geometrical specification applies to a single complete feature, unless an appropriate modifier is indicated.

When the geometrical specification **refers to the feature itself** (integral feature), the tolerance frame shall be connected to the toleranced feature by a leader line starting from either end of the frame and terminating in one of the following ways:

— In *2D annotation*, on the outline of the feature or an extension of the outline (but clearly separated from the dimension line) (see Figure 4-55a). The termination of the leader line is

— an arrow if it terminates on a drawn line, or

— a dot (filled or unfilled) when the indicated feature is an integral feature and the leader line terminates within the bounds of the feature.

— In 3D *annotation*, on the feature itself (Figure 4-55b). The termination of the leader line is a dot. When the surface is visible, the dot is filled out; when the surface is hidden, the dot is not filled out and the leader line is a dashed line.

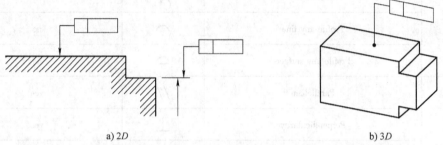

a) 2D　　　　　　　　　　　　　　b) 3D

Figure 4-55　The leader line of integral feature terminating in 2D and 3D annotation

When the tolerance refers to a median line, a median surface, or a median point (derived feature), it is indicated either

— by the leader line starting from either end of the tolerance frame terminated by an arrow on the extension of the dimension line of a feature of size (Figure 4-56), or

— by a modifier Ⓐ (median feature) placed at the rightmost end of the second compartment of the tolerance frame from the left. In this case, the leader line starting from either end of the tolerance frame does not have to terminate on the dimension line, but can terminate with an arrow on the outline of the feature (Figure 4-57).

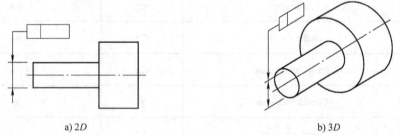

a) 2D　　　　　　　　　　　　　　b) 3D

Figure 4-56　The leader line of derived feature terminating in 2D and 3D annotation

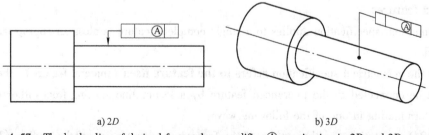

a) 2D　　　　　　　　　　　　　　b) 3D

Figure 4-57　The leader line of derived feature by a modifier Ⓐ terminating in 2D and 3D annotation

Datums and datum systems
Terms and definitions

Situation feature: Point, straight line, plane or helix from which the location and orientation of features, or both, can be defined.

Datum feature: real (non-ideal) integral feature used for establishing a datum.

Associated feature: ideal feature which is fitted to the datum feature with a specific association criterion.

Datum: one or more situation features of one or more features associated with one or more real integral features selected to define the location or orientation, or both, of a tolerance zone or an ideal feature representing for instance a virtual condition.

Single datum: datum established from one datum feature taken from a single surface or from one feature of size. If a single datum is used as the only datum in a tolerance frame, or if it is the primary datum in a datum system, the associated feature to the real integral feature (or to the portions of it) used for establishing the datum is obtained without external orientation constraints or location constraints.

Common datum: datum established from two or more datum features considered simultaneously. If the common datum is used as the only datum in a tolerance frame, or if it is the primary datum in a datum system, the collection of associated features used for establishing the datums, is established without external orientation constraints or location constraints; therefore, the surfaces are associated together, simultaneously.

Datum system: set of two or more situation features established in a specific order from two or more datum features. The associated features used to establish the datum system are derived sequentially, in the order defined by the geometrical specification. The relative orientation of the associated surfaces is theoretically exact but their relative location is variable.

Indication

Where the single feature used for establishing a datum is a feature of size, the surface shall be designated by a datum feature indicator placed:

— as an extension of a dimension line (Figure 4-58a),

— on a tolerance frame pointing to an extension of a dimension line for the surface (Figure 4-58b),

— on the reference line of a dimension (Figure 4-58c),

— on a tolerance frame linked to a reference line with a dimension and pointing to the surface (Figure 4-58d).

Where the single feature used for establishing a datum is not a feature of size, the surface shall be designated by a datum indicator placed either:

— on the outline of the surface or an extension line of the surface (Figure 4-59a),

— on a tolerance frame pointing to the outline or extension line of the surface or on a reference line (Figure 4-59b), or

— on the reference line with a leader line, that does not relate to a dimension, attached to the surface terminating in an open circle when the surface is hidden (Figure 4-59c) or in a filled circle (Figure 4-59d). A datum indicator on a view where the surface is not hidden should be indicated.

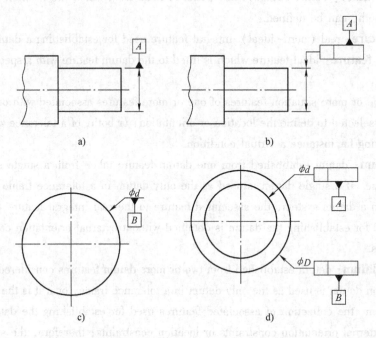

Figure 4-58 Attachment of a datum indicator for a single feature considered a feature of size

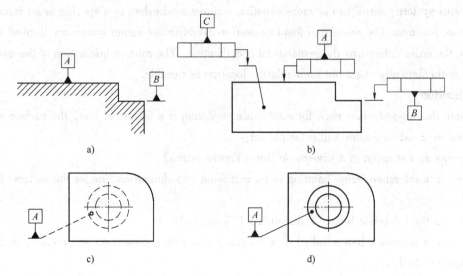

Figure 4-59 Attachment of a datum indicator for a single feature not considered a feature of size

第 5 章 公 差 原 则

知识引入

零件上几何特征的形成方式不同，对零件功能的影响也不同，所以在设计时应分别给出尺寸公差和几何公差。但尺寸公差和几何公差会相互影响吗？它们之间在公差值和公差方向、位置上有什么关系吗？在精度设计时有什么依据吗？

5.1 相关术语与定义

尺寸公差用于控制零件的尺寸误差，保证零件的尺寸精度要求；几何公差用于控制零件的几何误差，保证零件的几何精度要求。它们是影响零件质量的两个方面。根据零件功能的要求，尺寸公差与几何公差可以相互独立，也可以相互影响，相互补偿。为了保证设计要求，正确判断零件是否合格，必须明确尺寸公差与几何公差的内在联系，即公差原则。在学习公差原则之前，需要了解与之相关的一些专业术语及定义。

5.1.1 作用尺寸

1. 体外作用尺寸（External Function Size, EFS）

在被测要素的给定长度上，与实际轴（外表面）体外相接的最小理想孔（内表面）的直径（或宽度）称为孔的体外作用尺寸 D_{fe}；与实际孔（内表面）体外相接的最大理想轴（外表面）的直径（或宽度）称为轴的体外作用尺寸 d_{fe}，如图 5-1 所示。对于关联要素，该理想面的轴线或中心平面必须与基准保持图样给定的几何关系，如图 5-2 所示。即

$$D_{fe} = D_a - f$$
$$d_{fe} = d_a + f \tag{5-1}$$

式中　D_{fe}、d_{fe}——孔、轴的体外作用尺寸（mm）；
　　　D_a、d_a——孔、轴的提取要素的局部尺寸（mm）；
　　　f——导出要素的几何误差（mm）。

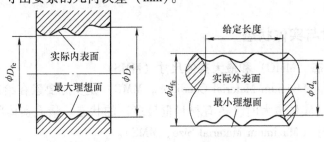

a) 孔的体外作用尺寸　　b) 轴的体外作用尺寸
图 5-1　单一要素的体外作用尺寸

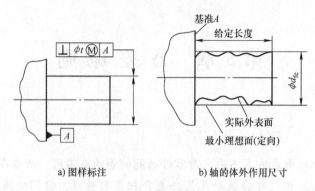

a) 图样标注　　　　　　b) 轴的体外作用尺寸

图 5-2　关联要素的体外作用尺寸

2. 体内作用尺寸（Internal Function Size, IFS）

在被测要素的给定长度上，与实际轴（外表面）体内相接的最大理想孔（内表面）的直径（或宽度）称为孔的体内作用尺寸 D_{fi}；与实际孔（内表面）体内相接的最小理想轴（外表面）的直径（或宽度）称为轴的体内作用尺寸 d_{fi}，如图 5-3 所示。对于关联实际要素，该体内相接的理想孔（轴）的轴线（非圆形孔、轴则为中心平面）必须与基准保持图样给定的几何关系。需要注意：作用尺寸是局部实际尺寸与几何误差综合形成的结果，作用尺寸是存在于实际孔、轴上的，表示其装配状态的尺寸。即

$$D_{fi} = D_a + f$$
$$d_{fi} = d_a - f \tag{5-2}$$

式中　D_{fi}、d_{fi}——孔、轴的体内作用尺寸（mm）。

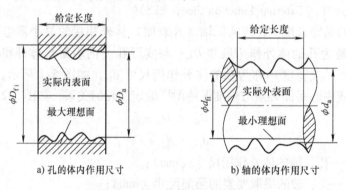

a) 孔的体内作用尺寸　　　　　　b) 轴的体内作用尺寸

图 5-3　孔、轴体内作用尺寸

5.1.2　实体尺寸与实体状态

1. 最大实体状态（MMC）和最大实体尺寸（MMS）

最大实体状态（Maximum Material Condition, MMC）是实际要素在给定长度上，处处位于极限尺寸之间且使实体最大时（占有材料量最多）的状态。最大实体状态对应的极限尺寸称为最大实体尺寸（Maximum Material Size, MMS）。

显然，轴的最大实体尺寸 d_M 就是轴的上极限尺寸 d_{max}，孔的最大实体尺寸 D_M 就是孔的下极限尺寸 D_{min}，即

$$d_\mathrm{M} = d_\mathrm{max}, \quad D_\mathrm{M} = D_\mathrm{min} \tag{5-3}$$

2. 最小实体状态（LMC）和最小实体尺寸（LMS）

最小实体状态（Least Material Condition，LMC）是实际要素在给定长度上，处处位于极限尺寸之间且使实体最小时（占有材料量最少）的状态。最小实体状态对应的极限尺寸称为最小实体尺寸（Least Material Size，LMS）。

显然，轴的最小实体尺寸 d_L 就是轴的下极限尺寸 d_min，孔的最小实体尺寸 D_L 就是孔的上极限尺寸 D_max，即

$$d_\mathrm{L} = d_\mathrm{min}, \quad D_\mathrm{L} = D_\mathrm{max} \tag{5-4}$$

3. 最大实体实效状态（MMVC）和最大实体实效尺寸（MMVS）

最大实体实效状态（Maximum Material Virtual Condition，MMVC）是在给定长度上，实际要素处于最大实体状态，且其中心要素的形状或位置误差等于图样给出公差值时的综合极限状态。

最大实体实效状态对应的体外作用尺寸称为最大实体实效尺寸（Maximum Material Virtual Size，MMVS）。

对于轴，它等于最大实体尺寸 d_M 加上其几何公差值 t；对于孔，它等于最大实体尺寸 D_M 减去几何公差值 t。即

$$\begin{aligned} d_\mathrm{MV} &= d_\mathrm{M} + t \\ D_\mathrm{MV} &= D_\mathrm{M} - t \end{aligned} \tag{5-5}$$

4. 最小实体实效状态（LMVC）和最小实体实效尺寸（LMVS）

最小实体实效状态（Least Material Virtual Condition，LMVC）是在给定长度上，实际要素处于最小实体状态，且其中心要素的形状或位置误差等于图样给出公差值时的综合极限状态。

最小实体实效状态对应的体内作用尺寸称为最小实体实效尺寸（Least Material Virtual Size，LMVS）。

对于轴，它等于最小实体尺寸 d_L 减去几何公差值 t；对于孔，它等于最小实体尺寸 D_L 加上几何公差值 t。即

$$\begin{aligned} d_\mathrm{LV} &= d_\mathrm{L} - t \\ D_\mathrm{LV} &= D_\mathrm{L} + t \end{aligned} \tag{5-6}$$

需要注意：最大实体状态和最小实体状态只要求具有极限状态的尺寸，不要求具有理想形状。最大实体实效状态和最小实体实效状态只要求具有实效状态的尺寸，不要求具有理想形状。

5.1.3 边界

边界是设计所给定的具有理想形状的极限包容面。这里需要注意，孔（内表面）的理想边界是一个理想轴（外表面）；轴（外表面）的理想边界是一个理想孔（内表面）。边界的作用是综合控制要素的尺寸和几何误差（形状、方向或位置误差）。依据极限包容面的尺寸，理想边界有最大实体边界（MMB）、最小实体边界（LMB）、最大实体实效边界（MMVB）和最小实体实效边界（LMVB）。

1. 最大实体边界（Maximum Material Boundary，MMB）

最大实体状态对应的极限包容面称为最大实体边界，其尺寸等于要素（孔或轴）的最大实体尺寸。图 5-4a、图 5-4b 分别表示单一要素孔、轴的最大实体尺寸及最大实体边界（图中 S 表示被测要素的提取组成要素）。

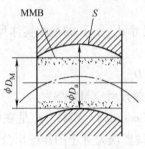
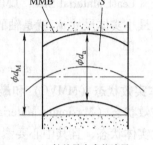

a) 孔的最大实体边界　　　　　　　　　b) 轴的最大实体边界

图 5-4　单一要素孔、轴的最大实体尺寸及其边界

2. 最小实体边界（Least Material Boundary，LMB）

最小实体状态对应的极限包容面称为最小实体边界，其尺寸等于要素（孔或轴）的最小实体尺寸。如图 5-5 所示为轴与孔的最小实体尺寸及边界。

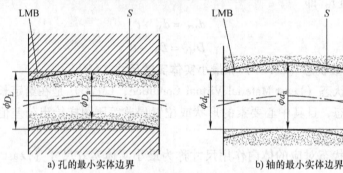

a) 孔的最小实体边界　　　　　　　　　b) 轴的最小实体边界

图 5-5　轴与孔的最小实体尺寸及边界

3. 最大实体实效边界（Maximum Material Virtual Boundary，MMVB）

最大实体实效状态对应的极限包容面称为最大实体实效边界，其尺寸等于要素（孔或轴）的最大实体实效尺寸。图 5-6a、图 5-6b 所示分别为单一要素孔、轴的最大实体实效尺寸及最大实体实效边界（图中 S 表示被测要素的提取组成要素）。图 5-7a 所示为关联要素轴的图样标注。图 5-7b 所示为轴的最大实体实效尺寸及其边界，需注意的是关联要素的最大实体实效边界应垂直于基准平面 A。

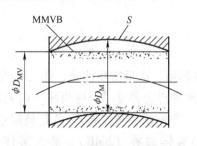
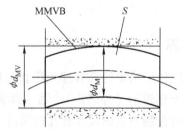

a) 孔的最大实体实效边界　　　　　　　b) 轴的最小实体实效边界

图 5-6　单一要素孔、轴的最大实体实效尺寸及其边界

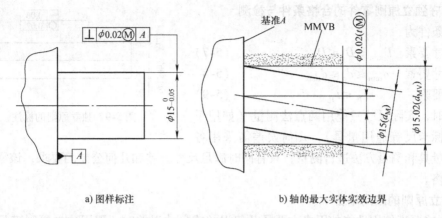

a) 图样标注　　　　　　　　　b) 轴的最大实体实效边界

图 5-7　关联要素轴的图样标注和轴的最大实体实效尺寸及边界

4. 最小实体实效边界（Least Material Virtual Boundary，LMVB）

最小实体实效状态对应的极限包容面称为最小实体实效边界，其尺寸等于要素（孔或轴）的最小实体实效尺寸。图 5-8a、图 5-8b 所示分别为单一要素孔、轴的最小实体实效尺寸及最小实体实效边界（图中 S 表示被测要素的提取组成要素）。

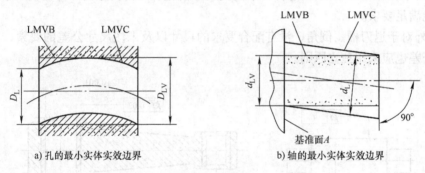

a) 孔的最小实体实效边界　　　　　b) 轴的最小实体实效边界

图 5-8　孔、轴的最小实体实效尺寸及其边界

5.2　公差原则详解

国家标准 GB/T 4249—2008《产品几何技术规范（GPS）　公差原则》、GB/T 16671—2008《产品几何技术规范（GPS）　几何公差　最大实体要求、最小实体要求和可逆要求》规定了尺寸公差与几何公差之间的关系。公差原则分为独立原则和相关要求，相关要求又可分为包容要求、最大实体要求、最小实体要求以及可逆要求。

5.2.1　独立原则

1. 独立原则的含义及图样标注

独立原则（Independence Principle，IP）是指被测要素的几何公差和尺寸公差在定义及应用时相互独立，尺寸公差和几何公差分别独立地控制被测要素的尺寸误差和几何误差的公差原则。其图样标注如图 5-9 所示，图样上不需添加其他任何附加符号。

2. 遵守独立原则零件的合格条件与检测

合格条件为

内尺寸要素　　$D_{\min} \leq D_a \leq D_{\max}$　　(5-7)

外尺寸要素　　$d_{\min} \leq d_a \leq d_{\max}$　　(5-8)

几何要素　　　$f_几 \leq t_几$　　(5-9)

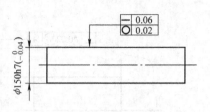

图 5-9　独立原则的标注

检测时，实际尺寸只能用两点法测量（如用千分尺、游标卡尺等通用量具），几何误差需采用各自的专用量具和测量方法进行测量，只有同时满足尺寸公差和几何公差的要求，该零件才能被判为合格。

3. 独立原则的应用场合

1）影响要素使用性能的因素主要是几何误差或尺寸误差时，需用独立原则满足使用要求。例如，印刷机的滚筒，尺寸精度要求不高，但对圆柱度要求高，以保证印刷均匀和清晰，因而需按独立原则给出圆柱度公差 t，而其尺寸公差则按未注公差处理，如图 5-10a 所示。

2）要素的尺寸公差和几何公差需直接满足的功能不同，且两者要求都较严格，需要分别满足要求。如图 5-10b 所示，连杆的小头孔尺寸公差和几何公差要求都比较严格，使用独立原则均能满足要求。

3）此外对于退刀槽、倒角、没有配合要求的尺寸以及未注尺寸公差的要素，其尺寸公差与几何公差也应采用独立原则。

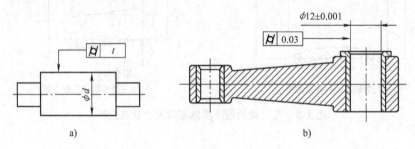

图 5-10　独立原则应用实例

5.2.2　包容要求

1. 包容要求的定义

包容要求（Envelope Requirement, ER）是尺寸要素的非理想要素不得违反其最大实体边界（MMB）的一种尺寸要素要求。包容要求适用于单一要素，如圆柱表面或两平行对应面。包容要求是采用尺寸公差同时控制要素的尺寸误差与形状误差的公差要求。

采用包容要求的尺寸要素，其提取组成要素不得超越其最大实体边界（MMB），其局部尺寸不得超出最小实体尺寸（LMS）。

对于孔（内表面）

$$\begin{cases} D_{fe} \geq D_M = D_{\min} \\ D_a \leq D_L = D_{\max} \end{cases} \quad (5\text{-}10)$$

对于轴（外表面）

$$\begin{cases} d_{fe} \leq d_M = d_{max} \\ d_a \geq d_L = d_{min} \end{cases} \tag{5-11}$$

2. 包容要求的标注、应用与合格性判定

包容要求主要用于需要保证配合性质的孔、轴单一要素的中心轴线的直线度。包容要求在零件图样上的标注标记是在尺寸公差带代号后面加写Ⓔ，如图 5-11a 所示。图 5-11b 所示为实际尺寸和几何公差变化关系的动态公差图。分析如下：

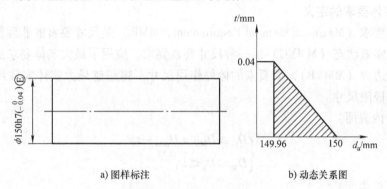

a) 图样标注　　　　　　b) 动态关系图

图 5-11　包容要求实例

图 5-11 中的标注含义是：提取圆柱面必须在其最大实体边界（MMB）之内，该边界的尺寸为最大实体尺寸（MMS）$\phi 150$mm；其局部尺寸不得小于 149.96mm，如图 5-12a 和图 5-12b 所示。也即当轴为最大实体状态（MMC）时，其几何公差为零；若该轴为最小实体状态（LMC），则其几何误差允许达到最大值，可为图中给定的尺寸公差值 0.04mm，即该轴几何公差在 $\phi 0 \sim \phi 0.04$mm 之间变化，如图 5-12c 和图 5-12d 所示。

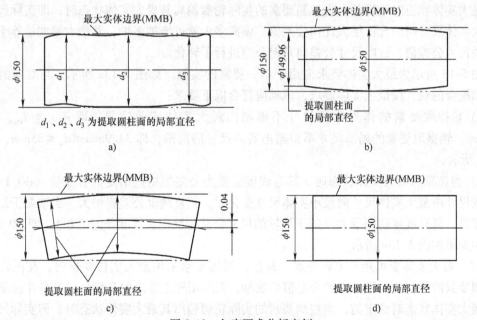

图 5-12　包容要求分析实例

综上所述，在使用包容要求的情况下，图样上所标注的尺寸公差具有双重职能：①控制尺寸误差；②控制形状误差。生产中采用光滑极限量规检验符合包容要求的被测实际要素。

包容要求常用于保证孔、轴的配合性质，特别是配合公差较小的精度配合要求，所需的最小间隙或最大过盈通过各自的最大实体边界来保证。例如，回转的轴颈与滑动轴承、滑块与槽等的配合。

5.2.3 最大实体要求

1. 最大实体要求的定义

最大实体要求（Maximum Material Requirement，MMR）是尺寸要素的非理想要素不得违反其最大实体实效状态（MMVC）的一种尺寸要素要求。应用了最大实体要求的要素应遵守最大实体实效边界（MMVB），即要素的体外作用尺寸不得超越最大实体实效尺寸，且实际尺寸不得超出极限尺寸。

对于孔（内表面）

$$\begin{cases} D_{fe} \geq D_{MV} = D_{min} - t \\ D_M \leq D_a \leq D_L \end{cases} \tag{5-12}$$

对于轴（外表面）

$$\begin{cases} d_{fe} \leq d_{MV} = d_{max} + t \\ d_L \leq d_a \leq d_M \end{cases} \tag{5-13}$$

2. 最大实体要求的标注、应用与合格性判定

最大实体要求适用于导出要素，既可应用于被测要素，又可应用于基准要素。

（1）最大实体要求用于单一要素　标注：被测要素采用最大实体要求时，在图样上标注被测要素的几何公差框格中的公差值后加Ⓜ，表示图样上注出的几何公差值是在被测要素处于最大实体状态时给定的，当被测要素的实际轮廓偏离其最大实体状态时，即实际尺寸偏离最大实体尺寸时，允许增大几何公差值。偏离多少就可增加多少，其最大增加量等于被测要素的尺寸公差值，这时尺寸公差向几何公差进行了转化。

图 5-13 所示为最大实体要求应用于单一要素的实例。如图 5-13a 所示，与对应的孔形成间隙配合的轴，按最大实体要求，该轴应符合以下要求：

1）轴提取要素的体外作用尺寸不得超出最大实体实效边界，即 $d_{MV} = d_{max} + t = 35.1mm$；轴提取要素的局部尺寸不得超出实体尺寸的范围，即 $34.9mm \leq d_a \leq 35mm$，如图 5-13b 所示。

2）当该轴为最大实体状态时，其直线度公差为公差框格里给定的公差值（$\phi 0.1mm$），当轴的尺寸由最大实体尺寸向最小实体尺寸变化时，其直线度公差将增大，当轴处于最小实体状态时，其直线度达到最大（等于该轴的尺寸公差与给定直线度公差之和），即 $\phi 0.2mm$。动态关系图如图 5-13c 所示。

（2）最大实体要求用于关联要素　标注：被测要素采用最大实体要求时，在图样上标注被测要素的几何公差框格中的公差值后加Ⓜ，表示图样上注出的几何公差值是在被测要素处于最大实体状态时给定的，当被测要素的实际轮廓偏离其最大实体状态时，即实际尺寸偏离最大实体尺寸时，允许增大几何公差值。偏离多少就可增加多少，其最大增加量等于被测

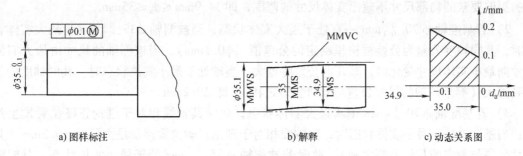

a) 图样标注   b) 解释   c) 动态关系图

图 5-13 最大实体要求应用于单一要素实例

要素的尺寸公差值,这时尺寸公差向几何公差进行了转化。

图 5-14 所示为最大实体要求应用于关联要素的实例。如图 5-14a 所示,与对应的孔形成间隙配合的轴,按最大实体要求,该轴应符合以下要求:

1) 轴的提取要素的体外作用尺寸不得超出最大实体实效边界,在整个配合长度且垂直于基准平面 A 的圆柱内表面,即 $d_{MV} = d_{max} + t = 35\text{mm} + 0.1\text{mm} = 35.1\text{mm}$;轴的提取要素的局部尺寸不超出实体尺寸的范围,即 $34.9\text{mm} \leq d_a \leq 35\text{mm}$,如图 5-14b 所示。

2) 当该轴为最大实体状态时,其垂直度公差为公差框格里给定的公差值($\phi 0.1\text{mm}$),当轴的尺寸由最大实体尺寸向最小实体尺寸变化时,其几何公差将增大,当轴处于最小实体状态时,其垂直度公差达到最大(等于该轴的尺寸公差与几何公差之和),即 $\phi 0.2\text{mm}$。动态关系图如图 5-14c 所示。

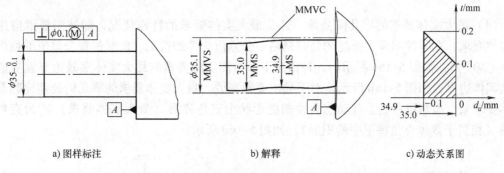

a) 图样标注   b) 解释   c) 动态关系图

图 5-14 最大实体要求应用于关联要素实例

(3) 最大实体要求用于基准要素   标注:当基准要素采用最大实体要求时,需在几何公差框格中的基准字母后加Ⓜ;表示基准的提取组成要素不得超越其最大实体实效边界。当基准要素的导出要素没有标注几何公差要求或注有几何公差但没有加Ⓜ时,基准要素的最大实体实效尺寸为最大实体尺寸;当基准要素的导出要素有形状公差要求且其后有加Ⓜ时,基准要素的最大实体实效尺寸 $d_{MV}(D_{MV}) = d_{max}(D_{min}) \pm t$,其中外尺寸要素为加(+),内尺寸要素为减(-)。

图 5-15 所示为最大实体要求同时应用于实测要素和基准要素的实例。图 5-15a 所示为与对应的孔形成间隙配合的轴,按最大实体要求,该轴应符合以下要求(图 5-15b):

1) 被测轴 $\phi 35_{-0.1}^{0}\text{mm}$ 的提取要素的体外作用尺寸不得超出最大实体实效边界,在整个配合长度且垂直于基准平面 A 的圆柱内表面,即 $d_{MV} = d_{max} + t = (35 + 0.1)\text{mm} = 35.1\text{mm}$;

轴的提取要素的局部尺寸不超出实体尺寸的范围，即 $34.9\text{mm} \leqslant d_a \leqslant 35\text{mm}$。

2）若基准轴 $\phi 70_{-0.1}^{0}\text{mm}$ 一直处于最大实体状态，当被测轴 $\phi 35_{-0.1}^{0}\text{mm}$ 为最大实体状态时，其同轴度公差为公差框格里给定的公差值（$\phi 0.1\text{mm}$），当被测轴的尺寸由最大实体尺寸向最小实体尺寸变化时，其几何公差将增大，当轴处于最小实体状态时，其同轴度公差达到最大（等于该轴的尺寸公差与几何公差之和），即 $\phi 0.2\text{mm}$。

3）若基准轴 $\phi 70_{-0.1}^{0}\text{mm}$ 偏离最大实体状态，此时其轴线相对于理论正确位置发生浮动；当基准轴处于最小实体状态时，其轴线相对于理论正确位置浮动最大可达 $\phi 0.3\text{mm}$（其尺寸公差与给定的几何公差之和），此时若被测轴 $\phi 35_{-0.1}^{0}\text{mm}$ 处于最小实体状态，其同轴度公差可能会超过 $\phi 0.5\text{mm}$，即给定的同轴度公差、被测轴的尺寸公差与基准位置浮动之和，同轴度误差的最大值可以根据零件具体的结构尺寸近似估算。

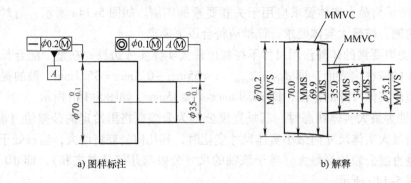

a) 图样标注　　　　b) 解释

图 5-15　实测要素和基准要素均应用最大实体要求的实例

（4）最大实体要求的零几何公差　这是最大实体要求的特殊情况，即被测要素应用最大实体要求，在零件图样上标注的公差框格中公差值为零的情况，此时位置公差值的格内写 0 Ⓜ（$\phi 0$ Ⓜ），如图 5-16a 所示。此种情况下，被测实际要素的最大实体实效边界就变成了最大实体边界，如图 5-16b 所示。对于导出要素来说，最大实体要求的零几何公差比起最大实体要求来，显然更严格。其动态公差图的形状由直角梯形（最大实体要求）转为直角三角形（相当于裁掉直角梯形中的矩形），如图 5-16c 所示。

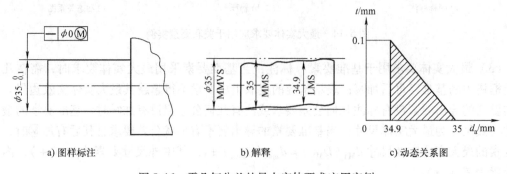

a) 图样标注　　　　b) 解释　　　　c) 动态关系图

图 5-16　零几何公差的最大实体要求应用实例

（5）可逆要求用于最大实体要求　在不影响零件功能的前提下，位置公差可以反过来补给尺寸公差，即位置公差有富余的情况下，允许尺寸误差超过给定的尺寸公差，显然在一定程度上能够降低工件的废品率。在零件图样上，可逆要求用于最大实体要求的标注是在公差框格的公差值后面加写Ⓜ®，如图 5-17a 所示。

被测要素的实际轮廓应遵守最大实体实效边界。当被测要素实际尺寸偏离最大实体尺寸时，允许其几何误差增大，即尺寸公差可以补偿几何公差；当几何误差小于给定值时，也允许实际尺寸超出最大实体尺寸。当几何公差为零时，允许尺寸的增大量为几何公差值，即几何公差可以补偿尺寸公差。图 5-17b 所示为可逆要求应用于最大实体要求的动态公差图。

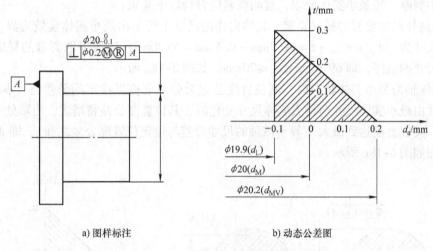

a) 图样标注　　　　　　　　　　b) 动态公差图

图 5-17　可逆要求应用于最大实体要求

3. 最大实体要求的应用与检测

最大实体要求只应用于对尺寸要素的尺寸和导出要素几何公差之间提出的综合要求。一般用于保证可装配性，而对其他功能要求较低的零件尺寸要素，这样可以充分利用尺寸公差补偿几何公差，提高零件的合格率，从而获得显著的经济效益。如需保证装配成功率的螺栓或螺钉联接处（即法兰盘上的联接用孔组或轴承端盖上的联接用孔组）的导出要素，一般是孔组轴线的位置度，还有槽类的对称度和同轴度。

5.2.4　最小实体要求

1. 最小实体要求的定义

最小实体要求（Least Material Requirement，LMR）是指尺寸要素的非理想要素不得违反其最小实体实效状态（LMVC）的一种尺寸要素要求，也即尺寸要素的非理想要素不得超越其最小实体实效边界（LMVB）的一种尺寸要素要求。

对于孔（内表面）

$$\begin{cases} D_{fi} \leqslant D_{MV} = D_{max} + t \\ D_M \leqslant D_a \leqslant D_L \end{cases} \tag{5-14}$$

对于轴（外表面）

$$\begin{cases} d_{fi} \geqslant d_{LV} = d_{min} - t \\ d_L \leqslant d_a \leqslant d_M \end{cases} \tag{5-15}$$

2. 最小实体要求的标注、应用与合格性判定

最小实体要求适用于导出要素，既可应用于被测要素，又可应用于基准要素。

（1）最小实体要求用于被测要素　标注：被测要素采用最小实体要求时，在图样上标注被测要素的几何公差框格中的公差值后加Ⓛ；表示图样上注出的几何公差值是在被测要素处于最小实体状态时给定的，当被测要素的实际轮廓达到最大实体状态时，几何公差达到最大。

图 5-18 所示为最小实体要求应用于关联要素的实例。图 5-18a 所示零件的预期功能是控制其最小壁厚。按最小实体要求，被测要素应符合以下要求：

1）被测外尺寸要素的提取要素，其体内作用尺寸不得超出最小实体实效边界，其最小实体实效尺寸为：$d_{LV} = d_{min} - t = 69.9\text{mm} - 0.1\text{mm} = 69.8\text{mm}$；轴的提取要素的局部尺寸不超出实体尺寸的范围，即 $69.9\text{mm} \leq d_a \leq 70\text{mm}$，如图 5-18b 所示。

2）当该轴为最小实体状态时，其位置度公差为公差框格里给定的公差值（$\phi 0.1\text{mm}$），当轴的尺寸由最小实体尺寸向最大实体尺寸变化时，其位置度公差将增大，当轴处于最大实体状态时，其位置度达到最大（等于该轴的尺寸公差与给定位置度公差之和），即 $\phi 0.2\text{mm}$。动态关系图如图 5-18c 所示。

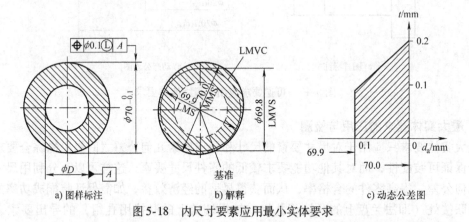

a) 图样标注　　　　b) 解释　　　　c) 动态公差图

图 5-18　内尺寸要素应用最小实体要求

（2）最小实体要求应用于基准要素　最小实体要求用于基准要素时，基准要素应遵守相应的边界。实际基准要素的实际轮廓尺寸偏离边界尺寸时，允许基准要素的尺寸公差补偿提取要素的几何公差。

基准要素本身采用最小实体要求时，则相应的边界为最小实体实效边界。此时，基准代号应直接标注在形成该最小实体实效边界的几何公差框格下面，如图 5-19 所示。

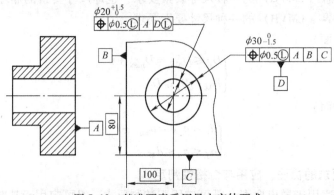

图 5-19　基准要素采用最小实体要求

基准要素本身不采用最小实体要求时，相应的边界为最小实体边界，如图 5-20 所示。

（3）可逆要求用于最小实体要求　可逆要求用于最小实体要求时，应在图样上公差数值后后加注符号 Ⓛ Ⓡ，如图 5-21a 所示，表示被测要素遵守最小实体要求的同时遵守可逆要求。在被测要素遵守最小实体实效边界的条件下，允许被测要素的几何公差补偿其尺寸公差，同时其尺寸公差可以补偿其几何公差，补偿是可逆的。显然，这在一定程度上能够降低工件的废品率。

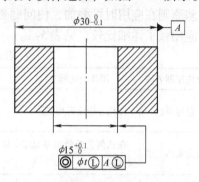

图 5-20　基准要素不采用最小实体要求

图 5-20 所示为可逆要求用于最小实体要求的实例。如图 5-21a 所示，同时应用最小实体要求和可逆要求时，被测要素应符合以下要求：

1）当被测槽的尺寸为最小实体尺寸时，被测槽的中心平面位置度误差最大可以达到给定位置度公差值 $t_{给定} = 0.2$ mm。当被测要素的实际尺寸偏离最小实体尺寸时，其位置度达到最大（等于该轴的尺寸公差与给定位置度公差之和），即 0.6 mm。

2）由可逆要求可知，在被测槽中心平面的位置度误差小于给定公差值的条件下，即 $f \leqslant 0.2$ mm 时，被测槽宽的尺寸可以超差，即其实际尺寸可以超出最小实体尺寸（4.2mm），但其体内作用尺寸不允许超出最小实体实效边界尺寸 $D_{LV} = D_{max} + t_{给定} = 4.4$ mm。其动态公差图如图 5-21b 所示，其横轴尺寸 4.2～4.4mm 为槽的尺寸误差可以超出的范围，即可逆范围。

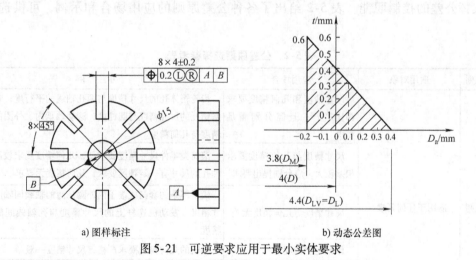

a）图样标注　　　　　　　　　b）动态公差图

图 5-21　可逆要求应用于最小实体要求

3. 最小实体要求的应用与检测

最小实体要求主要用于需要保证最小壁厚处（如空心的圆柱凸台、带孔的小垫圈等）的中心要素，一般是中心轴线的位置度、同轴度等。

5.2.5　小结

公差原则是解决生产第一线中尺寸误差与几何误差关系等实际问题的常用规则。由于相关的术语、概念较多,各种要求在标注、遵守的边界、检测方法及适用范围方面不同,各种公差原则在应用时可叠加,使问题更加复杂化。为了更加直观地比较各公差原则,将其特点及应用做了详细比较,见表 5-1。

表 5-1 常见公差原则的特点

公差原则名称	图样上的标注	所遵守的边界	应检测的对象
包容要求	在尺寸标注后加注Ⓔ	最大实体边界（MMB）	① 体外作用尺寸不超出最大实体边界 ② 实际尺寸在其尺寸公差范围内
最大实体要求	在几何公差值或基准后加注Ⓜ	最大实体实效边界（MMVB）	① 体外作用尺寸不超出最大实体实效边界 ② 实际尺寸在其尺寸公差范围内
最小实体要求	在几何公差值或基准后加注Ⓛ	最小实体实效边界（LMVB）	① 体内作用尺寸不超出最小实体实效边界 ② 实际尺寸在其尺寸公差范围内
可逆要求	与最大实体要求同用时,在几何公差或基准后加注ⓂⓇ	最大实体实效边界（MMVB）	① 体外作用尺寸及实际尺寸不超出最大实体实效边界 ② 实际尺寸不超过最小实体尺寸
	与最小实体要求同用时,在几何公差或基准后加注ⓁⓇ	最小实体实效边界（LMVB）	① 体内作用尺寸及实际尺寸不超出最小实体实效边界 ② 实际尺寸不超过最大实体尺寸
独立原则	—	—	① 实际尺寸在其尺寸公差范围内 ② 几何误差不超出给定的几何公差

选择公差原则时,应根据提取要素的功能要求,选择合适的、经济可行的公差原则,以充分发挥公差的控制职能。表 5-2 给出了各种公差原则的应用场合和示例,可供选择时参考。

表 5-2 公差原则选择参考表

公差原则	适用对象	应用场合	示例
独立原则	适用于任何要素	尺寸精度和几何精度要求都比较严,且需分别满足要求	齿轮箱体孔的尺寸精度与两孔轴线的平行度;连杆活塞销孔的尺寸精度与圆柱度;滚动轴承内、外圈的尺寸精度与几何精度
		尺寸精度与几何精度要求相差较大,应分别提出要求	滚筒类零件尺寸精度要求低,几何精度要求较高;通油孔的尺寸有一定精度要求,几何精度无要求
		尺寸精度与几何精度无关	滚子链条的套筒或滚子内外圆柱面的轴线同轴度与尺寸精度;发动机连杆上的尺寸精度与孔轴线间的位置精度
		保证运动精度	导轨的几何精度要求严格,尺寸精度一般
		保证密封性	气缸的几何精度要求严格,尺寸精度一般
		未注公差	凡未注尺寸公差与未注几何公差都采用独立原则,如退刀槽、倒角、圆角等非功能要素
包容要求	只适用于单一要素	保证国家规定的配合性质	$\phi 30H7$ 孔与 $\phi 30h6$ 轴的配合,保证配合的最小间隙为零
		尺寸精度与几何精度间无严格比例关系要求	一般的孔与轴配合,只要求被测要素不超越最大实体尺寸,且局部实际尺寸不超越最小实体尺寸

（续）

公差原则	适用对象	应用场合	示 例
最大实体要求	适用于导出要素	保证被测实际要素不超越最大实体尺寸	关联要素的孔与轴有配合性质要求，在公差框格第二格标注
		保证可装配性	轴承盖上用于穿过螺钉的通孔；法兰盘上用于穿过螺栓的通孔
最小实体要求	适用于导出要素	保证零件强度和最小壁厚	一组孔轴线的任意方向位置度公差，采用最小实体要求可保证孔与孔间的最小壁厚
可逆要求	只与最大实体要求或最小实体要求联合应用	与最大（小）实体要求联用	能充分利用公差带，扩大尺寸要素的尺寸公差，在不影响使用性能要求的前提下可以选用

思考与习题

5-1 什么是公差原则？国家标准规定了哪些公差原则？

5-2 体外作用尺寸与最大实体实效尺寸之间是什么关系？

5-3 什么是边界？在相关要求中，边界的作用是什么？

5-4 各种公差原则在标注时具有什么特征？举例说明各种公差原则分别应用于什么场合。

5-5 填空题

1）孔的最大实体实效尺寸 MMVS 等于_____尺寸与其导出要素的_____之差。

2）可逆要求只能与_____要求和_____要求联合应用。

3）公差原则中的包容要求适用于单一要素。包容要求表示实际要素要遵守其_____边界，其局部实际尺寸不得超出最小实体尺寸。

4）标准中规定公称尺寸为 30~50mm 时，IT8 级为 39μm，则对于图样标注为 ϕ40h8 时，其最大实体尺寸为_____mm，最小实体尺寸为_____mm，对于图样标注为 ϕ40H8 时，其最大实体尺寸为_____mm，最小实体尺寸为_____mm。

5-6 试将下列各项要求标注在图 5-22 上：

1）ϕ30K7 孔和 ϕ50M7 孔采用包容要求；

2）底面的平面度公差为 0.02mm；

3）ϕ30K7 孔和 ϕ50M7 孔的内端面对它们的公共轴线的圆跳动公差为 0.04mm；

4）ϕ30K7 孔和 ϕ50M7 孔对它们的公共轴线的同轴度公差为 0.04mm；

5）6×ϕ11mm 孔对 ϕ50M7 孔的轴线和底面的位置度公差为 0.05mm，且被测要素的尺寸公差与几何公差应用最大实体要求。

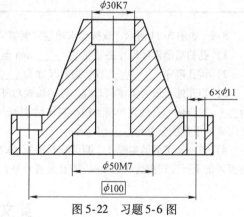

图 5-22 习题 5-6 图

5-7 按图 5-23 上标注的尺寸公差和几何公差填表 5-3，对于遵循相关要求的项目画出尺寸公差与几何公差之间的动态关系图。

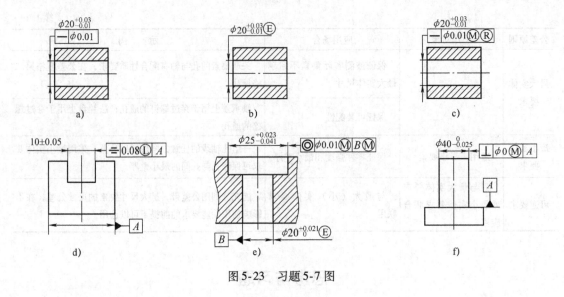

图 5-23　习题 5-7 图

表 5-3　习题 5-7 表

	遵守的公差原则	遵守边界及边界尺寸	MMS /mm	LMS /mm	MMC 时几何公差 /μm	LMC 时几何公差 /μm	局部提取要素的尺寸范围 $D_a(d_a)$/mm
a							
b							
c							
d							
e							
f							

5-8　如图 5-24 所示，试按要求填空并解答问题。

1）孔的局部实际尺寸必须在_____ mm 至_____ mm 之间。

2）该孔遵守_____边界，边界尺寸为_____ mm。

3）当孔处于最大实体状态时，孔的轴线对基准平面 A 的平行度公差为_____ mm。孔的直径均为最小实体尺寸 $\phi6.6$mm 时，孔轴线对基准平面 A 的平行度公差为_____ mm。

4）某一加工后的实际孔，测得其孔径为 $\phi6.55$mm，孔的轴线对基准平面 A 的平行度误差为 0.12mm，该孔是否合格？_____，为什么？

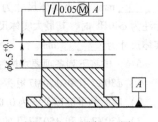

图 5-24　习题 5-8 图

英文阅读扩展

Geometrical tolerancing – Fundamentals principles and rules

Introduction

　　This International Standard covers some frequently occurring workpiece functional cases in design and tolerancing. The "maximum material requirement", MMR, covers "assembly" and the "least material requirement", LMR, covers, for example, "minimum wall thickness" of a part. Each requirement (MMR and LMR) combines two independent requirements into one collective requirement, which more accurately simulates the intended function of the workpiece. In some cases of both MMR and LMR, the "reciprocity requirement", RPR, can be added.

NOTE In ISO GPS standards, threaded features are often considered as features of size of type cylinder. However, no rules are defined in this International Standard for how to apply MMR, LMR and RPR to threaded features. Consequently, the tools defined in this International Standard cannot be used for threaded features.

This International Standard defines the maximum material requirement, the least material requirement and the reciprocity requirement. These requirements can only be applied to features of size.

These requirements are used to control specific functions of workpieces where size and geometry are interdependent, e. g. to fulfill the functions "assembly of parts" (for maximum material requirement) or "minimum wall thickness" (for least material requirement). However, the maximum material requirement and least material requirement are also used to fulfill other functional design requirements.

Considering this interdependence between size and geometry, the principle of *independency* defined in ISO 8015 does not apply when the maximum material requirement, least material requirement, or reciprocity requirement, are used.

Independency principle

By default, every GPS specification for a feature or relation between features shall be fulfilled independent of other specifications except when it is stated in a standard or by special indication (e. g. Ⓜ modifiers according to ISO 2692, CZ according to ISO 1101 or Ⓔ modifiers according to ISO 14405 - 1) as part of the actual specification.

Information about maximum material requirement, MMR

The assembly of parts depends on the combined effect of the size (of one or more extracted features of size), and the geometrical deviation of the (extracted) features and their derived features, such as the pattern of bolt holes in two flanges and the bolts securing them.

The minimum assembly clearance occurs when each of the mating features of size is at its maximum material size (e. g. the largest shaft size and the smallest hole size) and when the geometrical deviations (e. g. the form, orientation and location deviations) of the features of size and their derived features (median line or median surface) are also at their maximum. Assembly clearance increases to a maximum when the sizes of the assembled features of size are furthest from their maximum material sizes (e. g. the smallest shaft size and the largest hole size) and when the geometrical deviations (e. g. the form, orientation and location deviations) of the features of size and their derived features are zero. It therefore follows that if the sizes of one mating part do not reach their maximum material size, the indicated geometrical tolerance of the features of size and their derived features may be increased without endangering the assembly to the other part.

This assembly function is controlled by the maximum material requirement. This collective requirement is indicated on drawings by the symbol Ⓜ.

Information about least material requirement, LMR

The least material requirement is designed to control, for example, the minimum wall thickness, thereby preventing breakout (due to pressure in a tube), the maximum width of a series of slots, etc.

It is indicated on drawings by the symbol Ⓛ The least material requirement is also characterized by a collective requirement for the size of a feature of size, the geometrical deviation of the feature of size (form deviations) and the location of its derived feature.

Information about reciprocity requirement, RPR

The reciprocity requirement is an additional requirement, which may be used together with the maximum material requirement and the least material requirement in cases where it is permitted — taking into account the function of the toleranced feature (s) — to enlarge the size tolerance when the geometrical deviation on the actual workpiece does not take full advantage of, respectively, the maximum material virtual condition or the least material virtual condition.

The reciprocity requirement is indicated on the drawing by the symbol Ⓡ.

Information about envelope requirement

Combination of the two-point size applied for the least material limit of the size and either the minimum circumscribed size or the maximum inscribed size applied for the maximum material limit of the size.

Note 1 to entry: The "envelope requirement" was previously referred to as the 'Taylor principle'.

The envelope requirement, Ⓔ, is a simplified indication to describe two specification operators where the local size exists on the linear feature of size. It is equivalent to express two separate requirements, one for the upper limit of size and another for the lower limit of size by using the modifier ⒼⓍ for an internal feature (e.g. hole), or ⒼⓃ for an external feature (e.g. shaft) for the maximum material side of the tolerance (upper or lower tolerance), and the modifier ⓁⓅ for the other side of the tolerance.

第6章 表面粗糙度

知识引入

零件表面粗糙或光滑对零件的功能有影响么？应如何控制表面的微观形貌呢？如何区分零件的几何误差与表面粗糙度？各种表面粗糙度的评定参数都有什么作用？在实际中该如何应用？

6.1 概述

6.1.1 表面粗糙度的意义

零件或工件的表面是指物体与周围介质区分的物理边界。为了研究零件的表面结构，通常将垂直于实际表面的平面与该实际平面相交所得到的轮廓作为评定对象，如图6-1所示。由加工形成的实际表面一般呈非理想状态。**表面粗糙度（Surface Roughness）**是指加工表面所具有的微小间距和微小峰谷不平度。对这种表面，按其特征可以分为以下成分：微观几何误差——表面粗糙度，中等几何误差——表面波纹度以及宏观形状误差。通常按相邻两波峰或波谷之间的距离，即按波距的大小来考虑，或按波距与波幅的比值来划分。一般而言，波距小于1mm的属于表面粗糙度，波距在1～10mm之间的属于表面波纹度，波距大于10mm的属于形状误差，如图6-2所示。

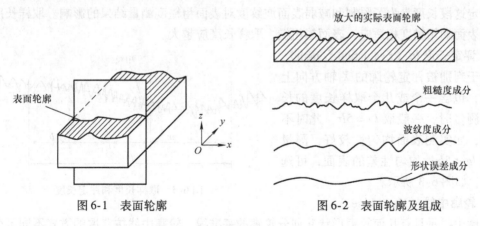

图6-1 表面轮廓　　　图6-2 表面轮廓及组成

6.1.2 表面粗糙度对机械零件使用性能的影响

表面粗糙度与机械零件的配合性质、工作精度、耐磨损性、耐蚀性等有着十分密切的关系，它直接影响到机器或仪器的可靠性和使用寿命。其影响主要表现在以下几个方面：
（1）影响零件的耐磨损性　当两个零件接触并产生相对运动时，表面越粗糙，摩擦系数就越大。但是，表面过于光洁，会不利于润滑油的储存，容易使工作面间形成半干摩擦甚至干摩擦，反而使摩擦系数增大，从而加剧磨损。同时，配合表面过于光洁，还增加了零件接触表面之间的吸附力，也会使摩擦系数增大，加速磨损。

（2）影响配合性质　对于间隙配合的零件，表面粗糙就容易形成磨损，使间隙很快增大，甚至破坏配合性质。特别是在小尺寸、高精度的情况下，表面粗糙度对配合性质的影响更大。对于过盈配合，表面粗糙会减小实际有效过盈，降低连接强度。

（3）影响零件的疲劳强度　微观几何形状误差的轮廓谷是造成应力集中的因素，零件表面越粗糙，对应力集中越敏感，特别是在交变载荷的作用下，影响更大。例如，发动机的曲轴往往因为这种原因而使表面被破坏，所以对曲轴这类零件的沟槽或圆角处的表面粗糙度应有严格的要求。

（4）影响零件的耐蚀性　表面越粗糙，积聚在零件表面上的腐蚀性气体或液体就越多，而且会通过表面的微观凹谷向零件表面层渗透，使腐蚀加剧。

6.2　表面粗糙度的评定

6.2.1　基本术语和定义

1. 轮廓滤波器（Profile Filter）

按波长从短到长的顺序，轮廓滤波器可分为短波滤波器滤 λs 及长波滤波器 λc。短波截止波长与长波截止波长这两个极限值之间的波长范围称为传输带。长波滤波器的截止波长 λc 等于取样长度 lr。

2. 取样长度 lr（Sampling Length）

取样长度是在轮廓的 X 轴方向上量取的用于判别具有表面粗糙度特征的一段基准线长度。规定这段长度是为了限制和减弱表面波纹度对表面粗糙度测量结果的影响。取样长度应与被测表面的粗糙度相适应，表面越粗糙，取样长度应越大。

3. 评定长度 ln（Evaluation Length）

用于判别被评定轮廓的 X 轴方向上的长度，包含一个或几个取样长度的长度。在测量时，一般取 $ln=5lr$，此时不需说明；如实测表面均匀性较好，测量时可选 $ln<5lr$；均匀性差的表面，可选 $ln>5lr$，如图 6-3 所示。

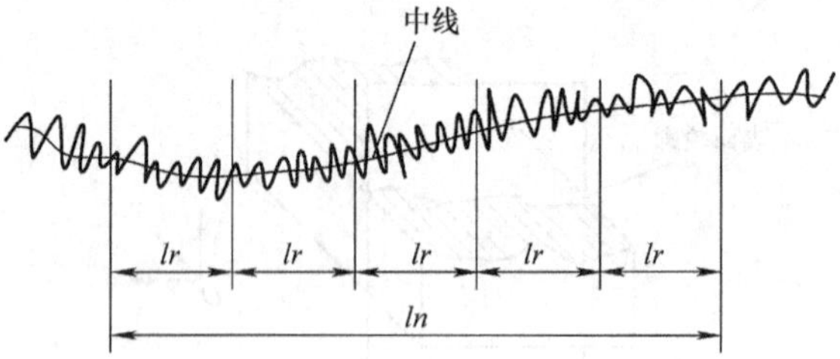

图 6-3　取样长度和评定长度

4. 轮廓中线（Mean Lines）

轮廓中线是具有几何轮廓形状并划分轮廓的基准线。轮廓中线按获取的方式不同可分两种：轮廓最小二乘中线和轮廓算术平均中线。

（1）轮廓最小二乘中线　轮廓最小二乘中线是在取样长度范围内，实际被测轮廓线上的各点至该线的距离平方和为最小，即 $\int_0^{lr} Z^2(x)\mathrm{d}x$ 为最小，如图 6-4 所示。

（2）轮廓算术平均中线　轮廓算术平均中线是在取样长度范围内，将实际轮廓划分为上下两部分,且使上下面积相等的直线,即 $\sum_{i=1}^{m} F_i = \sum_{i=1}^{m} G_i$,如图 6-5 所示。

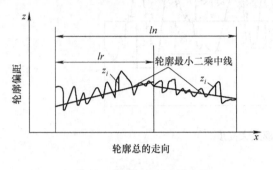

图 6-4 轮廓最小二乘中线

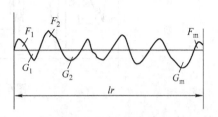

图 6-5 轮廓算术平均中线

6.2.2 表面粗糙度的评定参数

1. 幅度参数

(1) 轮廓的算术平均偏差 Ra(Arithmetical Mean Deviation of the Assessed Profile) 在一个取样长度内,轮廓上各点到中线纵坐标的绝对值的算术平均值,记为 Ra,如图 6-6 所示。其计算公式为

$$Ra = \frac{1}{lr} \int_0^{lr} |Z(x)| dx \tag{6-1}$$

或近似为

$$Ra = \frac{1}{n} \sum_{i=1}^{n} |Z_i| \tag{6-2}$$

式中 Z_i——轮廓上各点到中线的纵坐标值(μm);
n——在取样长度内所测点的数目。

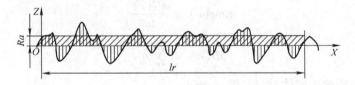

图 6-6 轮廓的算术平均偏差

Ra 参数较直观,易理解并能充分反映表面几何形状高度方面的特性。其测量方法比较简单,是采用较普遍的评定参数。Ra 参数能够充分反映表面微观几何形状,其值越大,表面越粗糙。受到计量器具功能的限制,其不用作过于粗糙或太光滑的表面的评定参数。

(2) 轮廓的最大高度 Rz(Maximum Height of Profile) 在一个取样长度内,最大轮廓峰高 Zp 和最大轮廓谷深 Zv 之和,记为 Rz,如图 6-7 所示。

$$Rz = Zp + Zv = \max\{Zp_i\} + \max\{Zv_i\} \tag{6-3}$$

2. 间距参数

轮廓单元的平均宽度 Rsm(Mean Width of the Profile Elements):在一个取样长度内,粗

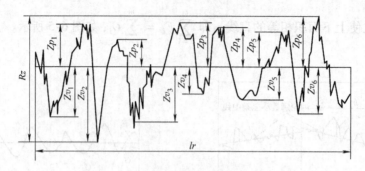

图 6-7 轮廓最大高度

糙度轮廓单元宽度的平均值，如图 6-8 所示。

$$Rsm = \frac{1}{m}\sum_{i=1}^{m} X_{s_i} \tag{6-4}$$

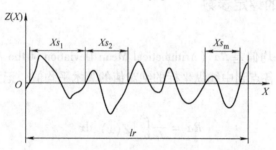

图 6-8 表面粗糙度轮廓单元和轮廓单元平均宽度

3. 曲线和相关参数

轮廓支承长度率 $Rmr(c)$ （Material Ratio of the Profile）：在给定水平截面高度 c 上轮廓的实体材料长度 $Ml(c)$ 与评定长度 ln 的比率，如图 6-9 所示。

$$Rmr(c) = \frac{Ml(c)}{ln} \tag{6-5}$$

$$Ml(c) = \sum_{i=1}^{n} b_i \tag{6-6}$$

式中 $Ml(c)$——轮廓的实体材料长度（μm）；

c——水平截面高度（μm）；

b_i——水平截面与轮廓单元相截所获得的各段截线长度（μm）。

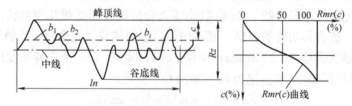

图 6-9 轮廓的支承长度率

6.3 表面粗糙度的选用

表面粗糙度的选择包括参数及参数值的选择。参数的选择,既要满足零件的功能要求又要考虑经济性。

6.3.1 表面粗糙度参数的标准化

轮廓的算术平均偏差(Ra)、轮廓的最大高度(Rz)和轮廓单元的平均宽度(Rsm)的标准取样长度和标准评定长度的数值见表6-1。轮廓的算术平均偏差(Ra)、轮廓的最大高度(Rz)、轮廓单元的平均宽度(Rsm)和轮廓支承长度率$Rmr(c)$的数值见表6-2。

需要说明的是,在测量Ra和Rz时,若按表6-1和表6-2选用取样长度,则此时的取样长度值的标注在图样上或技术文件中可省略。当有特殊要求时,应给出相应的取样长度值,并在图样上或技术文件中注出。另外,对于微观不平度间距较大的端铣、滚铣及其他大进给量的加工表面,应按标准中规定的取样长度系列选取较大的取样长度值。

表6-1 轮廓的算术平均值(Ra)、轮廓的最大高度(Rz)、轮廓单元的平均宽度(Rsm)的标准取样长度和标准评定长度(摘自 GB/T 1031—2009、GB/T 10610—2009、GB/T 6062—2009)

$Ra/\mu m$	$Rz/\mu m$	Rsm/mm	标准取样长度 lr/mm		标准评定长度/mm
			λs	$lr = \lambda c$	$ln = 5 \times lr$
≥0.008~0.02	≥0.025~0.10	≥0.013~0.04	0.0025	0.08	0.4
>0.02~0.1	>0.10~0.50	>0.04~0.13	0.0025	0.25	1.25
>0.1~2.0	>0.50~10.0	>0.13~0.4	0.0025	0.8	4.0
>2.0~10.0	>10.0~50.0	>0.4~1.3	0.008	2.5	12.5
>10.0~80.0	>50~320	>1.3~4	0.025	8.0	40.0

表6-2 轮廓的算术平均偏差(Ra)、轮廓的最大高度(Rz)、轮廓单元的平均宽度(Rsm)和轮廓支承长度率[$Rmr(c)$]的数值(摘自 GB/T 1031—2009)

$Ra/\mu m$			$Rz/\mu m$			Rsm/mm		$Rmr(c)(\%)$	
0.012	0.8	50	0.025	1.6	100	0.006	0.4	10	50
0.025	1.6	100	0.05	3.2	200	0.0125	0.8	15	60
0.05	3.2		0.1	6.3	400	0.025	1.6	20	70
0.1	6.3		0.2	12.5	800	0.05	3.2	25	80
0.2	12.5		0.4	25	1600	0.1	6.3	30	90
0.4	25		0.8	50		0.2	12.5	40	

6.3.2 表面粗糙度参数的选择

幅度参数Ra、Rz是国家标准规定必须标注的参数,故又称为基本评定参数。间距参数Rsm与曲线和相关参数$Rmr(c)$称为附加参数,只有零件表面有特殊使用要求时才选用。这些参数分别从不同角度反映了零件的表面形貌特征。在具体选用时要根据零件的功能要求、材料性能、结构特点以及测量的条件等情况,适当选用一个或几个作为评定参数。

(1) 没有特殊要求的情况　当没有特殊要求情况下,一般仅选用高度参数。在高度参数常用的参数值范围内,Ra 为 $0.025 \sim 6.3\mu m$、Rz 为 $0.1 \sim 25\mu m$,推荐优先选用 Ra 值。因为 Ra 值能充分反映零件表面轮廓的特征,但以下情况不宜选用 Ra 值:

1) 当表面过于粗糙(表面粗糙度 $Ra > 6.3\mu m$)或太光滑(表面粗糙度 $Ra < 0.025\mu m$),可选用 Rz 值。因此,此范围便于选择用于测量 Rz 值的仪器进行测量。

2) 当材料较软时,不能选用 Ra 值。因为 Ra 值一般采用触针测量。如果材料较软,不仅会划伤零件表面,而且所测结果也不准确。

3) 如果测量面积很小,如顶尖、刀具的刃部以及仪表小元件的表面,在取样长度内,轮廓的峰或谷少于 5 个时,Ra 值也难以进行测量,这时可以选用 Rz 值。

(2) 表面有特殊功能要求　当表面有特殊功能要求时,为了保证功能要求,提高产品质量,这时可以同时选用几个参数综合控制表面质量,即:

1) 当表面要求耐磨时可以选用 Ra、Rz 和 Rsm。

2) 当表面要求承受交变应力时可以选用 Rz 和 $Rmr(c)$。

3) 当表面着重要求外观质量和可漆性时可选用 Ra 和 Rsm。

6.3.3　表面粗糙度参数允许值的选择

表面粗糙度参数值的选择合理与否,不仅对产品使用性能有很大影响,而且关系到产品的质量和制造成本。一般来说,零件的表面粗糙度参数值越小,零件的工作性能越好,使用寿命也越长。但绝不能认为表面粗糙度参数值选择得越小越好,还要考虑工艺性和经济性。有时,为了获得较小的表面粗糙度值,却要付出加工成本急剧增高的代价。因此,选用的原则是:在满足使用要求的前提下,尽可能选用较大的参数允许值(轮廓支承长度率除外)。

一般选用原则为:

1) 在同一零件上,工作表面的粗糙度参数值比非工作表面小。

2) 摩擦表面的粗糙度参数值比非摩擦表面小。

3) 相对运动速度高、单位面积压力大的表面,以及承受交变应力作用的重要零件的圆角、沟槽处的粗糙度参数值应小。

4) 配合性质要求高的配合表面(如小间隙配合表面)、受重载荷作用的过盈配合表面的粗糙度参数值应小。

5) 在确定表面粗糙度参数时,应注意它与尺寸公差和几何公差的协调,尺寸公差越小,几何公差、粗糙度参数值越小,同一公差等级,轴比孔的粗糙度参数值要小。

6) 对一些特殊用途的零件,应按特殊要求考虑,如对密封性、防腐性和外表美观有要求的表面粗糙度参数值应小。

7) 如果有关标准已对表面粗糙度要求做出规定的(如与滚动轴承配合的轴颈和外壳孔的表面粗糙度),则应按该标准确定表面粗糙度参数值。

表 6-3 列出了表面粗糙度参数值与尺寸公差、形状公差的关系。表 6-4 列出了表面粗糙度的表面特征、经济加工方法和应用举例。

表 6-3 表面粗糙度参数值与尺寸公差、形状公差的关系

形状公差 t 占尺寸公差 T 的百分比 t/T（%）	表面粗糙度参数值占尺寸公差的百分比（%）	
	Ra/T	Rz/T
≈60	≤5	≤20
≈40	≤2.5	≤10
≈25	≤1.2	≤5

表 6-4 表面粗糙度的表面特征、经济加工方法及应用举例

表面微观特征		表面粗糙度 Ra 值/μm	表面粗糙度 Rz 值/μm	加工方法	应用举例
粗糙表面	可见刀痕	>20~40	>80~160	粗车、粗刨、粗铣、钻、毛锉、锯断	半成品粗加工过的表面，非配合的加工表面，如轴端面、倒角、钻孔、齿轮、带轮侧面、键槽底面、垫圈接触面等
	微见刀痕	>10~20	>40~80		
半光表面	可见加工痕迹	>5~10	>20~40	车、刨、铣、镗、钻、粗铰	轴上不安装轴承、齿轮处的非配合表面、紧固件的自由装配表面、轴和孔的退刀槽等
	微见加工痕迹	>2.5~5	>10~20	车、刨、铣、镗、磨、拉、粗刮、滚压	半精加工表面，箱体、支架，盖面，套筒等和其他零件结合面无配合要求的表面，需要发蓝处理的表面等
	不可见加工痕迹	>1.25~2.5	>6.3~10	车、刨、铣、镗、磨、拉、刮、滚压、铣齿	接近于精加工表面，箱体上安装轴承的镗孔表面，齿轮的工作面
光表面	可见加工痕迹	>0.63~1.25	>3.2~6.3	车、镗、磨、拉、刮、精铰、磨齿、滚压	圆锥销、圆柱销的表面，与滚动轴承配合的表面，卧式车床导轨面，内、外花键定位表面
	微见加工痕迹	>0.32~0.63	>1.6~3.2	精铰、精镗、磨、刮、滚压	要求配合性质稳定的配合表面，工作时受交变应力的重要零件，较高精度车床的导轨面
	不可见加工痕迹	>0.16~0.32	>0.8~1.6	精磨、珩磨、研磨、超精加工	精密机床主轴锥孔，顶尖圆锥面，发动机曲轴、凸轮轴工作表面，高精度齿轮齿面
极光表面	暗光泽面	>0.08~0.16	>0.4~0.8	精磨、研磨、普通抛光	精密机床主轴轴颈表面，一般量规工作表面，气缸套内表面，活塞销表面等
	亮光泽面	>0.04~0.08	>0.2~0.4	超精磨、精抛光、镜面磨削	精密机床主轴轴颈表面，滚动轴承的滚珠，高压液压泵中柱塞和与柱塞配合的表面
	镜状光泽面	>0.02~0.04	>0.1~0.2		
	雾状镜面	>0.01~0.02	>0.05~0.1	镜面磨削、超精研	高精度量仪，量块的工作表面，光学仪器中的金属镜面
	镜面	≤0.01	≤0.05		

6.4 表面粗糙度的标注方法

6.4.1 表面粗糙度符号

表面粗糙度标注方法应符合国家标准 GB/T 131—2006《产品几何技术规范（GPS） 技术产品文件中表面粗糙度的表示法》和 GB/T 10610—2009《产品几何技术规范（GPS） 表面结构 轮廓法 评定表面结构的规则和方法》的规定。

表面粗糙度的符号及含义见表 6-5。

表 6-5 表面粗糙度的符号及含义

符号	意义及说明
基本图形符号	基本图形符号由两条不等长的、与标注表面成 60°夹角的直线构成。仅用于简化代号标注，没有补充说明时不能单独使用
扩展图形符号	在基本图形符号上加一短横，表示指定表面是用去除材料的方法获得的，如通过机械加工获得的表面
扩展图形符号	在基本图形符号上加一个圆圈，表示指定表面是用不去除材料的方法获得的，如通过铸造、锻造获得的表面。该符号也可用于表示保持上道工序形成的表面，而不管这种情况是通过去除材料还是不去除材料形成的
完整图形符号	在上述三个符号的长边上均可加一横线，用于标注有关参数和说明
工件轮廓各表面的图形符号	当在图样某个视图上构成封闭轮廓的各表面有相同的表面粗糙度要求时，可在完整图形符号的长边与横线的拐角处均加一圆圈，并标注在图样中工件的封闭轮廓线上，表示所有表面具有相同的表面粗糙度要求

6.4.2 表面粗糙度要求在完整图形符号上的标注位置

在完整图形符号上评定参数的代号及数值和其他要求应标注在图 6-10 所示的指定位置上。

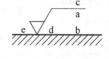

图 6-10 表面粗糙度要求的注写位置

（1）位置 a 注写表面粗糙度的单一要求，该要求包括粗糙度评定参数代号、极限值和传输带或取样长度等，为了避免误解，在评定参数代号和极限值间应插入空格。传输带或取样长度后应有一斜线"/"。表面粗糙度的各项要求的标注顺序是：上、下限代号、传输带，评定参数代号，评定长度包含取样长度的个数，极限的判别规则，评定参数的数值。

（2）位置 a 和 b 注写两个或多个表面结构要求。在位置 a 注写第一个表面结构要求，方法同（1）。在位置 b 注写第二个表面粗糙度要求。如果要注写第三个或更多表面粗糙度要求，图形符号应在垂直方向扩大，以空出足够空间。

（3）位置 c　注写加工方法、表面处理、涂层和其他加工工艺要求等，如车、磨、镀等加工方法。

（4）位置 d　注写所要求的表面纹理和纹理方向，如"＝""X""M"。

（5）位置 e　注写所要求的加工余量，以 mm 为单位给出数值。

6.4.3　表面粗糙度代号

表面粗糙度代号的具体标注如下。

1. 参数代号的标注

根据 GB/T 3505—2009《产品几何技术规范（GPS）　表面结构轮廓法　术语、定义及表面结构参数》定义的轮廓参数的代号标注。

2. 评定长度（ln）的标注

若所标注参数代号后没有"max"，则表明采用的是默认的评定长度。R 轮廓的默认评定长度为 5 个取样长度。若不存在默认的评定长度，则参数代号后应标注取样长度的个数。例如，$Ra3\ 3.2$，$Rz\ 3\ 3.2$ 表示要求评定长度为 3 个取样长度，$Ra\ 3.2$，$Rz\ 3.2$ 表示要求评定长度为默认的 5 个取样长度。

3. 极限判断规则的标注

表面粗糙度要求中给定的极限值判断规则有两种：16% 规则和最大规则。16% 规则是标注所有表面粗糙度要求的默认规则。如果最大规则应用于表面粗糙度要求，则参数代号中应加标注"max"，见表 6-6。

表 6-6　表面粗糙度要求在完整图形符号上的标注示例

符号	含义/解释
$Rz\ 0.4$	表示不允许去除材料，单向上限值，默认传输带，R 轮廓，粗糙度的最大高度为 0.4μm，评定长度为 5 个取样长度（默认），"16% 规则"（默认）
$Rz\ max\ 0.2$	表示去除材料，单向上限值，默认传输带，R 轮廓，粗糙度的最大高度为 0.2μm，评定长度为 5 个取样长度（默认），"最大规则"
$0.008-0.8/Ra\ 3.2$	表示去除材料，单向上限值，传输带为 0.008～0.8mm，R 轮廓，算术平均偏差为 3.2μm，评定长度为 5 个取样长度（默认），"16% 规则"（默认）
$-0.8/Ra\ 3\ 3.2$	表示去除材料，单向上限值，取样长度为 0.8mm，R 轮廓，算术平均偏差为 3.2μm，评定长度为 3 个取样长度，"16% 规则"（默认）
$U\ Ra\ max\ 3.2$ $L\ Ra\ 0.8$	表示不允许去除材料，双向极限值，两极限值均使用默认传输带，R 轮廓，上限值：算术平均偏差为 3.2μm，评定长度为 5 个取样长度（默认），"最大规则"，下限值：算术平均偏差为 0.8μm，评定长度为 5 个取样长度（默认），"16% 规则"（默认）
磨 $Ra\ 1.6$ $-2.5/Rz\ max\ 6.3$ 3 ⊥	表示去除材料，两个单向上限值；$Ra = 1.6$μm，"16% 规则"，默认传输带和评定长度；$Rz\ max = 6.3$μm，"最大规则"，取样长度为 2.5mm，默认评定长度；表面纹理垂直于视图的投影面；加工方法为磨削；加工余量为 3mm
Fe/Ep·Ni10bCr0.3r $-0.8/Ra\ 1.6$ $U\ -2.5/Rz\ 12.5$ $L\ -2.5/Rz\ 3.2$	表示去除材料，单向上限值和双向极限值；上限值 $Ra = 1.6$μm，"16% 规则"，传输带为 -0.8mm；上限值 $Rz = 12.5$μm，下限值 $Rz = 3.2$μm，"16% 规则"，上下极限传输带均为 -2.5mm；表面处理，钢件，镀镍/铬

16% 规则是指在同一评定长度范围内评定参数所有的实测值中，大于上限值的个数少于

总数的16%，小于下限值的个数少于总数的16%，则认为合格。最大规则是指整个被测表面上评定参数所有的实测值皆不大于上限值才认为合格。

4. 传输带的标注

传输带应标注在参数代号的前面，用斜线"/"隔开。传输带标注包括滤波截止波长（单位为mm），其中短波滤波器在前，长波滤波器在后，并用"-"隔开，如果只标注一个滤波器，应保留"-"来区分是短波滤波器还是长波滤波器。例如，"0.008-"指短波滤波器λs，"-0.25"指长波滤波器λc，当参数代号中没有标注传输带时，表示表面粗糙度要求采用默认的传输带。国家标准规定的λs、λc数值见表6-1。

5. 单向极限或双向极限的标注

当只标注参数代号、参数值和传输带时，应默认为参数的上限值；当作为单向下限值时，参数代号前应加"L"。当标注双向极限值时，上限值在上方用U表示，下限值在下方用L表示。如果同一参数具有双向极限要求，可以不加U、L。

6. 表面纹理的标注

表面纹理的标注见表6-7。

表6-7 表面纹理的标注

符号	示例和解释	符号	示例和解释
═	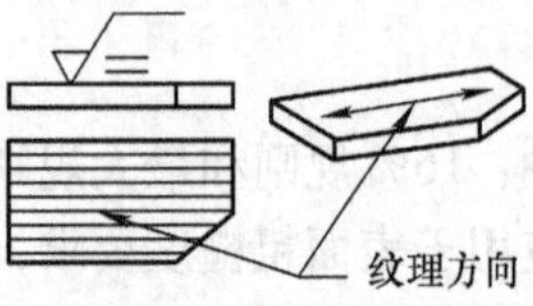 纹理平行于视图所在的投影面	C	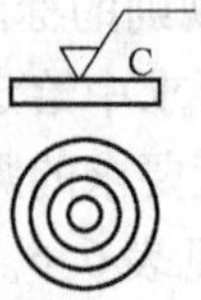 纹理呈近似同心圆状，且圆心与表面中心相关
⊥	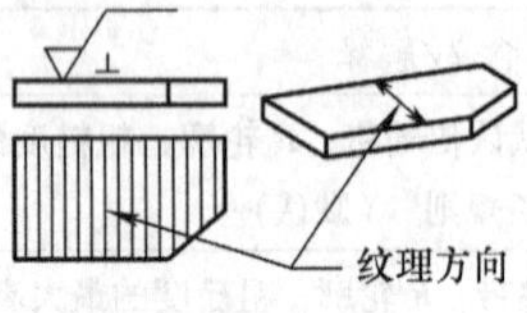 纹理垂直于视图所在的投影面	R	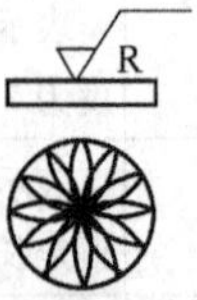 纹理呈近似放射状，且圆心与表面中心相关
X	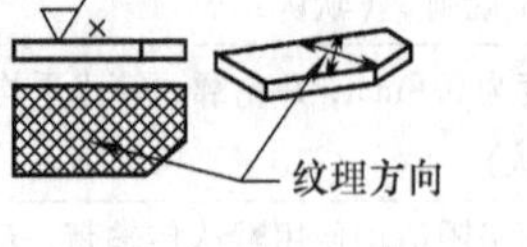 纹理呈两斜向交叉，且与视图所在的投影面相交	P	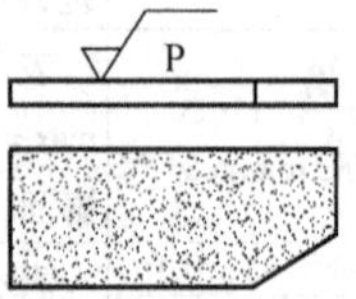 纹理呈微粒、凸起，无方向
M	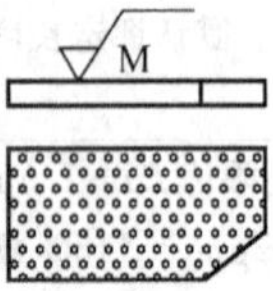 纹理呈多方向		

6.4.4 表面粗糙度在图样上的标注方法

表面粗糙度要求对每一表面一般只标注一次,并尽可能注在相应的尺寸及其公差的同一视图上。除非另有说明,所标注的表面粗糙度要求是对完工零件表面的要求。

1. 表面粗糙度符号、代号的标注位置与方向

总的原则是使表面粗糙度的注写和读取方向与尺寸的注写和读取方向一致。

(1) 标注在轮廓线上或指引线上 表面粗糙度要求可标注在轮廓线上(或其延长线上),其符号应从材料外指向并接触表面,如图 6-11 所示。必要时表面粗糙度符号也可用带箭头和黑点的指引线引出标注,如图 6-12 所示。

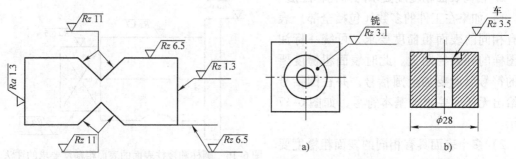

图 6-11 表面粗糙度要求可标注在轮廓线上　　图 6-12 表面粗糙度要求用指引线引出标注

(2) 标注在特征尺寸的尺寸线上和尺寸界线上

在不致引起误解时,表面粗糙度要求可以标注在给定的尺寸线上和尺寸界线上,如图 6-13 和图 6-14 所示。

(3) 标注在几何公差的框格上 表面粗糙度要求可标注在几何公差框格的上方,如图 6-15 所示。

(4) 标注在圆柱和棱柱表面上 圆柱和棱柱表面的表面粗糙度要求只标注一次,如图 6-16 所示。如果每个棱柱表面有不同的表面粗糙度要求,则应分别单独标注。

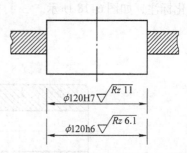

图 6-13 表面粗糙度要求标注在尺寸线上

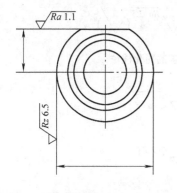

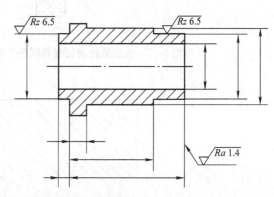

图 6-14 表面粗糙度要求标注在尺寸界线上

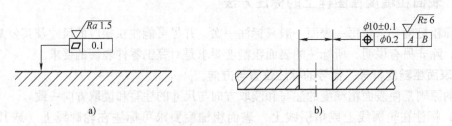

图 6-15　表面粗糙度要求标注在几何公差框格的上方

2. 相同表面粗糙度要求的简化标注法

1）如果在工件的多数（包括全部）表面有相同的表面粗糙度要求，可统一标注在图样的标题栏附近。此时表面粗糙度要求的符号后面要加上圆括号，并在圆括号内给出无任何要求的基本符号，如图 6-17 所示。

2）多个表面具有相同的表面粗糙度要求或图样空间有限时，可以采用简化注法。

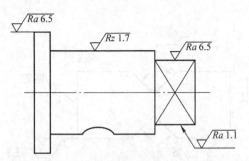

图 6-16　圆柱和棱柱表面的表面粗糙度要求的注法

用带字母的完整符号以等式的形式在图形或标题栏附近，对有相同表面粗糙度要求的表面进行简化标注，如图 6-18 所示。

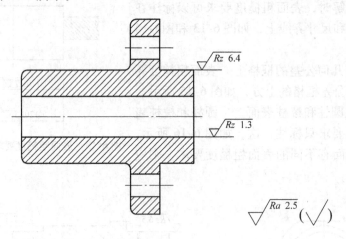

图 6-17　大多数的表面有相同的表面粗糙度要求的简化注法

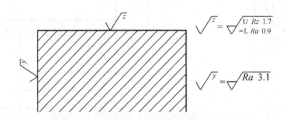

图 6-18　图样空间有限时的简化注法

6.5 表面粗糙度的测量方法

表面粗糙度常用的检测方法有比较法、光切法、干涉法和针触法等。

6.5.1 比较法

比较法是用已知其高度参数值的粗糙度样板，用肉眼或凭检验者的感觉或借助放大镜、显微镜来判断被测表面表面粗糙度的一种检测方法。此外，还可以将工件与粗糙度样板表层倾斜同样的角度，在相同温度条件下，观察比较同样黏度的油滴在两者表面上流动的速度，速度快的表面粗糙度值较小。

比较时，所用的粗糙度样板的材料、形状及制造工艺应尽可能与工件相同，否则往往会产生较大的误差。在生产实际中，也可直接从工件中挑选样品，用仪器定粗糙度值后作样板使用。

比较法具有简单易行的优点，适合于在车间使用，缺点是评定的可靠性在很大程度上取决于检验人员的经验，仅适用于评定表面粗糙度要求不高的工件。

6.5.2 光切法

应用光学原理来测量表面粗糙度的方法称为光切法。常用的仪器是双管显微镜。该种仪器适用于测量车、铣、刨或其他类似加工方法所加工的零件平面和外圆平面。常用于测量表面粗糙度 Rz 值为 $0.5 \sim 60\mu m$ 的表面。

6.5.3 干涉法

干涉法是利用光波干涉原理测量表面粗糙度的一种测量方法，一般用于测量表面粗糙度要求高的表面。

常用的仪器是干涉显微镜，该仪器适用于测量表面粗糙度 Rz 值为 $0.05 \sim 0.8\mu m$ 的表面。

6.5.4 针触法

针触法是一种接触式测量表面粗糙度的方法，应用金刚石触针针尖与被测表面相接触，当触针以一定的速度沿着被测表面移动时，由于被测表面存在微观不平的痕迹，使触针做垂直于轮廓方向的运动所产生的位移信号转变成电信号，经处理后可获得表面粗糙度的参数值，也可由记录器绘出轮廓的放大图像。

针触法测量表面粗糙度的仪器常用的是电动轮廓仪，该仪器可直接显示值，测量效率高，适用于测量表面粗糙度 Ra 值为 $0.02 \sim 5\mu m$ 的表面。

思考与习题

6-1 表面粗糙度的含义是什么？

6-2 表面粗糙度属于什么误差？对零件的使用性能有哪些影响？

6-3 为什么要规定取样长度和评定长度？两者的区别是什么？关系如何？区别在何处？各自的常用范围如何？

6-4 国家标准规定了哪些表面粗糙度评定参数？应如何选择？选择表面粗糙度参数值时是否越小越好？

6-5 解释图 6-19 所标注的表面粗糙度代号的含义。

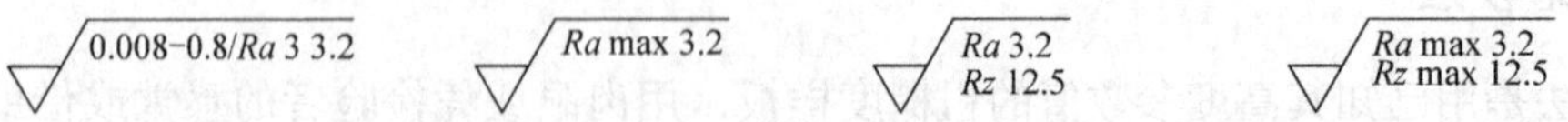

$$\sqrt{}\ 0.008-0.8/Ra\ 3\ 3.2 \qquad \sqrt{}\ Ra\ \max\ 3.2 \qquad \sqrt{}\ \begin{array}{l}Ra\ 3.2\\ Rz\ 12.5\end{array} \qquad \sqrt{}\ \begin{array}{l}Ra\ \max\ 3.2\\ Rz\ \max\ 12.5\end{array}$$

图 6-19 习题 6-5 图

6-6 在一般情况下，$\phi 80H7$ 和 $\phi 20H7$ 相比，$\phi 30\dfrac{H7}{f6}$ 和 $\phi 30\dfrac{H7}{s6}$ 相比，哪一个应选较小的表面粗糙度值？

英文阅读扩展

Roughness
General terms and definitions

surface profile: Profile that results from the intersection of the real surface by a specified plane.

sampling length lr: Length in the direction of the X – axis used for identifying the irregularities characterizing the profile under evaluation.

evaluation length ln: Length in the direction of the X – axis used for assessing the profile under evaluation. In general, evaluation length equal five sampling length.

profile peak: An outwardly directed (from material to surrounding medium) portion of the assessed profile connecting two adjacent points of the intersection of the profile with the X – axis.

profile valley: An inwardly directed (from surrounding medium to material) portion of the assessed profile connecting two adjacent points of the intersection of the profile with the X – axis.

ordinate value $Z(x)$: Height of the assessed profile at any position x.

profile peak height Zp: Distance between the X – axis and the highest point of the profile peak. Rp is the largest profile peak height Zp within a sampling length.

profile valley depth Zv: Distance between the X – axis and the lowest point of the profile valley. Rv is the largest profile valley depth Zv within a sampling length.

profile element width Xs: Length of the X – axis segment intersecting with the profile element.

Evaluation parameter
Amplitude parameters

Arithmetical mean deviation of the assessed profile Ra: Arithmetic mean of the absolute ordinate values $Z(x)$ within sampling length.

$$Ra = \frac{1}{lr}\int_0^{lr} |Z(x)| dx \qquad (6\text{-}7)$$

Maximum height of profile Rz: Sum of height of the largest profile peak height Zp and the largest profile valley depth Zv within a sampling length.

Spacing parameters

Mean width of the profile elements Rsm: Mean value of the profile element widths Xs within a sampling length.

$$Rsm = \frac{1}{m}\sum_{i=1}^{m} Xs_i \qquad (6\text{-}8)$$

Graphical symbols for the indication of surface texture

Basic graphical symbol

The basic graphical symbol shall consist of two straight lines of unequal length inclined at approximately 60° to the line representing the considered surface, as shown in Figure 6-20a. The basic graphical symbol in Figure 6-20 should not be used alone (without complementary information).

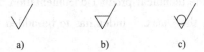

Figure 6-20 Basic graphical symbol for surface texture

Expanded graphical symbols

Removal of material required If removal of material — for example, by machining — is required for obtaining the specified surface, a bar shall be added to the basic graphical symbol, as shown in Figure 6-20b. The expanded graphical symbol should not be used alone (without complementary information).

Removal of material not permitted If removal of material is not permitted for obtaining the specified surface, a circle shall be added to the basic graphical symbol, as shown in Figure 6-20c.

Complete graphical symbol

When complementary requirements for surface texture characteristics have to be indicated, a line shall be added to the longer arm of any of the graphical symbols illustrated in Figure 6-20, as shown in Figure 6-21.

Figure 6-21 Complete graphical symbol

Composition of complete graphical symbol for surface texture
Rules for comparison of the measured values with the tolerance limits
The 16% – rule

For requirements specified by the upper limit of a parameter, the surface is considered acceptable if not more than 16% of all the measured valuesof the selected parameter, based upon an evaluation length, exceed the value specified on the drawings or in the technical product documentation. For requirements specified by the lower limit of a surface parameter, the surface is considered acceptable if not more than 16% of all the measured values of the selected parameter, based upon an evaluation length, are less than the value specified on the drawings or in the technical product documentation. To designate the upper and the lower limits of the parameter, the symbol of the parameter shall be used without the "max." index.

The max. – rule

For requirements specified by the maximum value of the parameter during inspection, none of the measured values of the parameter over the entire surface under inspection shall exceed the value specified on the drawings or in the technical product documentation. To designate the maximum permissible value of the parameter, the "max." index has to be added to the symbol of the parameter (for example $Rz1\max$.).

Position of complementary surface texture requirements

The mandatory positions of the various surface texture requirements in the complete graphical symbol are shown in Figure 6-22.

Figure 6-22 Positions (a to e) for location of complementary requirements

The complementary surface texture requirements in the form of
— surface texture parameters,
— numerical values, and
— transmission band/sampling length,

shall be located at the specific positions in the complete graphical symbol in accordance with the following.

Position a — Single surface texture requirement

Indicate the surface texture parameter designation, the numerical limit value and the transmission band/sampling length. To avoid misinterpretation, a double space (double blank) shall be inserted between the parameter designation and the limit value.

Generally, the transmission band or sampling length shall be indicated followed by an oblique stroke (/), followed by the surface texture parameter designation, followed by its numerical value using one text string.

Example 1

0.0025 - 0.8/Rz 6.8 (example with transmission band indicated)

Example 2

-0.8/Rz 6.8 (example with only sampling length indicated)

Especially for the motif method, the transmission band shall be indicated, followed by an oblique stroke (/), followed by the value of the evaluation length, followed by another oblique stroke, followed by the surface texture parameter designation, followed by its numerical value.

Position a and b — Two or more surface texture requirements

Indicate the first surface texture requirement at position "a" as in Figure 6-22. Indicate the second surface texture requirement at position "b". If a third requirement or more is to be indicated, the graphical symbol is to be enlarged accordingly in the vertical direction, to make room for more lines. The position "a" and "b" are to be moved upwards when the symbol is enlarged.

Position c — Manufacturing method

Indicate the manufacturing method, treatment, coatings or other requirements for the manufacturing process etc. To produce the surface, for example, turned, ground, plated. The surface texture parameter value of an actual surface is strongly influenced by the detailed form of the profile curve. A parameter designation, parameter value and transmission band — indicated solely as a surface texture requirement — do not therefore necessarily result in an unambiguous function of the surface. It is consequently necessary in almost all cases to state the manufacturing process, as this process to some extent results in a particular detailed form of the profile curve. There may also be other reasons for finding it appropriate to indicate the process. The manufacturing process of the specified surface can be presented as the complete symbol as shown in **Figures 6-23 and Figures 6-24**.

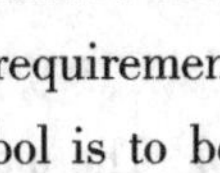

Figure 6-23 Indication of machining process and roughness

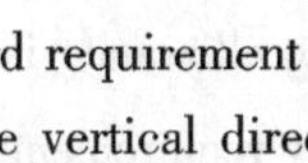

Figure 6-24 Indication of coating and roughness requirement

Position d — Surface lay and orientation

Indicate the symbol of the required surface lay and the orientation, if any, of the surface lay, for example, " = " "X" "M". The surface lay and direction of the lay emanating from the manufacturing process (e.g. traces left by tools) may be indicated in the complete symbol by using the symbols shown in **Figure 6-25**. The indication of surface lay by the defined symbols (e.g. the perpendicularity symbol in **Figure 6-25**) is not applicable to textual indications.

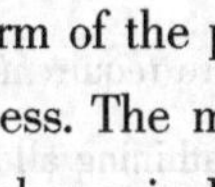

Figure 6-25 Direction of lay of surface pattern indicatel perpendicular to drawing plane

Position e—Machining allowance

Indicate the required machining allowance, if any, as a numerical value given in millimeters. The machining allowance is generally indicated only in those cases where more process stages are shown in the same drawing. Machining allowances are therefore found (e. g. on drawings of raw cast and forged workpieces with the final workpiece being shown in the raw workpiece). For the definition and application of requirements for machining allowances. See ISO 10135. The indication of the machining allowance by the defined symbol is not applicable to textual indications.

When the machining allowance is indicated, it may occur that the requirement for the machining allowance is the only requirement added to the complete symbol. The machining allowance may also be indicated in connection with a normal surface texture requirement, **see Figure 6-26**.

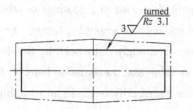

Figure 6-26 Indication of surface texture requirements for "final" workpiece (including requirement for 3mm mathining allowance for all surface)

Position on drawings and other technical product documentation

Surface texture requirements shall be indicated only once for a given surface and, if possible, on the same view where the size or location, or both, are indicated and toleranced. Unless otherwise specified, the indicated surface texture requirements are applicable for the surface after machining, coating, etc.

1) On outline or by reference line and leader line. The surface texture requirement (graphical symbol) shall touch the surface or be connected to it by means of a reference/leader line terminating in an arrowhead. As a general rule, the graphical symbol, or the leader line terminating in an arrowhead (or other relevant terminator), shall point at the surface from outside the material of the workpiece — either to the outline (representing the surface) or the extension of it.

2) On dimension line in connection with feature – of – size dimension. If there is no risk of misinterpretation, the surface texture requirement may be indicated in connection with the dimensions given.

3) On tolerance frame for geometrical tolerances. The surface texture requirement may be placed on top of the tolerance frame for geometrical tolerance (according to ISO 1101).

4) On extension lines. The surface texture requirement any be directly placed on extension lines or be connected to it by a reference/leader line terminating in an arrowhead.

5) Cylindrical and prismatic surfaces. Cylindrical as well as prismatic surfaces may be specified only once if indicated by a centerline and if each prismatic surface has the same surface texture requirement. However, each prismatic surface shall be indicated separately if different surface textures are required on the individual prismatic surfaces.

第 7 章　滚动轴承的公差与配合

知识引入

滚动轴承是机械产品中最常用的典型零件。这些零件由专业的制造厂生产，在几何精度上与其他普通零件有何不同？在精度设计时有哪些特殊的要求吗？

7.1　概述

滚动轴承（Rolling Bearing）是由专业制造厂生产的应用极为广泛的一种高精度标准件，是用来支承旋转运动的部件。其工作原理是以滚动摩擦代替滑动摩擦。滚动轴承一般由内圈、外圈、保持架、滚动体所组成，是一种通用性很强、标准化、系列化程度很高的机械基础件。如图 7-1 所示，内圈与轴颈装配，外圈与孔座装配，滚动体是承载并使轴承形成滚动摩擦的元件，其尺寸、形状和数量由承载能力和载荷方向等因素决定。保持架是一组隔离元件，其作用是将轴承内一组滚动体均匀分开，使每个滚动体均匀地轮流承受相等的载荷，并保持滚动体在轴承内、外滚道间正常滚动。

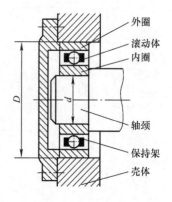

图 7-1　滚动轴承结构

滚动轴承是具有两种互换性的标准件，滚动轴承内圈与轴颈的配合，以及轴承外圈与壳体孔的配合为外互换，滚动体与轴承内、外圈的配合为内互换。滚动轴承具有摩擦小、消耗功率小、制造经济、使用方便以及更换简单等优点。

滚动轴承安装在机器上，滚动轴承的内圈与轴颈配合，轴承外圈与外壳的孔配合。通常，内圈与轴颈一起旋转，外圈与外壳孔固定不动，但也有些机器的部分结构中，要求外圈与外壳孔一起旋转，而内圈和轴颈固定不动。为保证轴承的工作性能，必须满足下列两项要求：

1）必要的旋转精度。轴承工作时，内、外圈和端面的跳动会引起机件运动不平稳，从而引起振动和噪声。因此，轴承的内、外圈和端面的跳动应控制在允许的范围内，以保证转动零件的回转精度。

2）合适的游隙。滚动体与内外圈之间的游隙，分为径向游隙和轴向游隙，若径向和轴向游隙过大，就会引起轴承较大的振动和噪声，引起转轴较大的径向圆跳动和轴向窜动。轴承工作时，这两种游隙的大小，皆应保持在合适的范围内，以保证轴承能够正常运转，延长使用寿命。

本章仅讨论滚动轴承在使用上的有关内容，如滚动轴承的公差等级，滚动轴承与轴和壳体孔配合的选择，以及几何精度设计。为了使轴和轴承座孔的几何精度设计规范化，我国发布了有关的国家标准，如 GB/T 307.1—2017《滚动轴承　向心轴承　产品几何技术规范

(GPS) 和公差值》、GB/T 307.3—2017《滚动轴承　通用技术规则》和 GB/T 275—2015《滚动轴承　配合》。

7.2　滚动轴承公差与配合

7.2.1　滚动轴承的公差等级及其应用

滚动轴承的公差等级由轴承的尺寸公差和旋转精度决定。滚动轴承的尺寸公差是指轴承内径、外径、宽度等的尺寸公差,滚动轴承的旋转精度是指滚动轴承内、外圈做相对转动时的跳动,包括成套轴承内、外圈的径向圆跳动,成套轴承内、外圈端面对滚道的跳动,内圈基准端面对内孔的跳动等。

根据滚动轴承的尺寸公差和旋转精度,GB/T 307.3—2017 把轴承分为 0,6 (6X),5,4,2 五级,公差等级依次由低到高,0 级最低,推力轴承没有 2 级,圆锥滚子轴承用 6X 代替 6 级,但前者对装配宽度要求较为严格。

各公差等级的滚动轴承应用情况如下:

1) 0 级轴承是普通级轴承,在各种机器上的应用最广,它用于对旋转精度和运转平稳性要求不高,中等载荷,中等转速的一般旋转机构中,如减速器的旋转结构,普通机床的变速、进给机构,汽车和拖拉机的变速机构,普通电动机,水泵压缩机的旋转机构。

2) 6 级、5 级轴承多用于比较精密的机床和机器人,如卧式车床主轴的前轴承采用 5 级轴承,后轴承采用 6 级轴承。

3) 4 级轴承多用于转速很高或旋转精度要求很高的机床和机器的旋转机构中,如高精度磨床和车床,精密螺纹车床和磨齿机等的主轴轴承多采用 4 级轴承。

4) 2 级轴承应用在精密机械的旋转机构中,如精密坐标镗床、高精度齿轮磨床和数控机床的主轴轴承多采用 2 级轴承。

7.2.2　滚动轴承内、外圈公差带

由于轴承内、外圈为薄壁零件,在制造过程中或自由状态下,都容易变形(如变成椭圆形),但当轴承与形状正确的轴承座孔装配后,这种变形容易得到校正。而影响配合性质的是内、外圈装配后的平均直径变动量。向心轴承单一平面平均内、外径尺寸极限偏差见表 7-1 和表 7-2。

表 7-1　向心轴承单一平面平均内径尺寸极限偏差 Δd_{mp}

公称内径 d/mm	滚动轴承公差等级/μm									
	0		6		5		4		2	
	上极限偏差	下极限偏差	上极限偏差	下极限偏差	上极限偏差	下极限偏差	上极限偏差	下极限偏差	上极限偏差	下极限偏差
>18~30	0	-10	0	-8	0	-6	0	-5	0	-2.5
>30~50	0	-12	0	-10	0	-8	0	-6	0	-2.5
>50~80	0	-15	0	-12	0	-9	0	-7	0	-4

表 7-2　向心轴承单一平面平均外径尺寸极限偏差 ΔD_{mp}

公称外径 D/mm	滚动轴承公差等级/μm									
	0		6		5		4		2	
	上极限偏差	下极限偏差	上极限偏差	下极限偏差	上极限偏差	下极限偏差	上极限偏差	下极限偏差	上极限偏差	下极限偏差
>50~80	0	−13	0	−11	0	−9	0	−7	0	−4
>80~120	0	−15	0	−13	0	−10	0	−8	0	−5
>120~150	0	−18	0	−15	0	−11	0	−9	0	−5

滚动轴承是标准件，为了使轴承便于互换和大量生产，轴承内圈与轴的配合采用基孔制，即以轴承内圈的尺寸为基准。但内圈的公差带位置却和一般的基准孔相反，如图7-2中公差带都位于零线以下，即上极限偏差为零，下极限偏差为负值。这样分布主要是考虑配合的特殊需要。因为通常情况下，轴承的内圈是随轴一起转动的，为了防止内圈和轴之间的配合产生相对滑动而导致结合面磨损，影响轴承的工作性能，要求两者的配合应具有一定的过盈量，但由于内圈是薄壁零件，容易产生弹性变形而胀大，过盈较大会使它们产生较大的变形，影响轴承内部的游隙，且一定时间后又要拆换，故过盈量不能太大。如果采用过渡配合，又可能出现间隙，不能保证具有一定的过盈量，因而不能满足轴承的工作需要。若采用非标准配合，则又违反了标准化和互换性原则，所以要采用有一定过盈量的配合。此时，当它与一般过渡配合的轴相配时，不但能保证获得不大的过盈量，而且还不会出现间隙，从而满足了轴承内圈与轴的配合要求，同时又可按标准偏差来加工轴。为此，内圈基准孔公差带位于公称内径 d 为零线的下方，且上极限偏差为零，如图7-2所示。

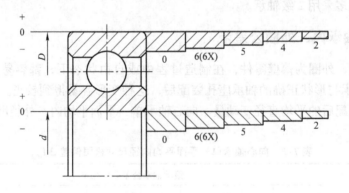

图 7-2　滚动轴承内、外径公差带

滚动轴承的外径与轴承座孔的配合采用基轴制，即以轴承的外径尺寸为基准。因轴承外圈安装在轴承座孔中，通常不旋转，但考虑到工作时温度升高会使轴热膨胀而产生轴向延伸，因此两端轴承中应有一端采用游动支承，可使外圈与轴承座孔的配合稍微松一点，使之能补偿轴的热胀伸长量；否则，轴会产生弯曲，致使内部卡死，影响正常运转。滚动轴承的外径与轴承座孔两者之间的配合不要求太紧，公差带仍遵循一般基准轴的规定，仍分布在零线下方，它与基本偏差为 h 的公差带类似，但公差值不同。

7.2.3 与滚动轴承配合的轴和轴承座孔的常用公差带

由于滚动轴承内圈内径和外圈外径的公差带在生产时已确定，因此滚动轴承在使用时，它与轴和轴承座孔的配合所需要的配合性质都要由轴和轴承座孔的公差带确定。轴承配合的选择就是确定轴和轴承座孔的公差带的过程。为了实现各种松紧程度的配合性质要求，GB/T 275—2015《滚动轴承 配合》对与 0 级和 6 级轴承配合的轴规定了 17 种公差带，对轴承座孔规定了 16 种公差带，如图 7-3 所示。

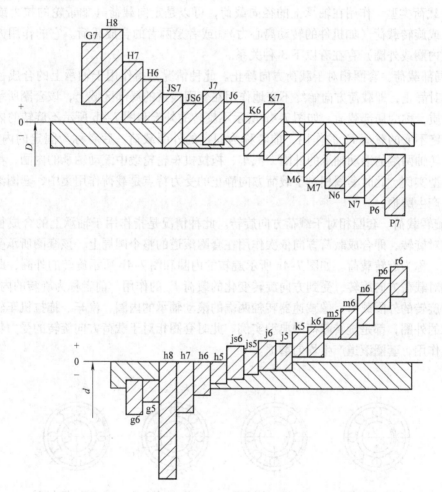

图 7-3 滚动轴承与轴和轴承座孔配合常用的公差带图解

由图 7-3 可以看出，轴承内圈与轴的配合比 GB/T 1801—2009 中基孔制同名配合偏紧一些，h5，h6，h7，h8 轴与轴承内圈的配合已变成过渡配合，k5，k6，m5，m6，n6 轴与轴承内圈的配合已变成小过盈配合，其余的也有所偏紧。轴承外圈与轴承座孔的配合跟 GB/T 1801—2009 中基轴制同名配合相比较，配合性质基本一致。

7.3 滚动轴承配合的选择

7.3.1 滚动轴承配合选择的基本原则

正确地选用滚动轴承与孔、轴的配合，对保证机器正常运转，提高轴承寿命，充分发挥轴承的承载能力关系很大。在选用滚动轴承时，应根据轴承的工作条件（作用在轴承上的载荷类型、大小）确定轴承与孔、轴配合的公差带，还应考虑工作温度、轴承类型和尺寸、旋转精度和速度等一系列因素。其中最主要考虑的是载荷的性质和大小。

（1）载荷类型　作用在轴承上的径向载荷，可以是定向载荷（如带轮的拉力或齿轮的作用力）或旋转载荷（如机件的转动离心力），或者是两者的合成载荷。它的作用方向与轴承套圈（内圈或外圈）存在着以下 3 种关系。

1）局部载荷。套圈相对于载荷方向静止。此种情况是指作用于轴承上的合成径向载荷与套圈相对静止，即载荷方向始终不变地作用在套圈滚道的局部区域上，该套圈所承受的这种载荷性质，称为局部载荷。如图 7-4a 所示不旋转的外圈和图 7-4b 所示不旋转的内圈，受到方向始终不变的载荷 F_r 的作用。前者称为固定的外圈载荷，后者称为固定的内圈载荷。像减速器转轴两端的滚动轴承的外圈，汽车、拖拉机车轮轮毂中滚动轴承的内圈，都是局部载荷的典型实例。此时套圈相对于载荷方向静止的受力特点是载荷作用集中，套圈滚道局部区域容易产生磨损。

2）旋转载荷。套圈相对于载荷方向旋转。此种情况是指作用于轴承上的合成径向载荷与套圈相对旋转，即合成载荷方向依次作用在套圈滚道的整个圆周上，该套圈所承受的这种载荷性质，称为旋转载荷。如图 7-4a 所示旋转的内圈和图 7-4b 所示旋转的外圈，此时相当于套圈相对载荷方向旋转，受到方向旋转变化的载荷 F_r 的作用。前者称为旋转的内圈载荷，后者称为旋转的外圈载荷。像减速器转轴两端的滚动轴承的内圈，汽车、拖拉机车轮轮毂中滚动轴承的外圈，都是旋转载荷的典型实例。此时套圈相对载荷方向旋转的受力特点是载荷呈周期作用，套圈滚道产生均匀磨损。

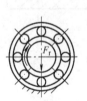 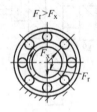 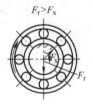

a) 内圈：旋转载荷　　b) 内圈：局部载荷　　c) 内圈：旋转载荷　　d) 内圈：摆动载荷
　外圈：局部载荷　　　外圈：旋转载荷　　　外圈：摆动载荷　　　外圈：旋转载荷

图 7-4　轴承套圈承受的载荷类型

3）摆动载荷。套圈相对于载荷方向摆动。此种情况是指作用于轴承上的合成径向载荷与套圈在一定区域内相对摆动，即合成载荷矢量按一定规律变化，往复作用在套圈滚道的局部圆周上，该套圈所承受的这种载荷性质，称为摆动载荷。轴承套圈受到一个大小和方向均

固定的径向载荷 F_r 和一个旋转的径向载荷 F_x，两者合成的载荷大小将由小到大，再由大到小，周期性地变化。

轴承套圈承受的载荷类型不同，轴承配合的松紧程度也应不同。承受局部载荷的套圈，局部滚道始终受力，磨损集中，其配合应选较松的过渡配合或具有极小间隙的间隙配合。这是为了让套圈在振动、冲击和摩擦力矩的带动下缓慢转位，以充分利用全部滚道并使磨损均匀，从而延长轴承的寿命。但配合也不能过松，否则会引起套圈在相配件上滑动而使结合面磨损。对于旋转精度及速度有要求的场合（如机床主轴和电动机轴上的轴承），则不允许套圈转位，以免影响支承精度。

承受旋转载荷的套圈，滚道各点循环受力，磨损均匀，其配合应选较紧的过渡配合或过盈量较小的过盈配合。因为套圈与轴或轴承座孔之间，工作时不允许产生相对滑动以免结合面磨损，并且要求在全圆周上具有稳固的支承，以保证载荷能最佳分布，从而充分发挥轴承的承载力。但配合的过盈量也不能太大，否则会使轴承内部的游隙减少甚至完全消失，产生过大的接触应力，影响轴承的工作性能。

承受摆动载荷的套圈，其松紧介于旋转载荷与局部载荷之间。

（2）载荷大小　滚动轴承套圈与结合件配合的最小过盈量，取决于载荷的大小。一般把径向载荷 $P_r \leq 0.07 C_r$ 的称为轻载荷；$0.07 C_r < P_r \leq 0.15 C_r$ 的称为正常载荷；$P_r > 0.15 C_r$ 的称为重载荷。其中，P_r 为径向当量动载荷，C_r 为径向额定动载荷。

承受较重的载荷或冲击载荷时，将引起轴承较大的变形，使结合面实际过盈量减小和轴承内部的实际间隙增大，这时为了使轴承运转正常，应选较大的过盈配合。同理，承受较轻的载荷时，可选较小的过盈配合。因此，承受轻载荷、正常载荷、重载荷的轴承与轴或轴承座孔的配合应依次越来越紧。

（3）其他因素　滚动轴承配合的选择还应综合考虑轴承的工作状况、工作温度、轴承座的结构和材料、安装和拆卸要求等其他因素。

1）径向游隙。轴承的游隙是指轴承在无载荷的情况下，轴承内圈与外圈间所能移动的最大距离，内圈与外圈做径向移动产生径向游隙，做轴向移动产生轴向游隙。

轴承的径向游隙对轴承的使用寿命、温升和噪声都有很大影响。滚动轴承在运转中，游隙过大就会使转轴产生较大的径向圆跳动和轴向圆跳动，从而使轴承产生较大的振动和噪声。游隙过小，当轴承与轴、轴承座孔的配合为过盈配合时，则会使轴承中滚动体与套圈产生较大的接触应力，并增加轴承工作时的摩擦发热，以致降低轴承寿命。因此，游隙的大小应适度。

GB/T 4604.1—2012《滚动轴承　游隙　第1部分：向心轴承的径向游隙》规定，向心轴承的径向游隙共分为五组：2组、N组、3组、4组、5组，游隙的大小依次由小到大。其中N组为基本游隙组，市场上供应的多是N组轴承。对N组轴承，在常温状态下工作时，它与轴、轴承座孔配合的过盈应适中。对于游隙比N组游隙大的轴承，配合的过盈应增大。对于游隙比N组游隙小的轴承，配合的过盈应减小。

2）旋转精度和旋转速度。当对轴承的旋转精度要求较高时，应选用较高精度等级的轴承，以及较高等级的轴、孔公差。对于承受载荷较大且要求较高旋转精度的轴承，为了消除弹性变形和振动的影响，应该避免采用间隙配合。而对一些精密机床的轻载荷轴承，为了避免轴承座孔和轴的形状误差对轴承精度的影响，常采用有间隙的配合。

此外，当轴承旋转精度要求较高时，为了消除弹性变形和振动的影响，不仅受旋转载荷的圈套与结合件的配件应选得紧些，受定向载荷的圈套也应紧些。一般认为，轴承的旋转速度越高，配合应该越紧。

3) 轴和轴承座孔的结构与材料。采用剖分式轴承座孔结构时，为了避免外圈产生椭圆变形，宜采用较松配合。当轴承安装在薄壁轴承座孔、轻合金轴承座孔或薄壁空心轴上时，为了保证轴承工作有足够的支承刚度和强度，应采用较紧配合。

4) 安装条件。考虑轴承安装与拆卸方便，宜采用较松的配合，对重型机械用的大型和特大型轴承，这一点尤为重要。如果要求装卸方便，而又需紧配，可采用分离型轴承，或内圈带锥孔、带紧定套和退卸套的轴承。

5) 工作温度。轴承运转时，由于摩擦发热和其他热源的影响，使轴承套圈的温度经常高于结合零件的温度。由于发热膨胀，轴承内圈与轴的配合可能变松，外圈与轴承座孔的配合可能变紧。所以，轴承工作温度一般应低于100℃，在高于此温度中工作的轴承，在选择配合时还需考虑温度影响的修正量。

7.3.2 滚动轴承配合选择的方法

滚动轴承与轴和轴承座孔的配合，要综合考虑上述因素，采用类比的方法选取公差带。表7-3~表7-6列出了 GB/T 275—2015《滚动轴承 配合》推荐的与轴承相配合的轴承座孔和轴的公差带，供选择时参考。

表7-3 向心轴承和轴承座孔的配合（孔公差带）

载荷情况		举例	其他状况	公差带[①]	
				球轴承	滚子轴承
外圈承受固定载荷	轻、正常、重	一般机械、铁路机车车辆轴箱	轴向易移动，可采用剖分式轴承座	H7、G7[②]	
	冲击		轴向能移动，可采用整体或剖分式轴承座	J7、JS7	
方向不定载荷	轻、正常	电动机、泵、曲轴主轴承		K7	
	正常、重			K7	
	重、冲击	牵引电动机		M7	
外圈承受旋转载荷	轻	带张紧轮	轴向不移动，采用整体式轴承座	J7	K7
	正常	轮毂轴承		M7	N7
	重			—	N7、P7

① 并列公差带随尺寸的增大从左至右选择，对旋转精度有较高要求时，可相应提高一个公差等级。
② 不适用于剖分式外壳。

轴承与实心轴配合过盈量的选择。当内圈承受旋转载荷时，它与轴配合所需的最小过盈量 Y'_{min}（mm），可近似按下式计算

$$Y'_{min} = -\frac{13Pk}{10^6 b} \tag{7-1}$$

式中 P——轴承承受的最大径向负荷（kN）；

k——与轴承系列有关的系数，轻系列：$k=2.8$，中系列：$k=2.3$，重系列：$k=2.0$；

b——轴承内圈的配合宽度（$k=B-2r$，B 为轴承宽度，r 为内圈圆角半径）（mm）。

第7章 滚动轴承的公差与配合

表7-4 向心轴承和轴的配合（轴公差带）

载荷情况		举例	圆柱孔轴承			公差带
			深沟球轴承、调心球轴承和角接触球轴承	圆柱滚子轴承和圆锥滚子轴承	调心滚子轴承	
			轴承公称内径/mm			
内圈承受旋转载荷或方向不定载荷	轻载荷	输送机、轻载齿轮箱	≤18	—	—	h5
			>18～100	≤40	≤40	j6①
			>100～200	>40～140	>40～100	k6①
			—	>140～200	>100～200	m6①
	正常载荷	一般通用机械、电动机、泵、内燃机、正齿轮传动装置	≤18	—	—	j5 js5
			>18～100	≤40	≤40	k5②
			>100～140	>40～100	>40～65	m5②
			>140～200	>100～140	>65～100	m6
			>200～280	>140～200	>100～140	n6
			—	>200～400	>140～280	p6
			—	—	>280～500	r6
	重载荷	铁路机车车辆轴箱、牵引电动机、破碎机等	—	>50～140	>50～100	n6③
				>140～200	>100～140	p6③
				>200	>140～200	r6③
				—	>200	r7③
内圈承受固定载荷	所有载荷	内圈需在轴向易移动	非旋转轴上的各种轮子			f6
				所有尺寸		g6
		内圈不需在轴向易移动	张紧轮、绳轮			h6
						j6
仅有轴向载荷			所有尺寸			j6、js6

圆锥孔轴承

所有载荷	铁路机车车辆轴箱	装在退卸套上	所有尺寸	h8（IT6）④⑤
	一般机械传动	装在紧定套上	所有尺寸	h9（IT7）④⑤

① 凡精度要求较高的场合，应用 j5、k5、m5 代替 j6、k6、m6。
② 圆锥滚子轴承、角接触球轴承配合对游隙影响不大，可用 k6、m6 代替 k5、m5。
③ 重载荷下轴承游隙应选大于 N 组。
④ 凡精度要求较高或转速要求较高的场合，应选用 h7（IT5）代替 h8（IT6）等。
⑤ IT6、IT7 表示圆柱度公差数值。

为了避免套圈破裂，必须按不超出套圈允许的强度的要求，核算其最大过盈量 Y'_{max}（mm），其计算式为

$$Y'_{\max} = -\frac{11.4kd[\sigma_p]}{(2k-2)\times 10^3} \tag{7-2}$$

式中 $[\sigma_p]$——轴承套圈材料的许用拉应力(MPa), 轴承钢的许用拉应力 $[\sigma_p]\approx 40\text{MPa}$;
　　　d——轴承内圈内径(mm)。

这样，根据计算得到的 $Y'_{\min}$，可以按照国家标准 GB/T 1801—2009《产品几何技术规范（GPS） 极限与配合 公差带和配合的选择》中选取最接近的配合。上述公式计算的安全裕度较大，所以选取的配合往往偏紧，应根据实际情况进行修正。

表7-5　推力轴承和轴的配合（轴公差带）

载荷情况		轴承类型	轴承公称内径/mm	公差带
仅有轴向载荷		推力球和推力圆柱滚子轴承	所有尺寸	j6、js6
径向和轴向联合载荷	轴圈承受固定载荷	推力调心滚子轴承、推力角接触球轴承、推力圆锥滚子轴承	≤250 >250	j6 js6
	轴圈承受旋转载荷或方向不定载荷		≤200 >200~400 >400	k6[①] m6 n6

[①] 要求较小过盈时，可分别用 j6、k6、m6 代替 k6、m6、n6。

表7-6　推力轴承和轴承座孔的配合（孔公差带）

载荷情况		轴承类型	公差带
仅有轴向载荷		推力球轴承	H8
		推力圆柱滚子轴承、推力圆锥滚子轴承	H7
		推力调心滚子轴承	—[①]
径向和轴向联合载荷	座圈承受固定载荷	推力角接触球轴承，推力调心滚子轴承，推力圆锥滚子轴承	H7
	座圈承受旋转载荷或方向不定载荷		K7[②] M7[③]

[①] 轴承座孔与座圈间的间隙为 $0.001D$（D 为轴承公称外径）。
[②] 一般工作条件。
[③] 有较大径向载荷时。

7.4　轴和轴承座孔的其他技术要求

轴和轴承座孔的公差带确定以后，为了保证轴承的工作性能，还必须限制轴和轴承座孔的几何公差和表面粗糙度。

由于轴承套圈为薄壁零件，装配后轴和轴承座孔的形状误差直接反映到套圈轨道上，导致轨道变形,影响轴承旋转精度并引起振动和噪声。所以,对轴和轴承座孔提出了圆柱度公差要求。同时,如果轴肩和轴承座孔肩存在较大的垂直度误差,轴承安装后将产生倾斜,影响其旋转精度,所以对轴肩和轴承座孔肩规定了轴向圆跳动公差。

为了保证轴承与轴、轴承座孔的配合性质,国家标准规定轴和轴承座孔的尺寸公差和几何公差之间采用包容要求。对于轴颈,在采用包容要求的同时,为了保证同一根轴上两个轴颈的同轴度精度,还经常提出两个轴颈的轴线分别对它们的公共轴线的同轴度公差或径向圆跳动公差的要求。

由于表面粗糙度值的大小将直接影响配合表面的配合质量,所以,国家标准还对轴和轴承座孔的配合表面提出了较高的表面粗糙度要求。

轴和轴承座孔配合表面具体的几何公差及表面粗糙度见表7-7及表7-8。

表7-7 轴和轴承座孔的几何公差值

公称尺寸/mm		圆柱度 $t/\mu m$				轴向圆跳动 $t_1/\mu m$			
		轴颈		轴承座孔		轴颈		轴承座孔	
		轴承公差等级							
		0	6 (6X)	0	6 (6X)	0	6 (6X)	0	6 (6X)
>	≤	公差值/μm							
—	6	2.5	1.5	4	2.5	5	3	8	5
6	10	2.5	1.5	4	2.5	6	4	10	6
10	18	3	2	5	3	8	5	12	8
18	30	4	2.5	6	4	10	6	15	10
30	50	4	2.5	7	4	12	8	20	12
50	80	5	3	8	5	15	10	25	15
80	120	6	4	10	6	15	10	25	15
120	180	8	5	12	8	20	12	30	20
180	250	10	7	14	10	20	12	30	20
250	315	12	8	16	12	25	15	40	25
315	400	13	9	18	13	25	15	40	25
400	500	15	10	20	15	25	15	40	25

表7-8 配合面的表面粗糙度 (单位:μm)

轴或轴承座孔直径/mm		轴或轴承座孔配合表面直径公差等级							
		IT7			IT6			IT5		
		表面粗糙度值								
>	≤	Rz	Ra		Rz	Ra		Rz	Ra	
			磨	车		磨	车		磨	车
—	80	10	1.6	3.2	6.3	0.8	1.6	4	0.4	0.8
80	500	16	1.6	3.2	10	1.6	3.2	6.3	0.8	1.6
端面		25	3.2	6.3	25	6.3	6.3	10	6.3	3.2

由于滚动轴承是标准件，在具体选择某一型号滚动轴承时，其配合尺寸的公差带已唯一确定。所以在装配图中轴承内圈与轴配合处只标注轴的尺寸与公差带代号，轴承外圈与轴承座孔配合处只标注轴承座孔的尺寸与公差带代号。在零件图中，标注出轴及轴承座孔的配合尺寸、几何公差和表面粗糙度的要求，如图 7-5 所示。

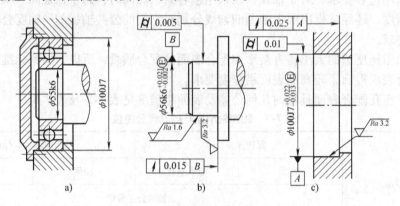

图 7-5　滚动轴承的图样标注

思考与习题

7-1　向心球轴承的精度分几级？代号是什么？各精度的应用如何？

7-2　滚动轴承内圈与轴，外圈与轴承座孔的配合分别采用哪种基准制？

7-3　滚动轴承内径公差带分布有何特点？为什么？

7-4　滚动轴承与轴及轴承座孔的配合在装配图上的标注有何特点？

7-5　对与滚动轴承配合的轴及轴承座孔，应采用哪些公差原则和规定哪些几何公差项目？在图样上如何标注？

7-6　与滚动轴承配合时，载荷大小对配合的松紧有何影响？

英文阅读扩展

Rolling Bearing Tolerance and Fits
Introduction

　　Since everything in industry turns on bearings, it is necessary for those persons responsible for keeping equipment running to fully understand bearings. There are two types of bearings, namely: sliding bearings and rolling bearings. The majority of bearings used are rolling bearings and the subject of this article will concentrate only on rolling bearings.

　　Practically all rolling bearings consist of four basic parts, namely: inner ring, outer ring, rolling elements, and cage or separator, as shown in **Figure 7-6.** Three of these parts the inner ring, outer ring, and rolling elements – support the bearing load. The fourth part – the cage or separator – provides positive separation of adjacent rolling elements.

Depending on the internal design, rolling bearings may be classified as radial bearings or thrust bearings. A radial bearing is designed primarily for carrying a radial load. Radial load is a pressing force at right angles to the shaft (**Figure 7-7**). Thrust load is a pushing force against the bearing parallel to the shaft (**Figure 7-8**).

Rolling Bearing Fits

The purpose of fit is to prevent harmful sliding between two mating bodies, by securely fastening a bearing ring, which rotates under loads, on the shaft or housing. This harmful sliding is

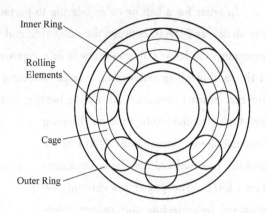

Figure 7-6 rolling bearings basic parts

called creep. It may induce excessive heating, wear in the contact area of the mating surfaces, ingress of wear debris into the bearing, vibration, and other unwanted phenomena. To determine what class of fit is optimal, examine the following:

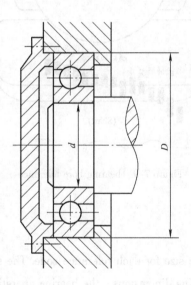

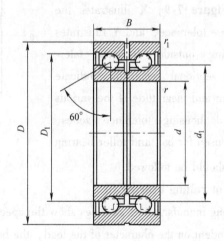

Figure 7-7 radial bearings basic parts

Figure 7-8 rolling bearings basic parts

◇ The characteristics and sizes of loads;
◇ Temperature distribution during rotation;
◇ Bearing internal clearance;
◇ The material, finishing, and strength of the shaft and housing;
◇ Mounting and dismounting methods;
◇ Whether shaft thermal expansion needs to be accommodated between the mating surfaces of the fit.

In order for a ball or roller bearing to perform satisfactorily, the fit between the inner ring and the shaft, and the fit between the outer ring and the housing must be suitable for the application. For example, too loose a fit could result in a corroded or scored bearing bore and shaft, while too tight a fit could result in unnecessarily large mounting and dismounting forces and too great a reduction in internal bearing clearance. All rolling bearing manufacturers make bearings to standardized tolerances set forth by the Anti Friction Bearing Manufacturers Association (AFBMA) and the International Standards Organization (ISO). The proper fits can only be obtained by selecting the proper tolerances for the shaft. Each tolerance is designated by a letter and a numeral. The small letter is for shaft fits, and the capital letter is for housing bores, and they locate the tolerance zone in relation to the nominal dimensions and the numeral gives the magnitude of the tolerance zone. In **Figure 7-9**, X illustrates the bearing bore tolerance, and Y illustrates the bearing outside diameter tolerance. The sectional rectangles indicate the location and magnitude of the various shafts and housing tolerance zones, which are used for ball and roller bearing and they should be followed.

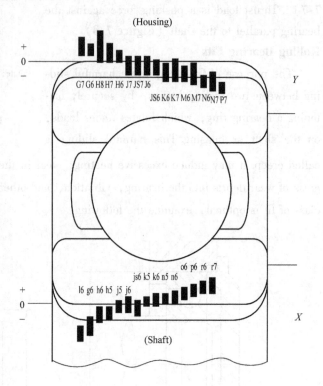

Figure 7-9　bearing bore tolerance

Selection of rolling bearing fit

Bearing manufacturers' catalogs show the specific size for each tolerance zone. The selection of fit is dependent on the character of the load, the bearing dimensions, the bearing operating temperature, the heat expansion of the shaft and other parts, the design and the required running accuracy. The choice of tolerances for bearing housings is influenced by the material and housing wall thickness. Also, consideration must be given to the fact that the shaft deforms differently when it is solid than when it is hollow.

In determining suitable fits for the inner ring and the outer ring in any given application, the direction of the load in relation to the respective bearing ring must be known. Various load conditions are discussed below:

◇ **Rotating Inner Ring Load**

The shaft rotates in relation to the direction of the load. All points on the inner ring raceway come under load during one revolution.

Example: Bearings in a motor that belt drives a fan.

◇ **Stationary Inner Ring Load**

The shaft remains stationary in relation to the direction of the load so that the load is always directed towards the same portion of the inner ring raceway.

Example: Car front wheel.

◇ **Rotating Outer Ring Load**

The bearing housing rotates in relation to the direction of the load. All points on the outer ring raceway are exposed to the load every revolution.

Example: Car front wheel hub.

◇ **Stationary Outer Ring Load**

The bearing housing remains stationary in relation to the direction of the load so that the load is always directed towards the same portion of the outer ring raceway.

Example: Bearings in a motor that belt drives a fan.

To facilitate bearing assembly, most bearings are fitted loosely to either the shaft or housing depending on what part rotates. The part that rotates must have a press fit in order to eliminate wear from differential rolling or creep. Creep occurs when the loose-fitted ring is rotating with respect to the load direction. **Figure 7-10** shows a bearing loosely fitted to the shaft with the inner ring rotating and the load direction fixed.

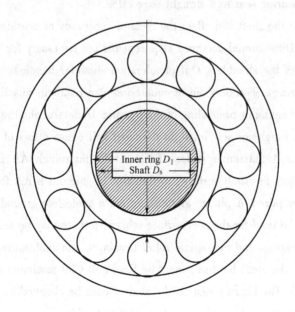

Figure 7-10 a bearing loosely fitted to the shaft

The inner ring is held between the shaft and the rolling elements. The velocity of a point on the shaft outside diameter is equal to the velocity of the inner ring bore, if the motion is pure rolling. Since the shaft circumference is less than the inner ring bore circumference, the inner ring revolves slightly less than one revolution for each full revolution of the shaft. The relative linear movement per shaft revolution is pi (p) times the amount of the loose fit. For example, a bearing fitted 0.002" (0.0508 mm) loose on a shaft rolls a distance of (0.002") (p) inches (0.0508 mm) per revolution. With an 1800 RPM shaft speed, the inner ring can creep around the shaft a distance of 1.07 miles (1.7220 km) in 100 hours of operation. The longer the inner ring creeps, the more wear occurs and, consequently, the creeping increases. An equivalent condition occurs with a loose – fitted outer ring if there is relative motion between the load direction and the outer ring. Outer ring creep in a housing is often encountered in applications where there are unbalanced loads. In this instance, press fits are required.

Geometric and dimensional accuracy for rolling bearing

If a shaft has been correctly designed, the aspects of shaft quality that affect bearing performance are geometric and dimensional accuracy, surface finish, deflections, material and hardness.

The tolerances for geometric accuracy are shown below:

◇ Out of round and taper tolerance-one-half the recommended shaft O. D. tolerance.

◇ Run out of shaft shoulder-recommended shaft O. D. tolerance.

◇ Concentricity of one bearing seat to the other-recommended shaft O. D. tolerance.

◇ Conformity of bearing seat to a straight edge-80%.

Out-of-roundness of the shaft can affect the dynamic accuracy of bearing rotation and affect the vibration of a machine. Dimensional accuracy requirements are necessary for both the shaft diameter and the axial locations of the shoulders. Out of tolerance shoulder locations can result in excessive axial loading of the bearings. Shoulders out of squareness can result in misalignment. Oversize bearing seats can cause overheating or preloading of the bearing. Undersize shafting can cause creeping as mentioned previously. A rough surface finish on the shaft will cause a loss of press fit and excessive wear of the bearing seat. A maximum surface finish of 63 microinch AA is required for bearing seats. When a seal contacts the shaft surface, a finish of 16 microinch AA for both the bearing seat and the seal surface is required. A plunge ground and not a centerless ground shaft (that develops a helical pattern) should be used for the seal surface otherwise there may be seal leakage. For installations on needle roller bearings and cylindrical roller bearings, the shaft surface is sometimes substituted for the inner ring. The shaft hardness must be Rockwell C59 minimum and a maximum roughness of 15 microinch AA. The bearing seat on the shaft should be checked for diameter, roundness, taper, conformity to a straight edge and squareness of the shoulders according to a print or specifications. If a shaft has to be repaired, it should be done by a competent person using metal spray build-up after a properly prepared surface. The shaft should then be finished to the specified size. It should be remembered, there is no substitution for having the correct shaft and housing fit if you expect to obtain the maximum life out of a bearing. In summary, the following questions should be asked before determining the shaft size or housing size:

◇ What part rotates—inner ring or outer ring?

◇ The part that rotates gets the press fit.

◇ What bearing will be the fixed bearing and what one will be the floating bearing?

A floating bearing is necessary to prevent parasitic thrust loads from thermal expansion of the shaft. The fixed bearing locates the assembly.

第 8 章 普通螺纹公差与配合

知识引入

用于联接两个零件的螺栓、螺钉等普通螺纹在生产时通过哪些参数保证其互换性呢？这些零件的几何精度在设计图样中如何规范地标注？

8.1 概述

8.1.1 螺纹的种类及使用要求

螺纹（Screw Thread）在机电产品中的应用十分广泛，它是一种最典型的具有互换性的联接结构。为了满足普通螺纹的使用要求，保证其互换性，我国发布了一系列普通螺纹国家标准，主要有 GB/T 14791—2013《螺纹 术语》，GB/T 192—2003《普通螺纹 基本牙型》，GB/T 193—2003《普通螺纹 直径与螺距系列》，GB/T 197—2018《普通螺纹 公差》，以及 GB/T 3934—2003《普通螺纹量规 技术条件》。螺纹按其结合性质和使用要求，可分为如下三类：

（1）紧固螺纹 紧固螺纹主要用于联接和紧固零部件，如米制普通螺纹等，这是使用最广泛的一种螺纹结合。对这种螺纹结合的主要要求是可旋合性和联接的可靠性。

（2）传动螺纹 传动螺纹用于传递精确的位移和动力，如机床中的丝杠和螺母，千斤顶中的起重螺杆等。对这种螺纹结合的主要要求是传动比恒定，传递动力可靠。

（3）紧密螺纹 紧密螺纹用于要求具有气密性或水密性的条件下，如管螺纹联接，在管道中不得漏气、漏水或漏油。对这类螺纹结合的主要要求是具有良好的可旋合性及密封性。

8.1.2 普通螺纹结合的基本要求

普通螺纹（General Purpose Metric Screw Threads）常用于机械设备、仪器仪表中，用于联接和紧固零部件。为使其实现规定的功能要求并便于使用，需满足以下要求：

（1）可旋合性 可旋合性是指同规格的内、外螺纹件在装配时不经挑选就能在给定的轴向长度内全部旋合。

（2）联接可靠性 联接可靠性是指用于联接和紧固时，应具有足够的联接强度和紧固性，以确保机器或装置的使用性能。

8.2 螺纹的基本牙型和几何参数

米制普通螺纹的基本牙型如图 8-1 粗实线所示。

第8章 普通螺纹公差与配合

（1）大径（Major Diameter）（D 和 d）

大径是指与外螺纹牙顶或内螺纹牙底相切的假想圆柱的直径，对外螺纹而言，大径为顶径，对内螺纹而言，大径为底径，普通螺纹的大径为螺纹的公称直径，公称直径应按所规定的直径系列选用，见表8-1。

（2）小径（Minor Diameter）（D_1 和 d_1）

小径是指与外螺纹牙底或内螺纹牙顶相切的假想圆柱的直径，对外螺纹而言，小径为底径，对内螺纹而言，小径为顶径。

（3）中径（Pitch Diameter）（D_2 和 d_2）

中径是一个假想圆柱的直径，该圆柱的母线通过螺纹牙型上沟槽和凸起宽度相等的地方，此假想圆柱称为中径圆柱，如图8-2所示。

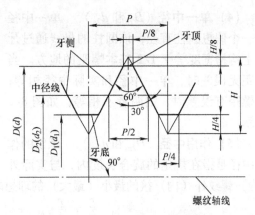

图 8-1 普通螺纹的基本牙型

上述三种直径的符号中，大写英文字母代表内螺纹，小写英文字母表示外螺纹。在同一结合中，内、外螺纹的大径、小径、中径的基本尺寸对应相同。

表 8-1 普通螺纹公称尺寸 （单位：mm）

公称直径（大径）D, d			螺距 P	中径 D_2, d_2	小径 D_1, d_1
第一系列	第二系列	第三系列			
10			1.5*	9.026	8.376
			1.25	9.188	8.647
			1	9.350	8.917
			0.75	9.513	9.188
12			1.75*	10.863	10.106
			1.5	11.026	10.376
			1.25	11.188	10.647
			1	11.350	10.917
16			2*	14.701	13.835
			1.5	15.026	14.376
			1	15.350	14.917
20			2.5*	18.376	17.294
			2	18.701	17.835
			1.5	19.026	18.376
			1	19.350	18.917
24			3*	22.051	20.752
			2	22.701	21.835
			1.5	23.026	22.376
			1	23.350	22.917
30			3.5*	27.727	26.211
			3	28.051	26.752
			2	28.701	27.835
			1.5	29.026	28.376

注：有 * 者为粗牙螺纹的螺距。

(4) 单一中径 (D_{2s} 和 d_{2s}) 单一中径是一个假想圆柱直径，该圆柱的母线通过牙型上沟槽宽度等于 1/2 基本螺距的地方。当螺距无误差时，单一中径和实际中径相等；当螺距有误差时，则两者不相等，如图 8-2 所示。

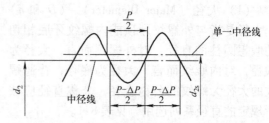

图 8-2 普通螺纹中径与单一中径

(5) 作用中径 (D_{2m} 和 d_{2m}) 螺纹的作用中径是指在规定的旋合长度内，与实际外（内）螺纹外（内）接的最小（最大）的理想内（外）螺纹中径，如图 8-3、图 8-4 所示。

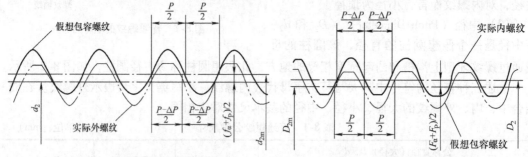

图 8-3 外螺纹的作用中径　　　　图 8-4 内螺纹的作用中径

(6) 螺距 (Pitch) (P) 螺距是指相邻两牙在中径线上对应两点间的轴向距离。

(7) 导程 (Lead) (P_h) 导程是指同一螺旋线上相邻两牙中径线上对应两点间的轴向距离。对于单线螺纹，导程与螺距同值；对于多线螺纹，导程等于螺距 P 与螺纹线数 n 的乘积，即导程 $P_h = nP$。

(8) 原始三角形高度 (Fundamental Triangle Height) (H) 和牙型高度 ($\frac{5}{8}H$) 原始三角形高度是指由原始三角形顶点，沿垂直于螺纹轴线方向到其底边的距离，牙型高度是指在螺纹牙型上牙顶和牙底之间在垂直于螺纹轴线方向上的距离，如图 8-1 所示。

(9) 牙型角 (α) 和牙型半角 ($\frac{\alpha}{2}$) 牙型角是指螺纹牙型上两相邻牙侧间的夹角，牙型半角是牙型角的一半，米制普通螺纹的牙型角 $\alpha = 60°$，牙型半角 $\frac{\alpha}{2} = 30°$。

(10) 螺纹升角 (φ) 螺纹升角是指在中径圆柱上螺旋线的切线与垂直于螺纹轴线的平面的夹角，它与螺距 P 和中径 d_2 之间的关系为

$$\tan\varphi = \frac{nP}{\pi d_2} \tag{8-1}$$

式中 n——螺纹线数。

(11) 螺纹旋合长度 螺纹的旋合长度是指两个相互配合的螺纹，沿螺纹轴线方向相互旋合部分的长度。

8.3 螺纹几何参数误差对螺纹互换性的影响

螺纹的主要几何参数有大径、小径、中径、螺距和牙型半角，这些参数的误差对螺纹互

换性的影响不同，其中中径偏差、螺距偏差和牙型半角偏差是主要的影响因素。

(1) 螺距误差对螺纹互换性的影响　对于紧固螺纹来说，螺距误差主要影响螺纹的可旋合性和联接的可靠性；对于传动螺纹来说，螺距误差直接影响传动精度，影响螺牙上负荷分布的均匀性。螺距误差包括局部误差和累计误差，前者与旋合长度无关，后者与旋合长度有关。为了便于探讨，假设内螺纹具有理想牙型，外螺纹中径及牙型角与内螺纹相同，但螺距有误差，并假设外螺纹的螺距比内螺纹的大，假定在 n 个螺牙长度上，螺距累积误差为 ΔP_Σ，显然，这对螺纹将发生干涉而无法旋合，如图 8-5 所示。

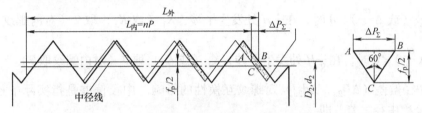

图 8-5　螺距累积误差对可旋合性的影响

为了使有螺距误差的外螺纹可旋入标准的内螺纹，在实际生产中，可把外螺纹中径减去一个数值 f_p，f_p 称为螺距误差的中径补偿值。

同理，当内螺纹螺距有误差时，为了保证可旋合性，应把内螺纹的中径加大一个数值 f_p。从图 8-5 中 $\triangle ABC$ 中可以看出，对于牙型角 $\alpha = 60°$ 的米制普通螺纹，有

$$f_p = 1.732 |\Delta P_\Sigma| \tag{8-2}$$

(2) 牙型半角偏差 $\Delta \dfrac{\alpha}{2}$ 对互换性的影响　牙型半角偏差 $\Delta \dfrac{\alpha}{2}$ 是指实际牙型半角对其公称牙型半角之差。牙型半角误差也会影响螺纹的可旋合性和联接强度。为便于讨论，假设内螺纹具有理想牙型，内、外螺纹的中径和螺距都没有误差，但外螺纹牙型半角有误差 $\Delta \dfrac{\alpha_1}{2}$ 和 $\Delta \dfrac{\alpha_2}{2}$，如图 8-6 所示，这样牙侧间将发生干涉，而不能旋合。

如图 8-6 所示，为了使有半角误差的外螺纹能旋入内螺纹，就必须把外螺纹中径减小 $f_{\frac{\alpha}{2}}$（或将内螺纹中径增大 $f_{\frac{\alpha}{2}}$），$f_{\frac{\alpha}{2}}$

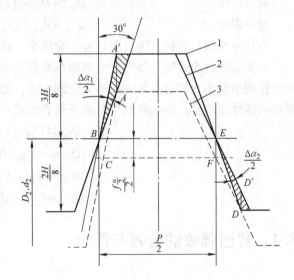

图 8-6　牙型半角偏差对可旋合性的影响

称为牙型半角误差的路径补偿值，即将外螺纹牙型移至虚线位置，避开干涉，则可以自由旋合。$f_{\frac{\alpha}{2}}$ 为牙型半角的中径当量。由图 8-6 中 $\triangle ABC$ 和 $\triangle DEF$ 看出当左右牙型半角误差不等时，两侧的干涉量也不相等，因此中径当量 $f_{\frac{\alpha}{2}}$ 取平均值，即

$$\frac{f_{\frac{\alpha}{2}}}{2} = \frac{\overline{BC} + \overline{EF}}{2}$$

根据任意三角形的正弦定理可以推导出计算牙型半角偏差中径当量的公式,即

$$f_{\frac{\alpha}{2}} = 0.073P(K_1 \left|\Delta\frac{\alpha_1}{2}\right| + K_2 \left|\Delta\frac{\alpha_2}{2}\right|) \tag{8-3}$$

式中 $f_{\frac{\alpha}{2}}$ ——牙型半角误差的路径补偿值(μm);

P ——螺距(mm);

$\Delta\frac{\alpha_1}{2}$ ——左、右牙型半角偏差(′)。

当 $\Delta\frac{\alpha_1}{2}$(或 $\Delta\frac{\alpha_2}{2}$)>0 时,在 $\frac{1}{4}H$ 处发生干涉,K_1(或 K_2)取 2(对内螺纹取 3);当 $\Delta\frac{\alpha_1}{2}$(或 $\Delta\frac{\alpha_2}{2}$)<0 时,在 $\frac{3}{8}H$ 处发生干涉,K_1(或 K_2)取 3(对内螺纹取 2)。

(3)中径偏差(ΔD_{2a},Δd_{2a})对螺纹互换性的影响 中径偏差是指实际中径 D_{2a}(或 d_{2a})与其公称中径之差,即

$$\Delta D_{2a} = D_{2a} - D_2 \tag{8-4}$$
$$\Delta d_{2a} = d_{2a} - d_2 \tag{8-5}$$

当外螺纹中径比内螺纹中径大时,会影响螺纹的可旋合性;反之,则使配合过松而影响联接的可靠性和紧密性,削弱联接的强度。因此,对中径偏差必须加以限制。

(4)螺纹作用中径合格性判断原则 对于任一个实际内螺纹或外螺纹,如果已经知道它们的中径、螺距累积误差、牙型半角偏差,可按下面的公式计算它们的作用中径:

对内螺纹 $\qquad D_{2m} = D_{2a} - (f_p + f_{\frac{\alpha}{2}}) \tag{8-6}$

对外螺纹 $\qquad d_{2m} = d_{2a} + (f_p + f_{\frac{\alpha}{2}}) \tag{8-7}$

为使外螺纹与内螺纹能自由旋合,应满足:$D_{2m} \geqslant d_{2m}$。

为保证普通螺纹的互换性,应遵循判断螺纹中径合格性的准则——泰勒原则,即实际螺纹的作用中径不允许超出最大实体牙型的中径,而实际螺纹任何部分的单一中径不允许超出最小实体牙型中径。泰勒原则可写成下列表达式:

$$\begin{cases} D_{2m} \geqslant D_{2MMC}(D_{2min}) \\ D_{2s} \leqslant D_{2LMC}(D_{2max}) \end{cases}$$
$$\begin{cases} d_{2m} \leqslant d_{2MMC}(d_{2max}) \\ d_{2s} \geqslant d_{2LMC}(d_{2min}) \end{cases}$$

8.4 普通螺纹的公差与配合

8.4.1 螺纹公差等级

我国的普通螺纹国家标准中规定有内、外螺纹中径公差,内螺纹、小径公差和外螺纹大径公差,见表 8-2。公差等级中 3 级最高,9 级最低,其中 6 级为基本级。

8.4.2 螺纹的基本偏差

螺纹公差带位置是由基本偏差确定的。螺纹的基本牙型是计算螺纹偏差的基准。内、外

螺纹的公差带相对于基本牙型的位置，与圆柱体的公差带位置一样，由基本偏差来确定。GB/T 197—2018 中对内螺纹规定了代号为 G，H 的两种基本偏差，基本偏差是下极限偏差（EI），如图 8-7 所示。对外螺纹规定了代号为 a，b，c，d，e，f，g，h 的几种基本偏差，如图 8-8 所示。内、外螺纹的基本偏差和顶径公差见表 8-3。普通螺纹中径公差和中等旋合长度，见表 8-4。

表 8-2 螺纹公差等级

螺纹直径			公差等级
内螺纹	中径	D_2	4、5、6、7、8
	小径（顶径）	D_1	
外螺纹	中径	d_2	3、4、5、6、7、8、9
	大径（顶径）	d	4、6、8

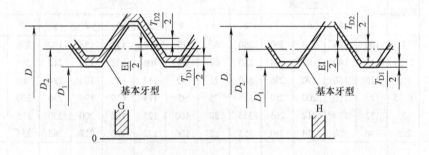

图 8-7 内螺纹的基本偏差
T_{D1}—内螺纹小径公差　T_{D2}—内螺纹中径公差

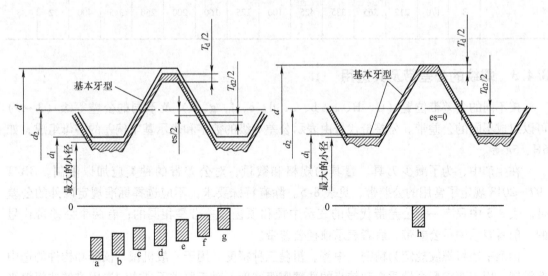

图 8-8 外螺纹的基本偏差
T_d—外螺纹大径公差　T_{d2}—外螺纹中径公差

表 8-3　普通螺纹的基本偏差和顶径公差

螺距 P/mm	内螺纹的基本偏差 EI/μm		外螺纹的基本偏差 es/μm								内螺纹的小径公差 T_{D1}/μm					外螺纹的大径公差 T_d/μm		
	G	H	a	b	c	d	e	f	g	h	4	5	6	7	8	4	6	8
1	+26	0	-290	-200	-130	-85	-60	-40	-26	0	150	190	236	300	375	112	180	280
1.25	+28		-295	-205	-135	-90	-63	-42	-28		170	212	265	335	425	132	212	335
1.5	+32		-300	-212	-140	-95	-67	-45	-32		190	236	300	375	475	150	236	375
1.75	+34		-310	-220	-145	-100	-71	-48	-34		212	265	335	425	530	170	265	425
2	+38		-315	-225	-150	-105	-71	-52	-38		236	300	375	475	600	180	280	450
2.5	+42		-325	-235	-160	-110	-80	-58	-42		280	355	450	560	710	212	335	530
3	+48		-335	-245	-170	-115	-85	-63	-48		315	400	500	630	800	236	375	600

表 8-4　普通螺纹中径公差和中等旋合长度

公称直径 D, d/mm	螺距 P/mm	内螺纹中径公差 T_{D2}/μm				外螺纹中径公差 T_{d2}/μm						N 组旋合长度/μm	
		公差等级				公差等级						>	≤
		4	5	6	7	8	3	4	5	6	7	8	9		
>11.2~22.4	1	100	125	160	200	250	60	75	95	118	150	190	236	3.8	11
	1.25	112	140	180	224	280	67	85	106	132	170	212	265	4.5	13
	1.5	118	150	190	236	300	71	90	112	140	180	224	280	5.6	16
	1.75	125	160	200	250	315	75	95	118	150	190	236	300	6	18
	2	132	170	212	265	335	80	100	125	160	200	250	315	8	24
	2.5	140	180	224	280	355	85	106	132	170	212	265	335	10	30
>22.4~45	1	106	132	170	212	—	63	80	100	125	160	200	250	4	12
	1.5	125	160	200	250	315	75	95	118	150	190	236	300	6.3	19
	2	140	180	224	280	355	85	106	132	170	212	265	335	8.5	25
	3	170	212	265	335	425	100	125	160	200	250	315	400	12	36

8.4.3　螺纹的公差带及其选用

按不同的公差带位置（G、H、a、b、c、d、e、f、g、h）及不同的公差等级（3~9）可以组成不同的公差带。公差带代号由表示公差等级的数字和表示基本偏差的字母组成，如 6H、5g 等。

在生产中，为了减少刀具、量具的规格和数量，对公差带的种类应加以限制。GB/T 197—2018 规定了常用的公差带，见表 8-5。除有特殊要求，不应选择标准规定以外的公差带。表 8-5 中只有一个公差带代号的表示中径和顶径公差带是相同的；有两个公差带代号的，前者表示中径公差带，后者表示顶径公差带。

标准中还将螺纹规定为精密、中等、粗糙三种精度。用于一般机械、仪器和构件的选中等精度，用于要求配合性质变动较小的选精密级精度，对于要求不高或制造困难的选粗糙级精度。

如无特殊说明，推荐公差带适用于涂镀前的螺纹。涂镀后，螺纹实际轮廓上任何点不应超越按公差位置 H 或 h 所确定的最大实体牙型。

表 8-5 普通螺纹推荐的公差带

公差等级	内螺纹公差带			外螺纹公差带		
	S	N	L	S	N	L
精密	4H	5H	6H	(3h4h)	4h (4g)	(5h4h) (5g4g)
中等	5H (5G)	6H 6G	7H (7G)	(5g6g) (5h6h)	6e 6f 6g 6h	(7e6e) (7g6g) (7h6h)
粗糙	—	7H (7G)	8H (8G)	—	(8e) 8g	(9e8e) (9g8g)

注：优先选用不带括号的公差带。

8.4.4 表面粗糙度

螺纹的表面粗糙度可根据表 8-6 所推荐的 Ra 数值选用。

表 8-6 普通螺纹螺牙侧面的表面粗糙度 Ra 值

工件	螺纹中径公差等级		
	4、5	6、7	8、9
	$Ra/\mu m$		
螺栓、螺钉、螺母	≤1.6	≤3.2	3.2~6.3
轴及套筒上的螺纹	0.8~1.6	≤1.6	≤3.2

8.4.5 螺纹旋合长度

螺纹旋合长度见表 8-7。螺纹的旋合长度与螺纹的精度密切相关，旋合长度增加，螺纹半角误差和螺距误差就可能增加，以同样的中径公差值加工旋合长度较长的螺纹就会比加工旋合长度较短的螺纹更困难。因此同一精度等级，旋合长度越长，公差等级应越低。标准中还将螺纹的旋合长度分为三组：短旋合长度（代号 S）、中等旋合长度（N）和长旋合长度（L）。一般选用中等旋合长度。粗牙普通螺纹的中等旋合长度为 $0.5d~1.5d$。

8.4.6 普通螺纹的标记

普通螺纹的完整标记由螺纹特征代号、尺寸代号、公差带代号、旋合长度和旋向代号组成。

（1）特征代号　普通螺纹的特征代号为"M"。

（2）尺寸代号　尺寸代号包括公称直径（D，d）、导程（P_h）和螺距（P）。对粗牙螺纹可省略其螺距。其数值单位均为 mm。

1) 单线螺纹的尺寸代号为"公称直径×螺距"。

表 8-7　螺纹旋合长度（摘自 GB/T 197—2018）　　　　（单位：mm）

公称直径 D、d		螺距 P	旋合长度				公称直径 D、d		螺距 P	旋合长度			
			S		N					S		N	
						L							L
>	≤		≤	>	≤	>	>	≤		≤	>	≤	>
5.6	11.2	0.75	2.4	2.4	7.1	7.1	22.4	45	2.5	10	10	30	30
		1	3	3	9	9			1	4	4	12	12
		1.25	4	4	12	12			1.5	6.3	6.3	19	19
		1.5	5	5	15	15			2	8.5	8.5	25	25
11.2	22.4	1	3.8	3.8	11	11			3	12	12	36	36
		1.25	4.5	4.5	13	13			3.5	15	15	45	45
		1.5	5.6	5.6	16	16			4	18	18	53	53
		1.75	6	6	18	18			4.5	21	21	63	63
		2	8	8	24	24							

2) 多线螺纹的尺寸代号为"公称直径×Ph 导程 P 螺距"。公称直径、导程、螺距数值的单位为 mm。当需要说明螺纹线数时，可在螺距的数值后加括号用英语说明，如双线为 Two Starts，三线为 Three Starts，四线为 Four Starts。

(3) 公差带代号　公差带代号是指中径和顶径公差带代号。中径公差带代号在前，顶径公差带代号在后。如果中径和顶径公差带代号相同，则只标一个公差带代号。螺纹尺寸代号与公差带代号间用半字线"-"分开。

1) 在下列情况下，对常用的中等公差精度的螺纹不标注公差带代号：

① 公称直径 $D ≤ 1.4$mm 的 5H，$D ≥ 1.6$mm 的 6H 和螺距 $P = 0.2$mm 且公差等级为 4 级的内螺纹。

② 公称直径 $d ≤ 1.4$mm 的 6h，$d ≥ 1.6$mm 的 6g 的外螺纹。

2) 内外螺纹配合时，它们的公差带中间用斜线分开，左边为内螺纹公差带，右边为外螺纹公差带，例如，M20×6H/5g6g，表示内螺纹的中径和顶径公差带相同为 6H，外螺纹的中径公差带为 5g，顶径公差带为 6g。

(4) 旋合长度代号　对短旋合和长旋合组要求在公差带代号后分别标注"S"和"L"，与公差带代号间用半字线"-"分开。中等旋合长度不标注"N"。

(5) 旋向代号　对于左旋螺纹，要求在旋合长度代号后标注"LH"，与旋合长度代号间用半字线"-"分开。右旋螺纹省略旋向代号。

【例 8-1】　普通螺纹标记示例。

示例 1：

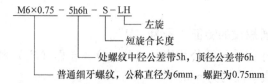

表示公称直径为 6mm，螺距为 0.75mm，中径公差带为 5h，顶径公差带为 6h，短旋合长度，左旋单线细牙普通外螺纹。

示例 2：

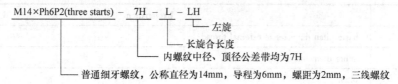

表示公称直径为 14mm，导程为 6mm，螺距为 2mm，中径和顶径公差带均为 7H，长旋合，左旋三线普通内螺纹。

思考与习题

8-1　影响螺纹互换性的因素有哪些？对这些因素是如何控制的？
8-2　普通螺纹的中径、单一中径和作用中径三者有何区别和联系？
8-3　对于普通紧固螺纹，标准中为什么不单独规定螺距公差和牙型半角公差？
8-4　普通螺纹精度等级如何选择？应考虑哪些因素？
8-5　影响螺纹互换性的参数有哪几项？
8-6　解释下列螺纹标记的含义。
1）$M24-7H$
2）$M36 \times 2 - 5g6g - S$
3）$M36 \times 2 - 6H/5g6g - L$
4）$M16 \times Ph3P1.5$（two starts）$-7H-L-LH$
8-7　查表确定 $M24 \times 2 - 6H/5g6g$ 细牙普通螺纹的内、外螺纹的中径，内螺纹小径和外螺纹大径对极限偏差，并计算极限尺寸。

英文阅读扩展

Screw threads
General

This part of ISO 965 specifies the basic profile for ISO general purpose metric screw threads (M) conforming to ISO 261. The tolerance system refers to the basic profile in accordance with ISO 68-1.

Definition and symbols about screw threads

The symbols are listed in Table 8-8.

Table 8-8　symbol about screw threads

Symbol	Explanation
D	basic major diameter of internal thread
D_1	basic minor diameter of internal thread
D_2	basic pitch diameter of internal thread
d	basic major diameter of external thread
d_1	basic minor diameter of external thread

(continue)

Symbol	Explanation
d_2	basic pitch diameter of external thread
d_3	minor diameter of external thread
P	pitch
P_h	lead
H	height of fundamental triangle
S	designation for thread engagement group "short"
N	designation for thread engagement group "normal"
L	designation for thread engagement group "long"
T	tolerance
T_{D1}, T_{D2}, T_{d1}, T_{d2}	tolerance for D_1, D_2, d_1, d_2
ei, EI	lower deviations
es, ES	upper deviations
R	root radius of external thread
C	root truncation of external thread

Structure of the tolerance system

The system gives tolerance defined by tolerance grades and tolerance positions and a selection of grades and positions.

The system provides for:

1) a series of tolerance grades for each of the four screw thread diameters, as follows:

      Tolerance grades
  D_1 4, 5, 6, 7, 8
  d 4, 6, 8
  D_2 4, 5, 6, 7, 8
  d_2 3, 4, 5, 6, 7, 8, 9

2) Series of tolerance positions:

—G and H for internal threads;

—e, f, g and h for external threads.

Selection of recommended combinations of grades and positions (tolerance classes) giving the commonly used tolerance qualities fine, medium and coarse for the three groups of length of thread engagement short, normal and long. Moreover a further selection of tolerance classes is given for commercial bolt and nut threads.

Designation

General

The complete designation for a screw thread comprises a designation for the thread system and size, a designation for the thread tolerance class followed by further individual items if necessary.

Designation of single – start screw threads

A screw thread complying with the requirements of the international Standards for ISO general purpose metric screw threads according to ISO 68-1, ISO 261, ISO 724, ISO 965 – 2 and ISO 965 – 3 shall be designated by the letter M followed by the value of the nominal diameter and of the pitch, expressed in millimeters and separated by the sign " × ".

Example: M8 × 1.25

For coarse pitch threads listed in ISO 261, the pitch may be omitted.

Example: M8

The tolerances class designation comprises a class designation for the pitch diameter tolerance followed by a class designation for the crest diameter tolerance.

Each class designation consists of

— a figure indicating the tolerance grade;

— a letter indicating the tolerance position, capital for internal threads, small for external threads.

If the two class designation for the pitch diameter and crest diameter (major or minor diameter for internal and external threads respectively) are the same, it is not necessary to repeat the symbols.

Examples:

External thread

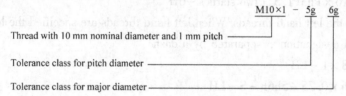

Internal thread

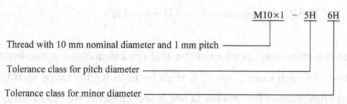

A fit between threaded parts is indicated by the internal thread tolerance class followed by the external thread tolerance class separated by a stroke.

Example: M6 – 6H/6g

M20 × 2 – 6H/5g6g

The absence of tolerance class designation means that tolerance quality "medium" with the following tolerance classes are specified:

Internal threads

— 5H for threads up to and including M1.4;

— 6H for threads M1.6 and larger.

NOTE Except for threads with pitch $P = 0.2$mm for which the tolerance grade 4 is defined only.
External threads
—6h for threads up to and including M1.4;
—6g for threads M1.6 and larger.

The designation for the group of length of thread engagement "short" S and "long" L should be added to the tolerance class designation separated by a dash.

Example: M20 × 2 – 5H – S
　　　　　M6 – 7H/7g6g – L

The absence of the designation for the group of length of thread engagement means the group "normal" N is specified.

Designation of multiple – start screw threads

Multiple – start metric screw threads shall be designated by the letter M followed by the value of the nominal diameter, the sign ×, the letters Ph and the value of the lead, the letter P and the value of the pitch (axial distance between two neighbouring flanks in the same direction) a dash, and the tolerance class. Nominal diameter, lead and pitch are expressed in millimeters.

Example: M16 × Ph3P1.5 – 6H

For extra clarity the number of starts i.e. the value of $\frac{Ph}{P}$ may be added in verbal form and in parenthesis.

Example: M16 × Ph3P1.5 (two starts) – 6H

Designation of the left hand threads. When left hand threads are specified the letters LH shall be added to the thread designation, separated by a dash.

Example: M8 × 1 – LH
　　　　　M6 × 0.75 – 5h6h – S – LH
　　　　　M14 × Ph6P2 – 7H – L – LH
　　　　　M14 × Ph6P2 (three starts) – 7H – L – LH

Tolerance grades

For each of the two elements, pitch diameter and crest diameter, a number of tolerance grades have been established. In each case, grade 6 shall be used for tolerance quality medium and normal length of thread engagement. The grades below 6 are intended for tolerance quality fine and/or short length of thread engagement. The grades above 6 are intended for tolerance quality coarse and/or long length of thread engagement. In some grades, certain tolerance values for small pitches are not shown because of insufficient threads overlap or the requirement that the pitch diameter tolerance shall not exceed the crest diameter tolerance.

Tolerance positions

The following tolerance positions are standardized as shown in Figure 8-9 ~ Figure 8-12:
For internal threads:
G with positive fundamental deviation;
H with zero fundamental deviation.

For external threads:

e, f and g with negative fundamental deviation;

h with zero fundamental deviation.

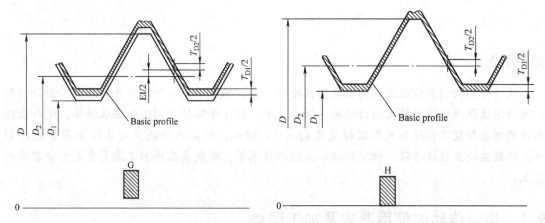

Figure 8-9 Internal threads with tolerance position G   Figure 8-10 Internal threads with tolerance position H

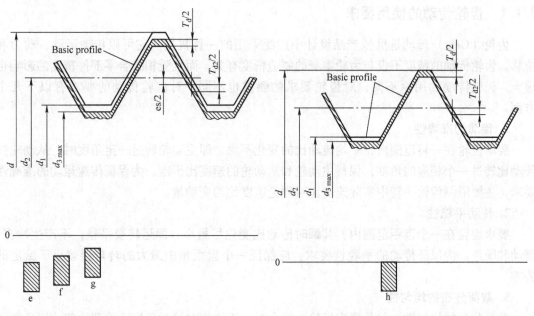

Figure 8-11 External threads with tolerance positions e, f and g

Figure 8-12 External threads with tolerance position h

第 9 章　渐开线圆柱齿轮传动精度的控制与评定

知识引入

齿轮传动机构是指组成运动装置的齿轮副、轴、轴承、箱体等零部件的总和。齿轮传动的质量不仅取决于运动装置的齿轮副、轴、轴承、箱体等零件的制造和安装精度，还与齿轮本身的制造精度及齿轮副的安装精度密切相关。因此，研究齿轮误差对齿轮使用性能的影响，研究齿轮互换性原理、精度标准以及检测技术等，对提高齿轮加工质量有着十分重要的意义。

9.1　齿轮传动的使用要求及加工误差

9.1.1　齿轮传动的使用要求

齿轮（Gear）传动是机械产品设计中广泛采用的一种机构。它可以传动运动、动力和位移。齿轮传动的精度不仅与齿轮本身的制造精度有关，而且受相结合零部件精度的影响也很大。齿轮传动的用途不同，对齿轮要求的侧重也不同。对齿轮传动的要求有以下几个方面。

1. 传动的准确性

要求齿轮在一转范围内，平均传动比的变化不大，即主动轮转过一定角度时，从动轮按传动比转过一个相应的角度，保持主动轮和从动轮的速度比恒定。为保证传递运动的准确性要求，主要限制齿轮一转中实际速度比对理论速度比的变动量。

2. 传动平稳性

要求齿轮在一个齿距范围内，其瞬时传动比变化尽量小，即运转要平稳，不产生冲击、震动和噪声。为保证传动的平稳性要求，应保证一个齿距角中最大的转角误差小于给定的公差。

3. 载荷分布的均匀性

载荷分布的均匀性，就是要求齿轮在啮合时，工作齿面接触良好，承载均匀，以免载荷集中于局部齿面而引起应力集中，造成局部齿面过早磨损或折断，从而保证齿轮传动有较高的承载能力和较长的使用寿命。

4. 齿轮副侧隙的合理性

要求齿轮副啮合时，非工作齿面间有一定的间隙，用来储存润滑油，补偿齿轮传动的制造与安装误差、热变形和弹性变形，防止齿轮在工作中发生卡死或齿面烧蚀现象。

以上四项要求中，前三项是针对齿轮本身提出的要求，第四项是对齿轮副的要求，而且对不同用途的齿轮，提出的要求也不一样。例如，用于分度机构、读数机构的齿轮，传动比应准确，侧重运动准确性要求；对高速动力齿轮，应减少冲击、振动和噪声，侧重工作平稳性要求；对用于起重机械、矿山机械等的低速动力齿轮，强度是主要的，侧重接触均匀性要求。为保证运动的灵活性，每种齿轮传动的齿侧间隙都必须符合要求。

综上所述，对齿轮传动的四项使用要求，可以根据不同的使用条件有所侧重，并要综合考虑，以保证齿轮传动的质量。

9.1.2 加工误差

齿轮的加工方法很多，按齿廓形成原理可分为仿形法和展成法。仿形法可用成形铣刀在铣床上铣齿；展成法可用滚刀或插齿刀在滚齿机、插齿机上与齿坯做啮合滚切运动，加工出渐开线齿轮。齿轮通常采用展成法加工。在各种加工方法中，齿轮的加工误差都来源于组成工艺系统的机床、夹具、刀具、齿坯本身的误差及其安装、调整误差等，如图9-1所示。按误差相对于齿轮的方向特征，齿轮的加工误差可分为切向误差、径向误差和轴向误差；按误差在齿轮一转中出现的次数分为长周期误差和短周期误差。

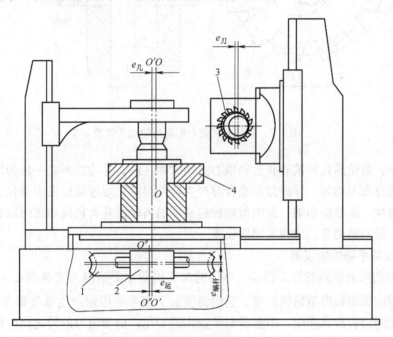

图 9-1 滚切齿轮

$O'O'$—机床工作台回转轴线 OO—齿坯基准孔轴线 $O''O''$—分度蜗轮几何轴线

1—蜗轮 2—蜗杆 3—滚刀 4—齿坯

1. 影响传递运动准确性的误差

（1）几何偏心 $e_几$ 加工时，齿坯基准孔轴线与滚齿机工作台旋转轴线不重合而发生偏心，其偏心量为 $e_几$，如图9-2a所示。几何偏心的存在使得齿轮在加工工程中，齿坯相对于滚刀的距离发生变化，切出的齿一边短而肥、一边瘦而长，如图9-2b所示。有几何偏心的齿轮装在传动机构中之后，就会引起以每转为周期的速度比变化，产生时快时慢的现象。由于该偏心的存在，加工完的齿轮齿顶圆到心轴中心的距离不相等，造成齿轮径向误差，引起侧隙和转角的变化，从而影响传动的准确性，几何偏心是径向误差的主要来源。

(2) 运动偏心 $e_{运}$ 运动偏心是因加工时齿轮加工机床传动不正确而引起的，即由滚齿机分度蜗轮加工误差和分度蜗轮轴线与工作台旋转轴线有安装偏心 $e_{运}$ 引起的，如图9-1所示。当只有运动偏心时，齿坯相对于滚刀并不产生径向位移，但有切向位移（沿分度圆的切向方向），因而使得所切齿轮齿廓在分度圆周上分布不均匀，其齿距由最小变成最大，而后又逐渐变为最小，在齿轮一周中按正弦规律变化，从而使齿轮产生转角误差。该误差即齿轮的切向误差，致使齿坯相对于滚刀的转速不均匀，引起齿轮切向误差。

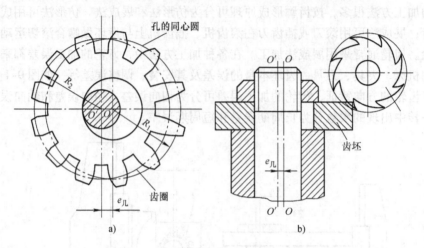

图 9-2　齿坯安装偏心引起齿轮加工误差

在实际中，齿轮的几何偏心和运动偏心是同时存在的，并均以齿轮一转为周期，使被加工齿轮的齿距分布不均匀，导致齿轮啮合时产生转角误差，使速度比发生变化，从而影响齿轮传动的准确性。经分析归纳，影响齿轮传递精度的齿轮误差有径向和切向综合总偏差、齿距累积偏差、径向跳动等，均为长周期误差。

2. 影响运动平稳性的误差

（1）滚刀的安装误差和加工误差　滚刀的加工误差主要指滚刀安装偏心 $e_{刀}$（图9-1）、径向跳动、轴向窜动和齿型角误差等，它们将使加工出来的齿轮产生基节偏差和齿形误差，造成被切齿轮的齿廓形状变化，引起瞬时传动比的变化。由于滚刀的转速比齿坯的转速高得多，滚刀误差在齿轮一转中重复出现，因此是短周期误差，主要影响齿轮传动的平稳性和载荷分布的均匀性。

（2）机床传动链的高频误差　加工直齿轮时，受分度传动链的传动误差［主要是分度蜗杆偏心 $e_{蜗杆}$（图9-1）和轴向窜动］的影响，使蜗轮（齿坯）在一周范围内转速发生多次变化，使加工出的齿轮产生齿距偏差、齿廓偏差、一齿切向和切向误差。机床分度蜗杆造成的误差在齿轮一转中重复出现，是短周期误差。

经分析归纳，影响齿轮运动平稳性的齿轮误差有：一齿径向和切向综合偏差、单个齿距偏差、轮廓偏差等。

3. 影响载荷分布均匀性的误差

实现载荷分布均匀的理论条件是：在齿轮啮合过程中，从齿顶到齿根沿全齿宽呈线性接触。造成不能完全线性接触的主要影响因素是：齿形轮廓误差（沿齿高）和齿向误差（沿齿长）。误差来源于：
1) 滚齿机刀架导轨相对工作台轴线不平行。
2) 齿轮坯定位端面与其定位孔基准轴线不垂直。
3) 刀具制造误差、滚刀轴向窜动及径向跳动等。

经分析归纳出影响载荷分布均匀性的齿轮误差有：齿廓偏差、螺旋线偏差等。

4. 影响齿轮副侧隙合理性的误差

齿轮副侧隙是装配后形成的，是由中心距和齿厚综合影响的结果。标准规定"基中心距制"，即在固定中心距极限偏差的情况下，通过改变齿厚的大小获得合理侧隙。另外，当齿厚减薄后，实际长度较理论值变短，因此公法线长度变化也可以反映侧隙大小。影响齿轮副合理侧隙的主要因素有：中心距偏差、齿厚偏差、公法线长度变动偏差等。

对齿轮副，齿轮副安装误差和传动误差会引起中心距偏差、轴线平行度误差等。

经分析归纳，影响侧隙合理性的齿轮偏差有：
1) 单个齿轮：齿厚偏差、公法线平均长度偏差。
2) 齿轮副：齿轮中心距偏差、轴线平行度偏差。

9.2 渐开线圆柱齿轮的评定指标及其检测

渐开线圆柱齿轮（Involute Cylindrical Gear）误差会使齿轮的各设计参数发生变化，影响传动质量。为此，国家出台和实施了标准：GB/T 10095.1—2008《圆柱齿轮 精度制 第 1 部分：轮齿同侧齿面偏差的定义和允许值》和 GB/T 10095.2—2008《圆柱齿轮 精度制 第 2 部分：径向综合偏差与径向跳动的定义和允许值》。渐开线圆柱齿轮精度的评定参数分为轮齿同侧齿面偏差、径向综合偏差和径向跳动，此外齿轮副精度参数分为轴线的平行度偏差、中心距偏差、接触斑点和齿轮副的侧隙。这里介绍最常用的齿轮精度参数。

9.2.1 传递运动准确性的检测项目

1. 切向综合总偏差 F'_i（Total Tangential Composite Deviation）

切向综合总偏差是指被测齿轮与测量齿轮单面啮合时，在被测齿轮一转内，齿轮分度圆上实际圆周位移与理论圆周位移的最大差值（图 9-3）。

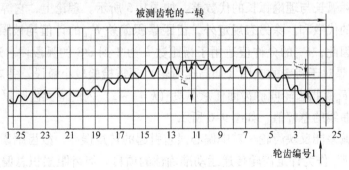

图 9-3 切向综合总偏差

切向综合总偏差既反映切向误差，又反映径向误差，是评定齿轮运动准确性较为完善的综合性的指标。当切向综合总误差小于或等于所规定的允许值时，表示齿轮可以满足传递运动准确性的使用要求。

测量切向综合总偏差，可在单啮仪上进行。图9-4所示为光栅式单啮仪的工作原理。光栅式单啮仪由两光栅盘建立标准传动，被测齿轮与标准蜗杆单面啮合组成实际传动。仪器的传动链是：电动机通过传动系统带动标准蜗杆和圆光栅盘Ⅰ转动，标准蜗杆带动被测齿轮及其同轴上的圆光栅盘Ⅱ转动。

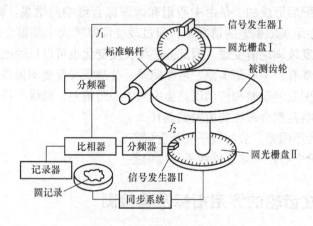

图9-4 光栅式单啮仪工作原理

圆光栅盘Ⅰ和圆光栅盘Ⅱ分别通过信号发生器Ⅰ和Ⅱ将标准蜗杆和被测齿轮的角位移转变成电信号，并根据标准蜗杆的头数 k 及被测齿轮的齿数 z，通过分频器将高频电信号 f_1 做 z 分频，低频电信号 f_2 做 k 分频，于是将圆光栅盘Ⅰ和圆光栅盘Ⅱ发出的脉冲信号变为同频信号。

被测齿轮有误差时将引起被测齿轮的回转角误差，此回转角的微小角位移误差变为两电信号的相位差，两电信号输入比相器进行比相后输出，再输入电子记录器记录，便可得出被测齿轮误差曲线，最后根据定标值读出误差值。

2. 齿距累积偏差 F_{pk}（Cumulative Pitch Deliation）

齿距累积偏差 F_{pk} 是指在端平面上，在接近齿高中部的一个与齿轮轴线同心的圆上，任意 k 个齿距的实际弧长与理论弧长的代数差，如图9-5所示。理论上，它等于这 k 个齿距的各单个齿距偏差的代数和。除另有规定外，齿距累积偏差 F_{pk} 的计值均被限定在不大于 1/8 的圆周上评定。因此，F_{pk} 的允许值适用于齿距数 k 为 2 到 $z/8$ 的弧段内。通常，F_{pk} 取 $k \approx z/8$ 就足够了，如果对于特殊的应用（如高速齿轮）还需检验较小弧段，并规定相应的 k 值。齿距累积总偏差 F_p 是指齿轮同侧齿面任意弧段（$k = 1 \sim z$）内的最大齿距累积偏差。它表现为齿距累积偏差曲线的总幅值，如图9-6所示。

齿距累积总偏差能反映齿轮一转中偏心误差引起的转角误差，故齿距累积总偏差可代替切向综合总偏差 F'_i 作为评定齿轮传递运动准确性的项目。但齿距累积总偏差只是有限点的误差，而切向综合总偏差可反映齿轮每瞬间传动比的变化。显然，齿距累积总偏差在反映齿轮传递运动准确性时不及切向综合总偏差那样全面。因此，齿距累积总偏差仅作为切向综合总偏差的代用指标。

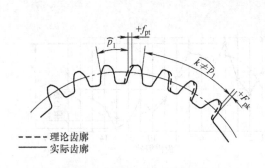
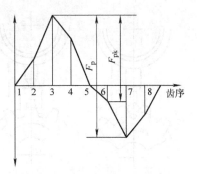

图 9-5　齿距偏差与齿距累积偏差　　　　　图 9-6　齿距累积偏差

齿距累积总偏差和齿距累积偏差的测量可分为绝对测量和相对测量。其中，以相对测量应用最广，中等模数的齿轮多采用这种方法。测量仪器有齿距仪（可测 7 级精度以下齿轮，如图 9-7 所示）和万能测齿仪（可测 4～6 级精度齿轮，如图 9-8 所示）。这种相对测量是以齿轮上任意一齿距为基准，把仪器指示表调整为零，然后依次测出其余各齿距相对于基准齿距之差，称为相对齿距偏差。然后，将相对齿距偏差逐个累加，计算出最终累加值的平均值，并将平均值的相反数与各相对齿距偏差相加，获得绝对齿距偏差（实际齿距相对于理论齿距之差）。最后，将绝对齿距偏差累加，累加值中的最大值与最小值之差即为被测齿轮的齿距累积总偏差。k 个绝对齿距偏差的代数和则是 k 个齿距的齿距偏差累积。

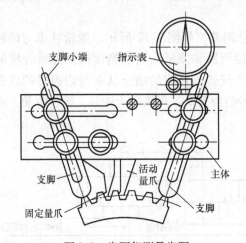
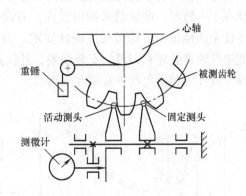

图 9-7　齿距仪测量齿距　　　　　图 9-8　万能测齿仪测量齿距

3. 径向跳动 F_r（Teeth Radial Run–out）

径向跳动是指测头（球形、圆柱形、砧形）相继置于被测齿轮的每个齿槽内时，从它到齿轮轴线的最大和最小径向距离之差。径向跳动可用齿圈径向跳动测量仪测量，测头做成球形或圆锥形插入齿槽中，也可做成 V 形测头卡在轮齿上（图 9-9），与齿高中部双面接触，被测齿轮一转所测得的相对于轴线径向距离的总变动幅度值，即齿轮的径向跳动，如图 9-10 所示。偏心量是径向跳动的一部分。

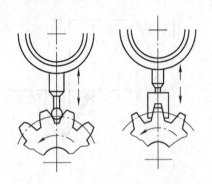
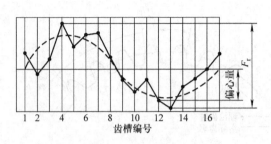

图 9-9　齿圈径向跳动仪测量　　　　图 9-10　图解法评定齿圈径向跳动

径向跳动的测量是以齿轮孔的轴线为基准的，只反映径向误差，齿轮一转中最大误差只出现一次，是长周期误差，它仅作为影响传递运动准确性中属于径向性质的单项性指标。因此，采用这一指标必须与能揭示切向误差的单项性指标组合，才能评定传递运动准确性。

4. 径向综合总偏差 F''_i（Total Radial Composite Deviation）

径向综合总偏差是指在径向（双面）综合检验时，被测齿轮的左右齿面同时与测量齿轮接触，并转过一整圈时出现的中心距最大值和最小值之差，如图 9-11 所示。

径向综合总偏差 F''_i 主要反映径向误差，它可代替径向跳动 F_r，并且可综合反映齿形、齿厚均匀性等误差在径向上的影响。因此，径向综合总偏差 F''_i 也作为影响传递运动准确性指标中属于径向性质的单项性指标。

用齿轮双面啮合综合检查仪测量径向综合总偏差，如图 9-12 所示，测量状态与齿轮的工作状态不一致时，测量结果同时受左、右两侧齿廓和测量齿轮的精度以及总重合度的影响，不能全面地反映齿轮运动准确性要求。由于仪器测量时的啮合状态与切齿时的状态相似，能够反映齿轮坯和刀具的安装误差，且仪器结构简单，环境适应性好，操作方便，测量效率高，故在大批量生产中常用此项指标。

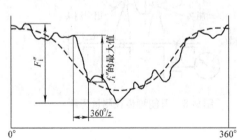
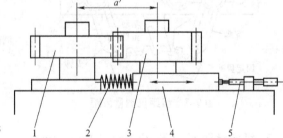

图 9-11　径向综合总偏差　　　　图 9-12　齿轮双面啮合综合检查仪

9.2.2　传动工作平稳性的检测项目

1. 一齿切向综合偏差 f'_i（Tangential Tooth – to – tooth Composite Deviation）

一齿切向综合偏差是指齿轮在一个齿距内的切向综合偏差值，即在切向综合总偏差记录曲线上小波纹的最大幅度值（图 9-13）。一齿切向综合偏差是 GB/T 10095.1—2008 规定的检验项目，但不是必检项目。f'_i 既反映了短周期的切向误差，又反映了短周期的径向误差，是评定齿轮传动平稳性较全面的指标。一齿切向综合偏差 f'_i 是在单面啮合综合检查仪上，测量切向综合总偏差的同时测出的。

2. 一齿径向综合偏差 f''_i（Radial Tooth – to – tooth Composite Deviation）

一齿径向综合偏差是指当被测齿轮与测量齿轮啮合一整圈时，对应一个齿距（360°/z）的径向综合偏差值。一齿径向综合偏差是 GB/T 10095.2—2008 规定的检验项目。一齿径向综合偏差 f''_i 也反映齿轮的短周期误差，但评定齿轮传动的平稳性不如用一齿切向综合偏差评定完善。但由于双啮仪结构简单，操作方便，在成批量生产中广泛采用，所以一般用一齿径向综合偏差作为评定齿轮传动平稳性的代用综合指标。一齿径向综合偏差 f''_i 是在双面啮合综合检查仪上（图 9-12）测量径向综合总偏差的同时测出的。

3. 齿廓偏差（Tooth Profile Deviation）

（1）齿廓总偏差（F_α）（Total Tooth Profile Deviation） 齿廓总偏差是指在计值范围内，包容实际齿廓迹线的两条设计齿廓迹线间的距离，如图 9-13a 所示。在计值范围内，包容实际齿廓迹线间的距离。

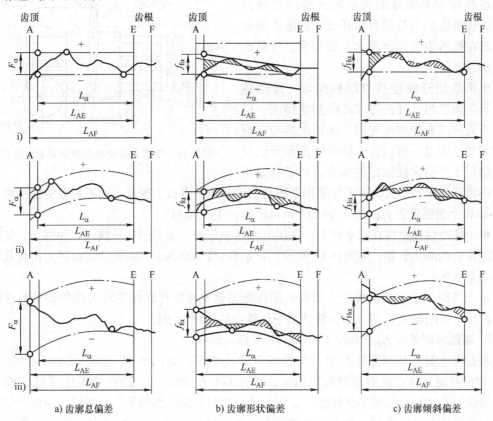

a) 齿廓总偏差　　　　b) 齿廓形状偏差　　　　c) 齿廓倾斜偏差

图 9-13　齿廓偏差

注：i) 设计齿廓：未修形的渐开线　实际齿廓：在减薄区偏向体内；
　　ii) 设计齿廓：修形的渐开线　实际齿廓：在减薄区偏向体内；
　　iii) 设计齿廓：修形的渐开线　实际齿廓：在减薄区偏向体外。

(2) 齿廓形状偏差 ($f_{f\alpha}$) (Profile Form Deviation) 齿廓形状偏差是指在计值范围内，包容实际齿廓迹线的两条与平均齿廓迹线完全相同的曲线间的距离，且两条曲线与平均齿廓迹线的距离为常数，如图 9-3b 所示。

(3) 齿廓倾斜偏差 ($f_{H\alpha}$) (Profile Slope Deviation) 齿廓倾斜偏差是指在计值范围内，两端与平均齿廓迹线相交的两条设计齿廓迹线间的距离，如图 9-13c 所示。

齿廓偏差是影响齿轮传动平稳性中属于转齿性质的单项性指标。它必须与揭示换齿性质的单项性指标组合，才能评定齿轮传动平稳性。渐开线齿轮的齿廓总偏差，可在专用的单圆盘渐开线检查仪上进行测量。其工作原理如图 9-14 所示。被测齿轮与一个直径等于该齿轮基圆直径的基圆盘同轴安装，当用手轮移动纵拖板时，直尺与由弹簧力紧压其上的基圆盘做纯滚动，位于直尺边缘上的测量头与被测齿廓接触点相对于基圆盘的运动轨迹是理想渐开线。若被测齿廓不是理想渐开线，测量头摆动经杠杆在指示表上读出最大与最小值，计算出其齿廓总偏差。

单圆盘渐开线检查仪结构简单，传动链短，若装调适当，可获得较高的测量精度。但测量不同基圆直径的齿轮时，必须配换与其直径相等的基圆盘。所以，这种单圆盘渐开线检查仪适用于产品比较固定的场合。对于批量生产的不同基圆半径的齿轮，可在通用基圆盘式渐开线检查仪上测量，而不需要更换基圆盘。

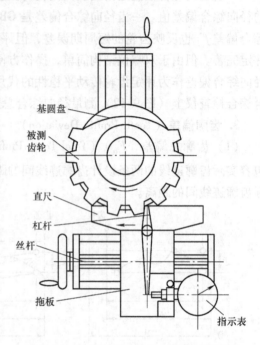

图 9-14 单圆盘渐开线检查仪的工作原理

4. 单个齿距偏差 f_{pt} (Individual Circular Pitch Deviation)

单个齿距偏差是指在端平面上，在接近齿高中部的一个与齿轮轴线同心的圆上，实际齿距与理论齿距的代数差，如图 9-15 所示。它是 GB/T 10095.1—2008 规定的评定齿轮几何精度的基本参数。

单个齿距偏差在某种程度上反映基圆齿距偏差或齿廓形状偏差对齿轮传动平稳性的影响。故单个齿距偏差 f_{pt} 可作为齿轮传动平稳性中的单项性指标。

5. 基圆齿距偏差 f_{pb} (Base Circular Pitch Deviation)

基圆齿距偏差是指实际基节与公称基节的代数差，如图 9-16 所示。GB/T 10095.1—2008 中没有定义评定参数基圆齿距偏差，而在 GB/Z 18620.1—2008 中给出了这个检验参数。齿轮副正确啮合的基本条件之一是两齿轮的基圆齿距必须相等。而基圆齿距偏差的存在会引起传动比的瞬时变化，当主动轮基节大于从动轮基节时（图 9-16a），或主动轮基节小于从动轮基节时（图 9-16b），即从上一对轮齿换到下一对轮齿啮合的瞬间都会发生碰撞、冲击，影响传动的平稳性，如图 9-16 所示。因此，基圆齿距偏差可作为评定齿轮传动平稳性中属于换齿性质的单项性指标。它必须与反映转齿性质的单项性指标组合，才能评定齿轮传动平稳性。

评定传递运动平稳性的指标中,能同时反映转齿误差和换齿误差的综合性指标有一齿切向综合偏差 f'_i、一齿径向综合偏差 f''_i;只反映转齿误差或换齿误差两者之一的单项指标有齿廓总偏差 F_α、基圆齿距偏差 f_{pb} 和单个齿距偏差 f_{pt}。使用时,可选用一个综合性指标,也可选用两个单项性指标的组合(转齿指标与换齿指标各选一个)来评定,才能全面反映对传递运动平稳性的影响。

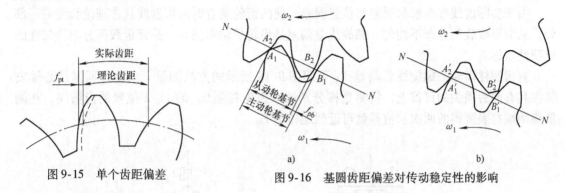

图 9-15　单个齿距偏差　　　　图 9-16　基圆齿距偏差对传动稳定性的影响

9.2.3　载荷分布均匀性的检测项目

载荷分布均匀性的检测项目为螺旋线偏差(Spiral Deviation)。螺旋线偏差是指在端面基圆切线方向上测得的实际螺旋线偏离设计螺旋线的量。

(1)螺旋线总偏差 F_β(Total Helix Deviation)　螺旋线总偏差是指在计值范围内,包容实际螺旋线迹线的两条设计螺旋线迹线间的距离,如图 9-17a 所示。

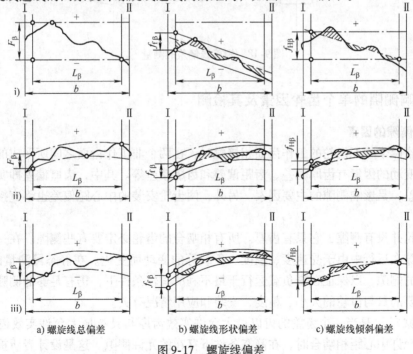

a)螺旋线总偏差　　b)螺旋线形状偏差　　c)螺旋线倾斜偏差

图 9-17　螺旋线偏差

注:i)设计螺旋线:未修形的螺旋线　实际螺旋线:在减薄区偏向体内;ii)设计螺旋线:修形的螺旋线(例)
　　实际螺旋线:在减薄区偏向体内;iii)设计螺旋线:修形后螺旋线(例)　实际螺旋线:在减薄区偏向体外。

(2) 螺旋线形状偏差 $f_{f\beta}$（Helix Form Deviation） 螺旋线形状偏差是指在计值范围内，包容实际螺旋线迹线的两条与平均螺旋线迹线完全相同的曲线间的距离，且两条曲线与平均螺旋线迹线的距离为常数，如图9-17b所示。

(3) 螺旋线倾斜偏差 $f_{H\beta}$（Helix Slope Deviation） 螺旋线倾斜偏差是指在计值范围的两端与平均螺旋线迹线相交的两条设计螺旋线迹线间的距离，如图9-17c所示。

由于实际齿线存在形状误差和位置误差，使两齿轮啮合时的接触线只占理论长度的一部分，从而导致载荷分布不均匀。螺旋线总偏差是齿轮的轴向误差，是评定载荷分布均匀性的单项性指标。

直齿圆柱齿轮的螺旋线总偏差 F_β 可用图9-18所示的方法测量。齿轮连同测量心轴安装在具有前后顶尖的仪器上，将测量棒分别放入齿轮相隔90°的1、2位置的齿槽间，在测量棒两端打表测得的两次示值差就可近似地作为 F_β。

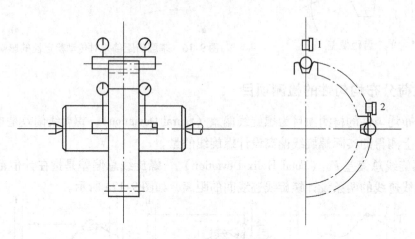

图9-18 螺旋线偏差的测量

9.2.4 影响侧隙的单个齿轮因素及其检测

1. 影响侧隙的因素

侧隙是指两个相配齿轮的工作齿面相接触时，在两个非工作齿面之间所形成的间隙，影响这一间隙变动的因素有齿厚偏差、齿距偏差和齿廓偏差等。其中，齿厚偏差即实际齿厚与公称齿厚之差，是影响侧隙的主要因素。另外，两齿轮安装的中心距偏差也将直接影响侧隙的变动。

单一齿轮并没有侧隙，它只有齿厚。所有相啮合的齿轮必定要有些侧隙。在一个已定的啮合中，侧隙在运行中由于受速度、温度、负载等的变动而变化。在静态可测量的条件下，必须有足够的侧隙，以保证在带负载运行于最不利的工作条件下，仍有足够的侧隙。

侧隙需要的量与齿轮的大小、精度、安装和应用情况有关。

最小侧隙 j_{bnmin} 是当一个齿轮的齿以最大允许实效齿厚与具有最大允许实效齿厚的相配齿在最紧的允许中心距相啮合时，在静态条件下存在的允许侧隙。这是设计者所提供的传统"允许侧隙"，以防备下列情况的发生：

1）箱体、轴和轴承的偏斜。

2) 由于箱体的偏差和轴承的间隙导致齿轮轴线的歪斜。
3) 温度影响（箱体与齿轮零件的温度差）。
4) 齿轮的制造误差及轴承的径向跳动。
5) 其他因素，如旋转零件的离心胀大及润滑剂的允许污染等。

如果上述因素均能很好地进行控制，则最小侧隙值可以很小，每一个因素均可用分析其公差来进行估计，然后可计算出最小的要求量，在估计最小期望要求值时，也需要判断和检验。分析得出

$$j_{bnmin} = \frac{2}{3}(0.06 + 0.0005a_i + 0.03m_n) \tag{9-1}$$

式中　a_i——最小中心距，且为绝对值（mm）；
　　　m_n——齿轮的法向模数（mm）。

$$j_{bnmin} = |(E_{sns1} + E_{sns2})\cos\alpha_n| \tag{9-2}$$

式中　α_n——齿轮的法向压力角；
　　　E_{sns}——齿厚上偏差。

如果两个啮合齿轮齿厚上偏差相等，则 $j_{bnmin} = |2E_{sns}\cos\alpha_n|$，此时两齿轮的齿厚上偏差为

$$E_{sns} = -\frac{j_{bnmin}}{2\cos\alpha_n} \tag{9-3}$$

设计时通常取 $E_{sns1} = E_{sns2}$。

齿轮下偏差为

$$E_{sni} = E_{sns} - T_{sn} \tag{9-4}$$

式中　T_{sn}——法向齿厚公差，其值按下式求得

$$T_{sn} = 2\tan\alpha_n \sqrt{F_r^2 + b_r^2} \tag{9-5}$$

式中　b_r——切齿径向进刀公差，可按表 9-10 选取。

2. 齿厚偏差 E_{sn}（teeth thickness deviation）

齿厚偏差是指在齿轮的分度圆柱面上，齿厚的实际值与公称值之差，如图 9-19 所示。对于斜齿轮，指法向齿厚。该评定指标由 GB/Z 18620.2—2008 推荐。齿厚偏差是反映齿轮副侧隙要求的一项单项性指标。

齿轮副侧隙一般用减薄标准齿厚的方法来获得。为了获得适当的齿轮副侧隙，规定用齿厚的极限偏差来限制实际齿厚偏差，即 $E_{sni} \leq E_{sn} \leq E_{sns}$。一般情况下，$E_{sni}$ 和 E_{sns} 分别为齿厚的上、下偏差，且均为负值。按照定义，齿厚是指分度圆弧齿厚，为了测量方便常以分度圆弦齿厚计值。

图 9-20 所示为用齿厚游标卡尺测量分度圆弦齿厚的情况。由于用游标齿厚卡尺测量时，对测量技术要求高，测量精度受齿顶圆误差的影响，测量精度不高，故它仅用在公法线千分尺不能测量齿厚的场合，如大螺旋角斜齿轮、锥齿轮、大模数齿轮等。测量精度要求高时，分度圆高度应根据齿顶圆实际直径进行修正。

3. 公法线长度偏差 E_{bn}（Base Tangent Length Deviation）

公法线长度偏差是指在齿轮一周内，实际公法线长度 $W_{kactual}$ 与公称公法线长度 W_{kthe} 之差，如图 9-21 所示。该评定指标由 GB/Z 18620.2—2008 推荐。

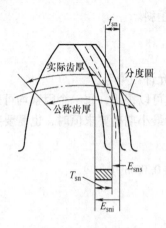 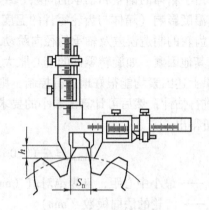

图 9-19 齿厚偏差　　　　　图 9-20 齿厚偏差的测量

公法线长度偏差是齿厚偏差的函数，能反映齿轮副侧隙的大小，可规定极限偏差（上偏差 E_{bns}，下偏差 E_{bni}）来控制公法线长度偏差，见式（9-6）和式（9-7）。

对外齿轮　　　　　$W_k + E_{bni} \leqslant W_{kactual} \leqslant W_k + E_{bns}$　　　　　（9-6）

对内齿轮　　　　　$W_k - E_{bni} \leqslant W_{kactual} \leqslant W_k - E_{bns}$　　　　　（9-7）

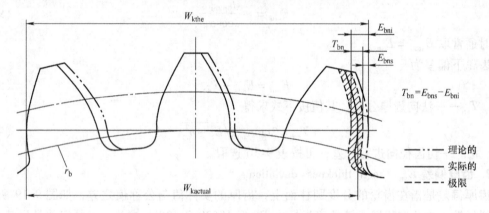

图 9-21 公法线长度偏差

$$E_{bns} = E_{sns}\cos\alpha_n \quad (9\text{-}8)$$
$$E_{bni} = E_{sni}\cos\alpha_n \quad (9\text{-}9)$$

公法线长度尺寸为

$$W_k = m_n\cos\alpha_n[(k-0.5)\pi + z\,\text{inv}\alpha_t + 2\tan\alpha_n x] \quad (9\text{-}10)$$

式中　x——变位系数；

　　　z——齿数；

　$\text{inv}\alpha_t$——α_t 角的渐开线函数，$\text{inv}20° = 0.014904$；

　　　k——跨距数，对于非变位标准齿轮，当 $\alpha_t = 20°$ 时，k 值可用下列近似公式求得

$$k = \frac{z}{9} + 0.5 \quad (9\text{-}11)$$

公法线长度偏差通常采用公法线千分尺来测量，如图 9-22 所示。应该注意的是，测量

公法线长度偏差时,需先计算被测齿轮公法线长度的公称值,然后按 W_{tkh} 值组合量块,用以调整两量爪之间的距离,再沿齿圈进行测量,所测公法线长度与公称值之差,即为公法线长度偏差。

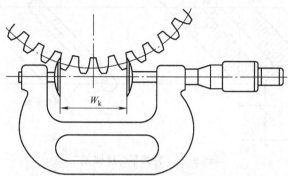

图 9-22　公法线千分尺测量公法线长度偏差

9.3　齿轮副的评定指标及其检测

前面所讨论的都是单个齿轮的加工误差,除此之外,齿轮副的安装误差同样影响齿轮传动的使用性能,因此对这类误差也应加以控制。

9.3.1　齿轮副的精度

1. 轴线的平行度偏差(Parallelism Deviation of the Axes)

轴线的平行度偏差的影响与向量的方向有关。GB/Z 18620.3—2008 对轴线平面内的平行度偏差和垂直平面上的平行度偏差做了不同的规定,并推荐了偏差的最大允许值。

(1) 轴线平面内的平行度偏差 $f_{\Sigma\delta}$ (Parallelism Deviation on the Axial Plane)　轴线平面内的平行度偏差是指一对齿轮的轴线,在其基准平面上投影的平行度偏差,如图 9-23 所示。

(2) 垂直平面上的平行度偏差 $f_{\Sigma\beta}$ (Parallelism Deviation on the Vertical Plane)　垂直平面上的平行度偏差是指一对齿轮的轴线,在垂直于基准平面,且平行于基准轴线的平面上投影的平行度偏差,如图 9-23 所示。

基准平面是包含基准轴线,并通过由另一轴线与齿宽中心平面相交的点所形成的平面。两条轴线中任何一条轴线都可作为基准轴线。

$f_{\Sigma\delta}$、$f_{\Sigma\beta}$ 均在等于全齿宽 b 的长度上测量。由于齿轮轴要通过轴承安装在箱体或其他构件上,所以轴线的平行度偏差与轴承的跨距 L 有关。一对齿轮副的轴线若产生平行度偏差,必然会影响齿面的正常接触,使载荷分布不均匀,同时还会使侧隙在全齿宽上大小不等。为此,必须对齿轮副轴线的平行度偏差进行控制。

轴线平面内偏差 $f_{\Sigma\delta}$ 的推荐最大值为

$$f_{\Sigma\delta} = \frac{L}{b} F_\beta \tag{9-12}$$

垂直平面上偏差 $f_{\Sigma\beta}$ 的推荐最大值为

$$f_{\Sigma\beta} = 0.5 f_{\Sigma\delta} \tag{9-13}$$

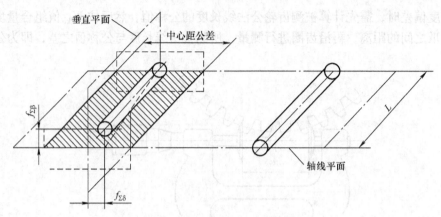

图 9-23　轴线平行度偏差

2. 中心距偏差 Δf_a（Center Distance Deviation）

中心距偏差是指在齿轮副的齿宽中心平面内，实际中心距与公称中心距之差，如图 9-23 所示。该评定指标由 GB/Z 18620.3—2008 推荐。

中心距偏差会影响齿轮工作时的侧隙。当实际中心距小于公称（设计）中心距时，会使侧隙减小；反之，会使侧隙增大。为保证侧隙要求，要求用中心距允许偏差来控制中心距极限偏差。

3. 接触斑点

接触斑点是指装配好的齿轮副，在轻微制动下，运转后齿面上分布的接触擦亮痕迹。沿齿长方向的接触斑点，主要影响齿轮副的承载能力，沿齿高方向的接触斑点主要影响工作平稳性。齿轮副的接触斑点综合反映了齿轮副的加工误差和安装误差，是齿面接触精度的综合评定指标。

对接触斑点的要求，应标注在齿轮传动装配图的技术要求中。对较大的齿轮副，一般是在安装好的传动装置中检验；对成批生产的机床、汽车、拖拉机等中小齿轮，允许在啮合机上与精确齿轮啮合检验。目前，我国各生产单位普遍使用这一精度指标。若接触斑点检验合格，则此齿轮副中的单个齿轮的承载均匀性的评定指标可不予考核。

4. 接触斑点和齿轮副的侧隙

齿轮副的侧隙可分为圆周侧隙 j_{wt} 和法向侧隙 j_{bn} 两种。圆周侧隙 j_{wt} 是指安装好的齿轮副中一个齿轮固定时，另一齿轮圆周的晃动量，以分度圆上弧长计值，如图 9-24a 所示。法向侧隙

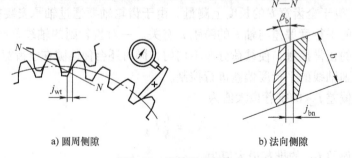

a）圆周侧隙　　　　　　　　　　b）法向侧隙

图 9-24　齿轮副的侧隙

j_{bn} 是指安装好的齿轮副的工作齿面接触时，非工作齿面之间的最小距离，如图 9-24b 所示。

圆周侧隙可用指示表测量，法向侧隙可用塞尺测量。在生产中，通常检验法向侧隙，但由于圆周侧隙比法向侧隙更便于检验，因此法向侧隙除直接测量得到外，也可用圆周侧隙计算得到。法向侧隙与圆周侧隙之间的关系为

$$j_{bn} = j_{wt} \cos\beta_b \cos\alpha_n \tag{9-14}$$

式中 β_b——基圆螺旋角（°）；

α_n——分度圆法向压力角（°）。

齿轮副的上述四项指标均满足要求，则认为齿轮副合格。

9.3.2 齿坯精度和齿轮表面粗糙度

由于齿坯的内孔、顶圆和端面通常作为齿轮的加工、测量和装配的基准，齿坯的加工精度对齿轮加工的精度、测量准确度和安装精度影响很大，在一定的条件下，用控制齿轮坯精度来保证和提高齿轮加工精度是一项积极措施。因此，国家标准对齿轮坯公差做了具体规定。齿轮孔或轴颈的尺寸公差和形状公差，齿顶圆柱面的尺寸公差以及基准面径向和轴向圆跳动公差见表 9-1。

表 9-1 齿轮坯公差

齿轮精度等级	5	6	7	8	9	10	11	12
盘状齿轮基准孔的直径尺寸公差	IT5	IT6	IT7		IT8		IT9	
齿轮轴轴颈的直径尺寸公差和形状公差	通常按照滚动轴承的要求确定							
齿顶圆的直径尺寸公差	IT5	IT6		IT7			IT8	IT9
基准断面对齿轮基准轴线的轴向圆跳动公差 t_t	$t_t = 0.2 \dfrac{D_d}{b} F_\beta$							
基准圆柱面对齿轮基准轴线的径向圆跳动公差 t_r	$t_r = 0.3 F_p$							

注：1. 齿轮的三项精度等级不同时，齿轮基准孔的直径尺寸公差按最高的精度等级确定；
2. 齿顶圆柱面不作为测量齿厚的基准面时，其直径尺寸公差按 IT11 给定，但不得大于 0.1m；
3. 公式中，D_d、b、F_β、F_p 分别为基准端面的直径、齿宽、螺旋线总偏差允许值和齿距累积总偏差允许值；
4. 齿顶圆柱面不作为基准面时，图样上不必给出 t_r。

1. 齿坯公差要求的确定

对于盘状齿轮坯，其构成包括齿坯孔、齿顶圆和两个端面，齿坯孔不仅是切齿的安装基准，也是齿轮加工好后的装配基准及测量基准，故其精度的高低对齿轮的影响很大，需按照齿轮的加工精度对其提出相应的尺寸及形状要求，具体见表 9-1，且齿孔应遵守包容要求，如图 9-25 所示。

齿轮的两个端面的任一面在滚齿加工中需作为安装定位基准，故需对其提出相对于齿坯孔轴线的轴向圆跳动要求，该要求由该端面的直径 D_d、齿宽 b 和齿轮螺旋线总偏差的允许值 F_β 确定，即

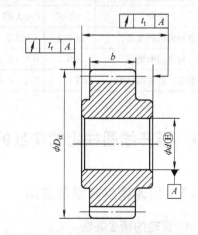

图 9-25 盘状齿轮坯的尺寸要求与几何要求

$$t_t = 0.2 \frac{D_d}{b} F_\beta \tag{9-15}$$

式中 F_β——螺旋线总偏差。

对于齿顶圆,若切齿时用于找正基准(即在切齿机床上借助齿顶圆将齿坯轴线与工作台回转中心调整至重合),或者以齿顶圆作测量齿厚的基准,则需要规定齿顶圆相对齿坯孔轴线的径向圆跳动,其值为

$$t_r = 0.3 F_p \tag{9-16}$$

式中 F_p——齿距累积总偏差。

对于图 9-26 所示的齿轮轴,其基准表面为安装轴承的两处轴颈表面与齿顶圆表面。对于安装轴承的轴颈,应采用包容要求,且轴颈的尺寸要求和形状要求通常按照轴承的要求给定。

两个轴颈对其公共轴线的径向圆跳动的要求与图 9-25 所示的给定方法相同。

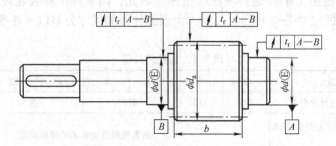

图 9-26 齿轮轴的尺寸要求与几何要求

当用齿顶圆作测量齿厚的基准时,需给定齿顶圆对两个轴颈的公共轴线的径向跳动公差,这与表 9-1 所示的给定方法相同。

2. 齿轮表面粗糙度的确定

齿轮各表面、齿面的表面粗糙度 Ra 值按表 9-2 确定。

表 9-2 齿轮各表面的表面粗糙度 Ra 的上限值 (单位:μm)

齿轮精度等级	3	4	5	6	7	8	9	10
齿面	≤0.63	≤0.63	≤0.63	≤0.63	≤1.25	≤5	≤10	≤10
盘形齿轮的基准孔	≤0.2	≤0.2	0.2~0.4	≤0.8	0.8~1.6	≤1.6	≤3.2	≤3.2
齿轮轴的轴颈	≤0.1	0.1~0.2	≤0.2	≤0.4	≤0.8	≤1.6	≤1.6	≤1.6
端面、齿顶圆柱面	0.1~0.2	0.2~0.4	0.4~0.8	0.4~0.8	0.8~1.6	0.8~1.6	≤3.2	≤3.2

9.4 渐开线圆柱齿轮精度的国家标准

9.4.1 齿轮精度等级及选用

1. 齿轮的精度等级

GB/T 10095.1—2008《圆柱齿轮 精度制 第 1 部分:齿轮同侧齿面偏差的定义和允

许值》(ISO 1328-1：1995，IDT) 对轮齿同侧齿面偏差要素（如齿距、齿廓、螺旋线等）和切向综合总偏差，规定了 13 个精度等级，其中 0 级最高，12 级最低。把测量出的偏差与相应表中规定的数值进行比较，以评定齿轮精度等级。

GB/T 10095.2—2008《圆柱齿轮　精度制　第 2 部分：径向综合偏差与径向跳动的定义和允许值》(ISO1328-2：1997，IDT) 对径向综合偏差，即综合总偏差 F''_i 和一齿径向综合偏差 f''_i 规定了 9 个精度等级，其中 4 级最高，12 级最低。模数范围从 0.2~10mm，直径范围从 5.0~1000mm。

2. 图样标注

(1) 齿轮精度等级的标注方法

【例 9-1】 7GB/T 10095.1—2008。

表示齿轮的各项偏差均应符合 GB/T 10095.1—2008 的要求，精度均为 7 级。

【例 9-2】 $7F_p6\ (F_\alpha, F_\beta)$ GB/T 10095.1—2008。

表示偏差 F_p、F_α、F_β 均按 GB/T 10095.1—2008 的要求，F_p 为 7 级，F_α、F_β 均为 6 级。

【例 9-3】 $6\ (F''_i, f''_i)$ GB/T 10095.2—2008。

表示偏差 F''_i、f''_i 均按 GB/T 10095.2—2008 的要求，精度均为 6 级。

(2) 齿轮精度等级的选择　精度等级的选择恰当与否，不仅影响齿轮传动的质量，而且影响制造成本。选择各项精度等级的主要依据是齿轮的用途和工作条件，如应考虑齿轮的圆周速度、传递的功率、工作持续时间、传递运动准确性的要求、振动和噪声、承载能力、寿命等。选择精度等级的方法有类比法和计算法。

类比法是指按齿轮的用途和工作条件等进行对比选择。表 9-3 列出了常用机械中的齿轮采用的精度等级；表 9-4 列出了齿轮某些精度等级的应用范围。

表 9-3　常用机械中的齿轮所采用的精度等级

应用范围	精度等级	应用范围	精度等级
单啮仪、双啮仪测量齿轮	2~5	重型汽车	6~9
涡轮机减速器	3~5	通用减速器	6~8
金属切削机床	3~8	轧钢机	5~10
航空发动机	4~7	矿用绞车	6~9
内燃机车及电动机车	5~8	起重机	6~9
轻型汽车	5~8	拖拉机	6~10

表 9-4　齿轮某些精度等级的应用范围

精度等级		4 级	5 级	6 级	7 级	8 级	9 级
应用范围		极精密分度机构的齿轮，非常高速并要求平稳无噪声的齿轮，高速涡轮机齿轮	精密分度机构的齿轮，高速并要求平稳、无噪声的齿轮，高速涡轮机齿轮	高速、平稳、无噪声、高效率齿轮，航空、汽车、机床中的重要齿轮分度机构齿轮，读数机构齿轮	高速、动力小的普通齿轮，机床中的进给齿轮，航空齿轮，读数机构齿轮，具有一定速度的减速器齿轮	一般机器中的普通齿轮，汽车、拖拉机、减速器中的一般齿轮，航空器中的不重要齿轮，农机中的重要齿轮	精度要求低的齿轮
齿轮圆周速度/(m/s)	直齿	≤35	≤20	≤15	≤10	≤6	≤2
	斜齿	≤70	≤40	≤30	≤15	≤10	≤4

计算法主要用于精密齿轮传动系统。当精度要求很高时，可按使用要求计算出所允许的回转角误差，以确定齿轮传递运动准确性的精度等级。例如，对于读数齿轮传动链就应该进行这方面的分析和计算。对于高速动力齿轮，可按其工作时最高转速计算出圆周速度，或按允许的噪声大小来确定齿轮传动平稳性的精度等级；对于重载齿轮，可在强度计算或寿命计算的基础上确定轮齿载荷分布均匀性的精度等级。

9.4.2 齿轮检验项目公差值的确定及选用

GB/T 10095.1—2008 和 GB/T 10095.2—2008 中分别规定：诸如齿距累积总偏差 F_p、切向综合总偏差 F'_i 等轮齿同侧齿面偏差，径向综合总偏差 F''_i、齿轮径向跳动 F_r 的公差或极限偏差值都是按 5 级精度由公式计算得到后，再将 5 级的值乘以级间公比计算出其他级的值。两相邻精度等级的级间公比为 $\sqrt{2}$，本级的数值乘以（或除以）$\sqrt{2}$ 即可得到相邻较高（或较低）等级的数值。5 级精度的未圆整的计算值乘以 $2^{0.5(Q-5)}$ 即可得到任意精度等级的待求值，式中 Q 为待求值的精度等级数。

若以 m_n、d、b、k 分别表示齿轮的法向模数、分度圆直径、齿宽（单位为 mm）和测量 F_{pk} 时的齿距数，以 ε_γ 表示齿轮的总重合度，则 5 级精度的齿轮偏差允许值的计算式见表 9-5。

表 9-5 5 级精度的齿轮偏差允许值的计算式

（摘自 GB/T 10095.1—2008 及 GB/T 10095.2—2008）

项目代号	允许值计算公式
单个齿距偏差 f_{pt}	$f_{pt} = 0.3(m + 0.4\sqrt{d}) + 4$
齿距累积偏差 F_{pk}	$F_{pk} = f_{pt} + 1.6\sqrt{(k-1)m}$
齿距累积总偏差 F_p	$F_p = 0.3m + 1.25\sqrt{d} + 7$
齿廓总偏差 F_α	$F_\alpha = 3.2\sqrt{m} + 0.22\sqrt{d} + 0.7$
螺旋线总偏差 F_β	$F_\beta = 0.1\sqrt{d} + 0.63\sqrt{b} + 4.2$
螺旋线形状偏差 $f_{f\beta}$	$F_{f\beta} = 0.07\sqrt{d} + 0.45\sqrt{b} + 3$
螺旋线倾斜偏差 $f_{H\beta}$	$F_{H\beta} = 0.07\sqrt{d} + 0.45\sqrt{b} + 3$
齿廓形状偏差 $f_{f\alpha}$	$F_{f\alpha} = 2.5\sqrt{m} + 0.17\sqrt{d} + 0.5$
齿廓倾斜偏差 $f_{H\alpha}$	$F_{H\alpha} = 2\sqrt{m} + 0.14\sqrt{d} + 0.5$
切向综合总偏差 F'_i	$F'_i = F_p + f'_i$

(续)

项目代号	允许值计算公式
一齿切向综合偏差 f'_i	$f'_i = K(9 + 0.3m + 3.2\sqrt{m} + 0.34\sqrt{d})$ 式中，当 $\varepsilon_\gamma < 4$ 时，$K = 0.2\left(\dfrac{\varepsilon_\gamma + 4}{\varepsilon_\gamma}\right)$；当 $\varepsilon_\gamma \geq 4$ 时，$K = 0.4$
一齿径向综合偏差 f''_i	$f''_i = 2.96m_n + 0.01\sqrt{d} + 0.8$
径向综合总偏差 F''_i	$F''_i + 3.2m_n + 1.01\sqrt{d} + 6.4$
径向跳动 F_r	$F_r = 0.8F_p = 0.24m_n + 1.0\sqrt{d} + 5.6$

表9-6 ~ 表9-10 为 GB/T 10095.1—2008 及 GB/T 10095.2—2008 中所列的部分检测指标对应的允许值及偏差的摘录。其中，表9-6 为 f'_i/K 的比值，f'_i 的数值可由此表给出的数值乘以表9-5 中的系数 K 求得。

表9-6 圆柱齿轮 f'_i/K 的比值（摘录 GB/T 10095.1—2008）（单位：μm）

分度圆直径 d/mm	模数 m/mm	精度等级											
		0	1	2	3	4	5	6	7	8	9	10	11	12
50 < d ≤ 125	2 < m ≤ 3.5	3.2	4.5	6.5	9	13	18	25	36	51	72	102	144	204
	3.5 < m ≤ 6	3.6	5	7	10	14	20	29	40	57	81	115	162	229
125 < d ≤ 280	2 < m ≤ 3.5	3.5	4.9	7	10	14	0	28	39	56	79	111	157	222
	3.5 < m ≤ 6	3.9	5.5	7.5	11	15	22	31	44	62	88	124	175	247

表9-7 圆柱齿轮双啮精度指标的允许值（摘自 GB/T 10095.2—2008）（单位：μm）

分度圆直径 d/mm	法向模数 m_n/mm	精度等级								
		4	5	6	7	8	9	10	11	12
齿轮径向综合总偏差 F''_i										
50 < d ≤ 125	1.5 < m_n ≤ 2.5	15	22	31	43	61	86	122	173	244
	2.5 < m_n ≤ 4.0	18	25	36	51	72	102	144	204	288
	4.0 < m_n ≤ 6.0	22	31	44	62	88	124	176	248	351
125 < d ≤ 280	1.5 < m_n ≤ 2.5	19	26	37	53	75	106	149	211	299
	2.5 < m_n ≤ 4.0	21	30	43	61	86	121	172	243	343
	4.0 < m_n ≤ 6.0	25	36	51	72	102	144	203	287	406
齿轮一齿径向综合偏差 f''_i										
50 < d ≤ 125	1.5 < m_n ≤ 2.5	4.5	6.5	9.5	13	19	26	37	53	75
	2.5 < m_n ≤ 4.0	7.0	10	14	20	29	41	58	82	116
	4.0 < m_n ≤ 6.0	11	15	22	31	44	62	87	123	174
125 < d ≤ 280	1.5 < m_n ≤ 2.5	4.5	6.5	9.5	13	19	27	38	53	75
	2.5 < m_n ≤ 4.0	7.5	10	15	21	29	41	58	82	116
	4.0 < m_n ≤ 6.0	11	15	22	31	44	62	87	124	175

表 9-8 F_p、$±f_{pt}$、$F_α$、$F_β$ 的允许值 （单位：μm）

分度圆直径 d/mm	模数 m 或齿宽 b/mm	精度等级											
		0	1	2	3	4	5	6	7	8	9	10	11	12
齿轮齿距累积总偏差 F_p														
$50 < d \leqslant 125$	$2 < m \leqslant 3.5$	3.3	4.7	6.5	9.5	13	19	27	38	53	76	107	151	214
	$3.5 < m \leqslant 6$	3.4	4.9	7	9.5	14	19	28	39	55	78	110	156	220
$125 < d \leqslant 280$	$2 < m \leqslant 3.5$	4.4	6	9	12	18	25	35	50	70	100	141	199	282
	$3.5 < m \leqslant 6$	4.5	6.5	9	13	18	25	36	51	72	102	144	204	288
齿轮单个齿距偏差 $±f_{pt}$														
$50 < d < 125$	$2 < m \leqslant 3.5$	1	1.5	2.1	2.9	4.1	6	8.5	12	17	23	33	47	66
	$3.5 < m \leqslant 6$	1.1	1.6	2.3	3.2	4.6	6.5	9	13	18	26	36	52	73
$125 < d \leqslant 280$	$2 < m \leqslant 3.5$	1.1	1.6	2.3	3.2	4.6	6.5	9	13	18	26	36	51	73
	$3.5 < m \leqslant 6$	1.2	1.8	2.5	3.5	5	7	10	14	20	28	40	56	79
齿轮齿廓总偏差 $F_α$														
$50 < d \leqslant 125$	$2 < m \leqslant 3.5$	1.4	2	2.8	3.9	5.5	8	11	16	22	31	44	63	89
	$3.5 < m \leqslant 6$	1.7	2.4	3.4	4.8	6.5	9.5	13	19	27	38	54	76	108
$125 < d \leqslant 280$	$2 < m \leqslant 3.5$	1.6	2.2	3.2	4.5	6.5	9	13	18	25	36	50	71	101
	$3.5 < m \leqslant 6$	1.9	2.6	3.7	5.5	7.5	11	15	21	30	42	60	84	119
齿轮螺旋线总偏差 $F_β$														
$50 < d \leqslant 125$	$20 < b \leqslant 40$	1.5	2.1	3	4.2	6	8.5	12	17	24	34	48	68	95
	$40 < b \leqslant 80$	1.7	2.5	3.5	4.9	7	10	14	20	28	39	56	79	111
$125 < d \leqslant 280$	$20 < b \leqslant 40$	1.6	2.2	3.2	4.5	6.5	9	13	18	25	36	50	71	101
	$40 < b \leqslant 80$	1.8	2.6	3.6	5	7.5	10	15	21	29	41	58	82	117

表 9-9 圆柱齿轮径向跳动 F_r 的允许值（摘自 GB/T 10095.2—2008）（单位：μm）

分度圆直径 d/mm	法向模数 m_n/mm	精度等级											
		0	1	2	3	4	5	6	7	8	9	10	11	12
$50 < d \leqslant 125$	$2 < m_n \leqslant 3.5$	2.5	4	5.5	7.5	11	15	21	30	43	61	86	121	171
	$3.5 < m_n \leqslant 6$	3	4	5.5	8	11	16	22	31	44	62	88	125	176
$125 < d \leqslant 280$	$2 < m_n \leqslant 3.5$	3.5	5	7	10	14	20	28	40	56	80	113	159	225
	$3.5 < m_n \leqslant 6$	3.5	5	7	10	14	20	29	41	58	82	115	163	231

表 9-10 切齿径向进刀公差

齿轮精度等级	4	5	6	7	8	9
b_r	1.26IT7	IT8	1.26IT8	IT9	1.26IT9	IT10

9.4.3 圆柱齿轮精度设计

圆柱齿轮精度设计的内容及步骤如下：

1) 确定齿轮的精度等级。
2) 确定齿轮各项精度的检测指标及其允许值。
3) 确定齿轮的侧隙指标及其极限偏差。
4) 确定齿坯公差及齿轮各表面的表面粗糙度要求。
5) 确定齿轮副中心距极限偏差和齿轮副轴线的平行度公差。

下面以具体示例进行说明。

【例 9-4】 某钢制圆柱斜齿轮副,传动功率为 5kW,高速轴(齿轮轴)的转速 $n_1 = 327$r/min,主、从动齿轮均为标准斜齿轮,斜齿轮的螺旋角 $\beta = 8°6'34''$,齿轮的法向模数 $m_n = 3$mm,标准压力角 $\alpha_n = 20°$,大、小齿轮的齿数分别为 $z_1 = 20$ 和 $z_2 = 79$,齿宽分别为 $b_1 = 65$mm,$b_2 = 60$mm。大齿轮的齿坯孔直径为 $\phi 58$mm。两齿轮的轴承支撑跨度均为 105mm。试对大齿轮进行精度设计,并确定齿轮副中心距的极限偏差和两轴线的平行度公差,并将设计所确定的各项技术要求标注在齿轮零件图上。

【解】 1) 确定齿轮的各项精度等级。

小齿轮分度圆直径

$$d_1 = \frac{m_n z_1}{\cos\beta} = \frac{3 \times 20}{\cos 8°6'34''}\text{mm} = 60.606\text{mm}$$

大齿轮的分度圆直径

$$d_2 = \frac{m_n z_2}{\cos\beta} = \frac{3 \times 79}{\cos 8°6'34''}\text{mm} = 239.394\text{mm}$$

设计中心距

$$a = \frac{d_1 + d_2}{2} = \frac{60.606 + 239.394}{2}\text{mm} = 150\text{mm}$$

齿轮的圆周速度

$$v = \pi n_1 d_1 = \frac{3.14 \times 60.606 \times 327}{1000}\text{m/min} = 62.23\text{m/min} = 1.04\text{m/s}$$

根据表 9-3 及表 9-4,再结合本例中齿轮的圆周速度及应用情况,综合考虑齿轮的各项精度,确定齿轮传递运动准确性、传动平稳性、载荷分布均匀性的精度分别为 8 级、8 级、7 级。

2) 确定齿轮各精度的检验指标及其许用值。对于检验齿轮传递运动准确性的指标,选用齿距累积总偏差 F_p,其值由表 9-8 查得为 $F_p = 70\mu m$。

检验齿轮传动平稳性的指标,选用单个齿距偏差 f_{pt} 和齿廓总偏差 F_α,其值由表 9-8 查得为 $\pm f_{pt} = \pm 18\mu m$ 和 $F_\alpha = 25\mu m$;轮齿载荷分布均匀性的指标为螺旋线总偏差 F_β,由表 9-8 查得其值为 $F_\beta = 21\mu m$,本例中的齿轮副为一般用途,故不需加检 k 个齿距的累积偏差 F_{pk}。

3) 齿厚检验指标的确定。该齿轮副为钢制,故最小侧隙 j_{bnmin} 可按照式 (9-1) 求得,即

$$j_{bnmin} = \frac{2}{3} \times (0.06 + 0.0005 a_i + 0.03 m_n) = \frac{2}{3} \times (0.06 + 0.0005 \times 150 + 0.03 \times 3)\text{mm} = 0.15\text{mm}$$

该最小侧隙所对应的齿厚上偏差(设大、小齿轮的齿厚相等)可由式 (9-3) 确定,即

$$E_{sns} = -\frac{j_{bnmin}}{2\cos\alpha_n} = -\frac{0.15}{2\times\cos20°}\text{mm} \approx -0.08\text{mm}$$

则齿厚的下偏差 E_{sni} 由式（9-4）确定，即

$$E_{sni} = E_{sns} - T_{sn}$$

其中，齿厚公差由式（9-5）求得

$$T_{sn} = 2\tan\alpha_n\sqrt{b_r^2 + F_r^2}$$

查表9-10，切齿径向进刀公差为

$$b_r = 1.26\text{IT9} = 1.26\times115\mu\text{m} = 145\mu\text{m}$$

查表9-9，齿轮径向跳动 $F_r = 56\mu\text{m}$，故齿厚公差值为

$$T_{sn} = 2\tan\alpha_n\sqrt{b_r^2 + F_r^2} = 2\times\tan20°\times\sqrt{145^2 + 56^2}\mu\text{m} = 113\mu\text{m}$$

则齿厚的下偏差为

$$E_{sni} = E_{sns} - T_{sn} = (-0.08 - 0.113)\text{mm} = -0.193\text{mm}$$

按式（9-8）、式（9-9），由齿厚偏差得出其公法线上、下偏差为

$$E_{bns} = E_{sns}\cos\alpha_n = -0.08\text{mm}\times\cos20° = -0.075\text{mm}$$

$$E_{bni} = E_{sni}\cos\alpha_n = -0.193\text{mm}\times\cos20° = -0.181\text{mm}$$

跨齿数及公法线的计算如下：

由式（9-11）得跨齿数 k 为

$$k \approx \frac{z_2}{9} + 0.5 \approx 9$$

因该齿轮的变位系数为0，故公法线的计算结果可由公式（9-10）得

$$W_k = m_n\cos\alpha_n[\pi(k-0.5) + z_2\text{inv}\alpha_t]$$
$$\approx 3\text{mm}\times\cos20°\times[3.14\times(9-0.5) + 79\times0.01533] \approx 78.655\text{mm}$$

式中，α_t 为端面压力角，其计算公式及计算结果为

$$\alpha_t = \arctan\frac{\tan\alpha_n}{\cos\beta} = \arctan\frac{\tan20°}{\cos8°6'34''} = 20.186°$$

因此，在图样上标注公法线及其偏差为 $78.655_{-0.181}^{-0.075}\text{mm}$。

4）确定齿坯公差要求及相关表面的表面粗糙度要求。按照表9-1，齿坯孔的尺寸公差为IT7，并采用包容要求。齿顶圆不作为测量齿厚的基准，也不作为加工时的找正基准，故按照表9-1的注解可知给定齿顶圆的尺寸公差为IT11。对于齿坯各基准面的几何精度要求，可依其功用，按照表9-1的公式计算。齿轮各处的表面粗糙度要求依表9-2给定，如图9-27所示。

5）确定齿轮副中心距偏差及齿轮副轴线平行度公差。查表9-11可得该齿轮副的中心距偏差 $\pm f_a = \pm31.5\mu\text{m}$，取 $\pm32\mu\text{m}$。故在齿轮副所在装配图上标注中心距时，标注样式应为 $(150\pm0.032)\text{mm}$。

由式（9-12）及式（9-13）可知齿轮副轴线的平行度公差值为

水平方向：$\quad f_{\Sigma\delta} = \frac{L}{b}F_\beta = \frac{105}{60}\times0.021\text{mm} = 0.037\text{mm}$

垂直方向：$\quad f_{\Sigma\beta} = 0.5f_{\Sigma\delta} = 0.018\text{mm}$

平行度公差要求应标注在箱体的零件图上。

第9章 渐开线圆柱齿轮传动精度的控制与评定

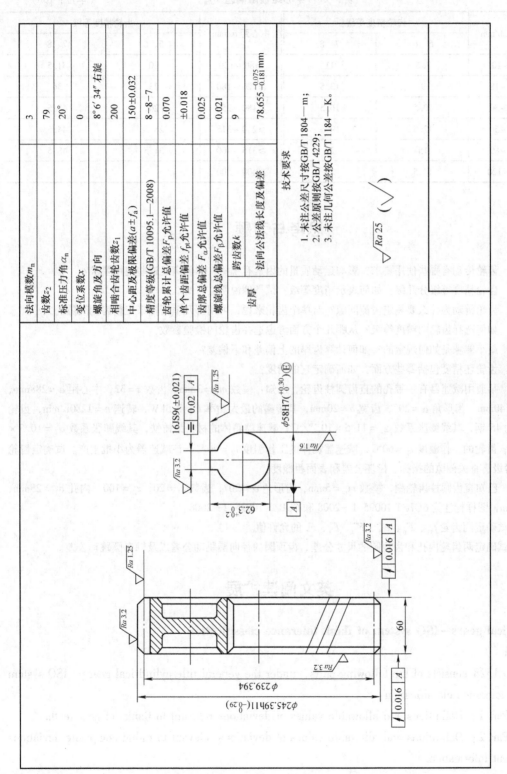

图 9-27 大齿轮零件图

表 9-11 中心距极限偏差 $\pm f_a$ （单位：μm）

中心距 a/mm	齿轮精度等级		中心距 a/mm	齿轮精度等级	
	5、6	7、8		5、6	7、8
≥6~10	7.5	11	≥80~120	20	31.5
≥10~18	9	13.5	≥120~180	23	36
≥18~30	10.5	16.5	≥180~250	26	40.5
≥30~50	12.5	19.5	≥250~315	28.5	44.5
≥50~80	15	23	≥315~400	31.5	48.5
≥80~120	17.5	27	≥400~500		

思考与习题

9-1 齿轮传动有哪些使用要求？影响运动质量的因素有哪些？如何满足这些使用要求？

9-2 齿轮精度等级分几级？如何表示精度等级？试举例说明。

9-3 齿轮传动为什么要规定齿侧间隙？对单个齿轮来说，可用哪几项指标来控制齿侧间隙的大小？

9-4 如何选择齿轮的精度等级？从哪几个方面考虑选择齿轮的检验参数？

9-5 最小侧隙是如何规定的？如何计算齿厚的上偏差和下偏差？

9-6 齿轮坯精度包括哪些方面？如何确定它的精度？

9-7 某通用减速器有一带孔的直齿圆柱齿轮，已知：模数 $m_n=3$mm，齿数 $z=32$，中心距 $a=288$mm，孔径 $D=40$mm，齿形角 $\alpha=20°$，齿宽 $b=20$mm，其传递的最大功率 $P=7.5$kW，转速 $n=1280$r/min，齿轮的材料为 45 钢，其线膨胀系数 $\alpha_1=11.5\times10^{-6}$/℃；减速器箱体的材料为铸铁，其线膨胀系数 $\alpha_2=10.5\times10^{-6}$/℃；齿轮的工作温度 $t_1=60$℃，减速器箱体的工作温度 $t_2=40$℃，该减速器为小批生产。试确定齿轮的精度等级、有关侧隙的指标、齿坯公差和表面粗糙度。

9-8 已知直齿圆柱齿轮副，模数 $m_n=5$mm，齿形角 $\alpha=20°$，齿数 $z_1=20$，$z_2=100$，内孔 $d_1=25$mm，$d_2=80$mm，图样标注为 6GB/T 10095.1—2008 和 6GB/T 10095.2—2008。

1) 试确定两齿轮 f_{pt}、F_p、F_β、F''_i、f''_i、F_r 的允许值。

2) 试确定两齿轮内孔和齿顶圆的尺寸公差、齿顶圆的径向圆跳动公差以及轴向圆跳动公差。

英文阅读扩展

Cylindrical gears – ISO system of flank tolerance classification
General

ISO 1328 consists of the following parts, under the general title cylindrical gear – ISO system of flank tolerance classification：

—Part 1：Definitions and allowable values of deviations relevant to flanks of gear teeth.

—Part 2：Definitions and allowable values of deviations relevant to radial composite deviations and runout information.

Scope

This part of ISO 1328 establishes a tolerance classification system relevant to manufacturing and conformity assessment of tooth flanks of individual cylindrical involute gears. It specifies definitions for gear flank tolerance terms, the structure of the flank tolerance class system, and allowable values.

This part of ISO 1328 provides the gear manufacturer and the gear buyer with a mutually advantageous reference for uniform tolerances. Eleven flank tolerance classes are defined, numbered 1 to 11, in order of increasing tolerance.

Terms, definitions and symbols (Table 9-12)

Table 9-12　Terms, listed in alphabetical order, with symbols

Term	Symbol	Unit
Active tip diameter	d_{Na}	mm
Active tip diameter point on line of action	N_a	—
Adjacent pitch difference	f_u	μm
Adjacent pitch difference tolerance	f_{uT}	μm
Adjacent pitch difference, individual	f_{ui}	μm
Amount of root relief	$C_{\alpha f}$	μm
Amount of tip relief	$C_{\alpha a}$	μm
Base diameter	d_b	mm
Contact pattern evaluation	c_p	—
Contact point tangent at base circle	T	—
Cumulative pitch deviation (index deviation), individual	F_{pi}	μm
Cumulative pitch deviation (index deviation), total	F_p	μm
Cumulative pitch (index) tolerance, total	F_{pT}	μm
Facewidth (axial)	b	mm
Flank tolerance class	A	—
Helix angle	β	deg
Helix deviation, total	F_β	μm
Helix evaluation length	L_β	mm
Helix form deviation	$f_{f\beta}$	μm
Helix form filter cutoff	λ_β	mm
Helix form tolerance	$f_{f\beta T}$	μm
Helix slope deviation	$f_{H\beta}$	μm
Helix slope tolerance	$f_{H\beta T}$	μm
Helix tolerance, total	$F_{\beta T}$	μm
Individual radial measurement	r_i	μm
Length of path of contact	g_α	mm
Maximum length of tip relief	$L_{C\alpha a, max}$	mm
Maximum length of root relief	$L_{C\alpha f, max}$	mm
Measurement diameter	d_M	mm

(continue)

Term	Symbol	Unit
Middle profile zone	$L_{\alpha m}$	—
Minimum length of tip relief	$L_{C\alpha a, \min}$	mm
Minimum length of root relief	$L_{C\alpha f, \min}$	mm
Normal module	m_n	mm
Number of teeth	z	—
Number of pitches in a sector	k	—
Pitch, transverse circular on measurement diameter	p_{tM}	mm
Pitch point	C	—
Pitch span deviation	F_{pSK}	μm
Profile control diameter	d_{Cf}	mm
Profile deviation, total	F_α	μm
Profile evaluation length	L_α	mm
Profile form deviation	$f_{f\alpha}$	μm
Profile form filter cutoff	λ_α	mm
Profile form tolerance	$f_{f\alpha T}$	μm
Profile slope deviation	$f_{H\alpha}$	μm
Profile slope tolerance	$f_{H\alpha T}$	μm
Profile tolerance, total	$F_{\alpha T}$	μm
Radial composite deviation, tooth-to-tooth	f''_i	μm
Radial composite deviation, total	F''_i	μm
Reference diameter	d	mm
Root form diameter	d_{Ff}	mm
Root relief zone	$L_{C\alpha f}$	—
Runout	F_r	μm
Sector pitch deviation	F_{pk}	μm
Sector pitch tolerance	F_{pkT}	μm
Single flank composite deviation, total	F_{is}	μm
Single flank composite tolerance, total	F_{isT}	μm
Single flank composite deviation, tooth-to-tooth	f_{is}	μm
Single flank composite tolerance, tooth-to-tooth	f_{isT}	μm
Single pitch deviation	f_p	μm
Single pitch deviation (individual)	f_{pi}	μm
Single pitch tolerance	f_{pT}	μm
Start of active profile diameter	d_{Nf}	mm
Start of active profile point on line of action	N_f	—
Tip corner chamfer	h_k	mm

(continue)

Term	Symbol	Unit
Tip diameter	d_a	mm
Tip form diameter	d_{Fa}	mm
Tip relief zone	$L_{C\alpha a}$	—
Tooth thickness	s	mm
Working pitch diameter	d_w	mm
Working transverse pressure angle	α_{wt}	deg

Note: symbols given from ISO 1328.

Application of the ISO flank tolerance classification system
Geometrical parameters to be verified

A gear that is specified to an ISO flank tolerance class shall meet all the individual tolerance requirements applicable to the particular flank tolerance class and size as noted in Table 9-13 and Table 9-14.

Table 9-13 contains lists of the minimum set of parameters that shall be checked for compliance with this part of ISO 1328. With agreement between the manufacturer and purchaser, the alternative list may be used instead of the default list. The selection of the default or alternative list may depend on the measuring instruments available. The parameter list for a more accurate flank tolerance class may be used when evaluating gears.

Normally, the tolerances apply to both sides of the teeth. In some cases, the loaded flank may specify better accuracy than the non-loaded or minimum-loaded flank; if applicable, this information and indication of the loaded flank shall be specified on the gear engineering drawing.

Table 9-13 Parameters to be measured

Diameter /mm	Flank tolerance class	Minimum acceptable parameters	
		Default parameter list	Alternative parameter list
$d \leqslant 4000$	10 to 11	F_p, f_p, s, F_α, F_β	s, c_p, F''_i, f''_i
	7 to 9	F_p, f_p, s, F_α, F_β	s, c_p, F_{is}, f_{is}
	1 to 6	F_p, f_p, s F_α, $f_{f\alpha}$, $f_{H\alpha}$, F_β, $f_{f\beta}$, $f_{H\beta}$	s, c_p, F_{is}, f_{is}
$d > 4000$	7 to 11	F_p, f_p, s, F_α, F_β	F_p, f_p, s, ($f_{f\beta}$ or c_p)

Table 9-14 Minimum number of measurements

Method designator	Typical measuring method	Minimum number of requirements
Elemental: F_p: Cumulative pitch (index), total	Two probe Single probe	All teeth All teeth
f_p: Single pitch	Two probe Single probe	All teeth All teeth

(continue)

Method designator	Typical measuring method	Minimum number of requirements
F_α: Profile, total $f_{f\alpha}$: Profile form $f_{H\alpha}$: Profile slope	Profile	Three teeth
F_β: Helix, total $f_{f\beta}$: Helix form $f_{H\beta}$: Helix slope	Helix	Three teeth
Composite: F_{is}: Single flank composite, total	—	All teeth
f_{is}: Single flank composite, tooth-to-tooth	—	All teeth
c_p: Contact pattern	—	Three teeth
Sizes: s: Tooth thickness	Chordal measurement Measurement over or between pins Span measurement Composite action test	Three teeth Two places Two places All teeth

Unless otherwise specified, the manufacturer shall select:

—the measurement method to be used from among the applicable methods described in ISO/TR10064-1 and summarized in Table 9-14;

—the piece of measurement equipment to be used by the selected measurement method, provided it is in proper calibration;

—the individual teeth to be measured, as long as they are approximately equally spaced and meet the minimum number required by the method as summarized in Table 9-14.

参 考 文 献

[1] 廖念钊. 互换性与技术测量 [M]. 北京：中国计量出版社，2007.
[2] 王伯平. 互换性与测量技术基础 [M]. 4版. 北京：机械工业出版社，2013.
[3] 马保振，张玉芝. 互换性与测量技术 [M]. 北京：清华大学出版社，2014.
[4] 王长春，孙步功，王东胜. 互换性与测量技术基础 [M]. 3版. 北京：北京大学出版社，2015.
[5] 马惠萍. 互换性与测量技术基础案例教程 [M]. 北京：机械工业出版社，2014.
[6] 王金武. 互换性与测量技术 [M]. 2版. 北京：中国农业出版社，2013.